面向21世纪精品课程配套辅导用书

生物化学
教学目标考评手册

主　编　金丽琴　王建光

副主编　沈年汉　李春洋　叶　辉　唐敬兰

编　者　（以姓氏笔画为序）

毛孙忠　王建光　叶　辉　李春洋

张　伟　张雄飞　沈年汉　陈秀芳

金丽琴　唐敬兰　雷康福

ZHEJIANG UNIVERSITY PRESS

浙江大学出版社

前　言

生物化学是一门应用化学的原理和方法，在分子水平上研究生物体的化学组成、生物体分子结构与功能、物质代谢与调节以及遗传信息的分子基础与调控规律的科学。生物化学与分子生物学的理论和技术已经渗透到基础医学和临床医学的各个领域：许多疾病的病理或征象都要用生化的理论在分子乃至基因水平上加以解释；生化的技术和方法应用于疾病诊断、治疗和预防等诸方面具有独特的优势，因而生物化学是一门极为重要的临床医学基础理论课程。

随着我国改革开放和国民经济飞速发展，高等教育面临改革和21世纪医学教育新任务的挑战。国外教学正经历由系统模式向行为目标模式的转变。行为目标模式有其独特的优越性，例如，它为学生提供了明确的方向，便于学生开展自我指导性学习，并为教师提供了评估指标，更为课程设计提供了较为合理的系统。为了在继承发扬我国传统经验式教学优良传统的同时，汲取国外教育文化的优点和先进思想，探索适合我国国情的教育模式，全面推进素质教育，我们根据生物化学课程在医学科学中的作用和地位，参考原国家教育委员会高教司组织编写的《全国普通高等学校临床医学、中医学、药学专业（本科）主要课程基本要求》（试行）稿，结合温州医学院历次制定的“生物化学教学大纲”，特编写了本书《生物化学教学目标考评手册》。

本考评手册按单元列出教学目标、考评测试及科学素养读物。教学目标部分对生物化学课程的内容设定了三个不同程度的目标——掌握、熟悉和了解。“掌握”的内容，要求学生能全面理解，重点记忆并能融会贯通；“熟悉”的内容，要求学生能理解和记住概念与特点；“了解”的内容，只扼要介绍有关知识概念或通过学生自学来认识和理解。考评测试包括单项选择题、多项选择题、名词解释、简答题四种类型。科学素养读物部分介绍了中国生物化学家的传记或小故事、诺贝尔奖获得者的介绍以及生物化学进展情况。最后附有两份模拟试卷及答案，供学生在复习时进行自我测评。

本考评手册可供临床医学、检验医学、口腔医学、麻醉医学、预防医学、影像医学、护理学、眼视光学等本科各专业学生学习生物化学课程使用，配套教材为查锡良主编、由人民卫生出版社出版的《生物化学》第七版（卫生部规划教材）及金丽琴主编、由浙江大学出版社出版的《生物化学》第一版（全国高等医药教育规划教材）。

学生在使用本考评手册时切勿机械地做练习题，应该在充分理解教学目标的基础上有针对性地检验自己对所学知识的掌握程度。

本书在编写过程中得到了温州医学院有关领导的大力支持，整个编写过程中金丽琴教授对编写大纲、初稿和终稿都进行了认真的审阅，并提出了宝贵的修改意见；同时，叶辉老师、沈年汉老师、王建光老师、唐敬兰老师、李春洋老师、雷康福老师、陈秀芳老师、毛孙忠老师、张伟老师、张雄飞老师为本教材的策划、审稿、编写会议组织和编写做出了卓有成效的贡献；在出版、编辑过程中浙江大学出版社给予了大力支持，特别是阮海潮老师为本书的编辑出版等做了大量工作，陈瑶老师在本书编辑等方面付出了辛勤的劳动，在此一并表示由衷的感谢。

由于我们学术水平有限，难免存在缺点与不当之处，期盼同行专家、使用本书的师生批评、指正。

作　者

2010 年 2 月

于温州医学院

目 录

第一章　蛋白质的结构与功能

【教学目标】

第一节　蛋白质的分子组成

掌握：蛋白质的元素组成，蛋白质的基本组成单位——氨基酸、氨基酸结构和分类，肽键和肽。

熟悉：蛋白质多肽链组成，氨基酸的理化性质。

了解：蛋白质的重要性，生物活性肽的作用。

第二节　蛋白质分子结构

掌握：蛋白质一级、二级、超二级结构（包括模体）、结构域、三级、亚基和四级结构概念，维持蛋白质结构的主要作用力。

熟悉：α-螺旋、β-折叠的结构特征。

了解：蛋白质二级结构（除α-螺旋、β-折叠外）、三级结构、四级结构的具体形式，分子伴侣及空间结构的折叠，蛋白质的分类。

第三节　蛋白质的结构与功能的关系

掌握：蛋白质一级结构是空间结构与生物学功能的基础；分子病。

熟悉：血红蛋白构象变化影响各亚基与氧结合，血红蛋白协同效应与变构效应。

了解：蛋白质空间结构影响蛋白质生物学功能，蛋白质空间结构改变引起疾病。

第四节　蛋白质的理化性质

掌握：蛋白质两性电离、等电点及溶液 pH 对蛋白质带电荷的影响，蛋白质具有胶体性质及亲水溶胶稳定因素，蛋白质的变性概念、本质及实践应用。

熟悉：蛋白质复性、凝固，蛋白质紫外吸收特性。

了解：蛋白质呈色反应与蛋白质溶液含量测定。

第五节　蛋白质的分离、纯化与结构分析

了解：分离纯化蛋白质的常用方法——透析、盐析、电泳、层析及超速离心等，蛋白质一级结构测定原理。

【考评测试】

一、单项选择题

1. 各种蛋白质中含量相近的元素是　　　　　　　　　　　　（　　）

A. 碳　B. 氮　C. 氢　D. 氧　E. 硫

2. 某一溶液中蛋白质的含量为55%，则此溶液的蛋白质氮的质量分数为（　）

A. 8.8%　B. 8.0%　C. 9.2%　D. 8.4%　E. 6.25%

3. 下列对于蛋白质的组成，说法不恰当的有（　）

A. 含氮量平均约为16%　B. 由C、H、O、N等多种元素组成

C. 可水解成肽或氨基酸　D. 由α-氨基酸组成

E. 以上都错误

4. 天然蛋白质中不存在的氨基酸是（　）

A. 蛋氨酸　B. 胱氨酸　C. 羟脯氨酸

D. 同型半胱氨酸　E. 精氨酸

5. 组成蛋白质的20种氨基酸中除哪一种外，其α-碳原子均为不对称碳原子（　）

A. 异亮氨酸　B. 丙氨酸　C. 脯氨酸

D. 甘氨酸　E. 谷氨酸

6. 下列属于酸性氨基酸的是（　）

A. 半胱氨酸　B. 苏氨酸　C. 苯丙氨酸

D. 谷氨酸　E. 组氨酸

7. 含有两个氨基的氨基酸是（　）

A. Lys　B. Trp　C. Val　D. Glu　E. Leu

8. 下列哪一种氨基酸属亚氨基酸（　）

A. 赖氨酸　B. 脯氨酸　C. 组氨酸

D. 色氨酸　E. 异亮氨酸

9. 以下哪种氨基酸是含硫的氨基酸（　）

A. 谷氨酸　B. 赖氨酸　C. 亮氨酸

D. 蛋氨酸　E. 酪氨酸

10. 当溶液的pH与某种氨基酸的pI一致时，该氨基酸在此溶液中的存在形式是（　）

A. 兼性离子　B. 非兼性离子　C. 带单价正电荷

D. 疏水分子　E. 带单价负电荷

11. 下列关于蛋白质中氨基酸残基排列的书面表达，恰当的是（　）

A. 从羧基末端开始，由左向右排列　B. 从氨基末端开始，由左向右排列

C. 从氨基末端开始，由右向左排列　D. 从羧基末端开始，由右向左排列

E. 从C-端开始，由右向左排列

12. 下列对谷胱甘肽的叙述中，不正确的是（　）

A. 它是一个三肽　B. 一种具有两性性质的肽

C. 一种酸性肽　D. 在体内是一种还原剂

E. 有两种离子形式

13. 下列有关蛋白质一级结构的叙述中，不正确的是（　）

A. 多肽链中氨基酸的排列顺序

B. 氨基酸分子间通过去水缩合形成肽链

C. 蛋白质一级结构并不包括各原子的空间位置

D. 从 N-端至 C-端氨基酸残基排列顺序
E. 蛋白质一级结构的化学键除肽键外,还有二硫键参与

14. 维系蛋白质一级结构的化学键是　(　　)
A. 盐键　B. 疏水键　C. 氢键
D. 二硫键　E. 肽键

15. 胰岛素分子 α 链与 β 链的交联是靠　(　　)
A. 盐键　B. 氢键　C. 二硫键
D. 酯键　E. 范德华力

16. 对稳定蛋白质构象通常不起作用的化学键是　(　　)
A. 氢键　B. 盐键　C. 酯键
D. 疏水键　E. 范德华力

17. 稳定蛋白质分子中,α-螺旋和 β-折叠的化学键是　(　　)
A. 肽键　B. 二硫键　C. 盐键
D. 氢键　E. 疏水作用

18. 对于肽键特点的叙述中,不正确的是　(　　)
A. 肽键的 C—N 键具有部分双键的性质
B. 肽键可以自由旋转
C. 与 α-碳原子相连的 N 和 C 所形成的化学键可以自由旋转
D. 肽键中 C—N 键所连的四个原子基本处于同一平面上
E. 以上都不正确

19. 对于蛋白质二级结构的叙述中,不正确的是　(　　)
A. α-螺旋、β-折叠、β-转角、无规卷曲均属二级结构
B. 蛋白质局部或某一段肽链有规则的重复构象
C. 一些二级结构可构成模体
D. 多肽链主链和侧链的全部原子的空间排布
E. 稳定蛋白质二级结构最主要的键是氢键

20. 下列关于蛋白质二级结构的叙述中,正确的是　(　　)
A. 氨基酸的排列顺序　B. 每一氨基酸侧链的空间构象
C. 局部主链的空间构象　D. 亚基间相对的空间位置
E. 每一原子的相对空间位置

21. 蛋白质 α-螺旋的特点有　(　　)
A. 螺旋方向与长轴垂直　B. 多为左手螺旋
C. 氨基酸侧链伸向螺旋外侧　D. 肽键平面充分伸展
E. 该结构由肽链的两个或更多片段构成

22. 蛋白质分子的 β 转角属于蛋白质的哪级结构　(　　)
A. 一级结构　B. 二级结构　C. 四级结构
D. 三级结构　E. 以上都不是

23. 维系蛋白质三级结构稳定的最重要的键或作用力是　(　　)
A. 疏水键　B. 盐键　C. 范德华力

D. 氢键　　E. 肽键

24. 对于蛋白质四级结构的恰当叙述是　(　　)
A. 四级结构是蛋白质保持生物学活性的必要条件
B. 蛋白质四级结构的稳定性由二硫键维系
C. 蛋白质都有四级结构
D. 蛋白质亚基间由非共价键聚合
E. 每条多肽链都具有独立的生物学活性

25. 下列对于蛋白质亚基的描述中,恰当的是　(　　)
A. 两条以上多肽链卷曲成二级结构　B. 一条多肽链卷曲成螺旋结构
C. 两条以上多肽链与辅基结合成蛋白质　D. 每个亚基都有各自的三级结构
E. 亚基间靠二硫键维持稳定

26. 蛋白质的空间构象主要取决于　(　　)
A. 肽链氨基酸的序列　B. α-螺旋和β-折叠
C. 肽链中的肽键　D. 肽链中的氨基酸侧链
E. 肽链内或间的次级键

27. “分子病”首先是蛋白质哪个基础层次结构的改变　(　　)
A. 一级　B. 二级　C. 超二级　D. 三级　E. 四级

28. 下列关于血红蛋白的叙述中,正确的是　(　　)
A. 血红蛋白是含有铁卟啉的单亚基球蛋白
B. 血红蛋白氧解离曲线为S形
C. 血红蛋白不属于变构蛋白
D. 1个血红蛋白可与1个氧分子可逆结合
E. 血红蛋白与氧结合不具有协同效应

29. 正常人的HbA和镰刀状细胞贫血病HbS的区别是　(　　)
A. 每个亚基的一级结构不同　B. 亚基数不同
C. β-亚基N-端第六位氨基酸不同　D. α-亚基N-端第六位氨基酸不同
E. β-亚基C-端第六位氨基酸不同

30. 有一混合蛋白质溶液,各种蛋白质pI分别为4.6、5.0、5.3、6.7、7.3,电泳时欲使其中四种泳向正极,则缓冲液的pH应是　(　　)
A. 5.0　B. 4.0　C. 6.0　D. 7.0　E. 6.7

31. 280nm波长附近具有最大光吸收峰的氨基酸是　(　　)
A. 天冬氨酸　B. 丝氨酸　C. 苯丙氨酸
D. 色氨酸　E. 赖氨酸

32. 蛋白质溶液的稳定因素是　(　　)
A. 蛋白质分子表面的疏水基团相互排斥　B. 蛋白质溶液的黏度大
C. 蛋白质分子表面带有水化膜　D. 蛋白质溶液属于真溶液
E. 蛋白质分子表面带正、负等量电荷

33. 变性蛋白质的主要特点是　(　　)
A. 不易被蛋白酶水解　B. 相对分子质量降低　C. 溶解性增加

D. 生物学活性丧失　E. 共价键被破坏

34. 蛋白质变性的本质是　(　)

A. 空间结构破坏　B. 亚基解聚　C. 一级结构破坏

D. 辅基脱落　E. 肽键断裂

35. 下列关于免疫球蛋白变性的叙述中，不正确的是　(　)

A. 原有的抗体活性降低或丧失　B. 溶解度增加

C. 易被蛋白酶水解　D. 蛋白质的空间构象被破坏

E. 蛋白质的一级结构无改变

36. 下列对蛋白质变性的描述中，合适的是　(　)

A. 变性蛋白质的溶液黏度下降　B. 变性的蛋白质不易被消化

C. 蛋白质沉淀不一定就是变性　D. 蛋白质变性后容易形成结晶

E. 蛋白质变性不涉及二硫键破坏

37. 注射时用 70%的酒精消毒是使细菌蛋白质　(　)

A. 变性　B. 变构　C. 沉淀　D. 电离　E. 溶解

38. 对于蛋白质沉淀、变性和凝固的关系，下面哪种说法不恰当　(　)

A. 蛋白质沉淀后不一定变性　B. 蛋白质变性后不一定沉淀

C. 凝固的蛋白质一定已变性　D. 蛋白质变性后必然发展为凝固

E. 以上说法都错误

39. 盐析法沉淀蛋白质的机理是　(　)

A. 中和蛋白表面电荷并破坏水化膜　B. 改变蛋白质空间构象

C. 与蛋白质形成不溶性蛋白盐沉淀　D. 调节蛋白质的等电点

E. 蛋白质内部疏水基团暴露

40. 从多种蛋白质混合液中分离纯化某种蛋白质，且不能变性，用下列哪种方法较好　(　)

A. 加有机溶剂使蛋白质沉淀　B. 加中性盐使蛋白质沉淀

C. 用生物碱试剂沉淀蛋白质　D. 用电泳分离

E. 加重金属离子

41. 下列蛋白质通过凝胶过滤层析时最先被洗脱的是　(　)

A. 马肝过氧化氢酶(相对分子质量 247500)

B. 肌红蛋白(相对分子质量 16900)

C. 人血清白蛋白(相对分子质量 68500)

D. 牛乳球蛋白(相对分子质量 35000)

E. 牛胰岛素(相对分子质量 5733)

42. 下列检测蛋白质的方法中，哪一种取决于完整的肽键　(　)

A. 凯氏滴定法　B. 双缩脲反应　C. 280nm 紫外吸收法

D. 茚三酮反应　E. 纳氏试法

43. 以醋酸纤维薄膜为支持物进行血清蛋白电泳，使用 pH 8.6 的巴比妥缓冲液，各种蛋白质的电荷状态是　(　)

A. 清蛋白和球蛋白都带负电荷

B. 清蛋白带负电荷，球蛋白带正电荷

C. 清蛋白和 α_1-球蛋白都带负电荷，其他蛋白带正电荷

D. 清蛋白和 α_1，α_2-球蛋白都带负电荷，其他蛋白带正电荷

E. 清蛋白和球蛋白都带正电荷

二、多项选择题

1. 体内蛋白质的生理功能众多，包括 （ ）

A. 催化 B. 调节 C. 保护支持

D. 运输 E. 防御

2. 下列哪些氨基酸属于碱性氨基酸 （ ）

A. 甘氨酸 B. 组氨酸 C. 精氨酸

D. 色氨酸 E. 赖氨酸

3. 下列氨基酸中属于酸性氨基酸的是 （ ）

A. 谷氨酸 B. 精氨酸 C. 天冬酰胺

D. 天冬氨酸 E. 赖氨酸

4. 含有羟基的氨基酸有 （ ）

A. 色氨酸 B. 丝氨酸 C. 苏氨酸

D. 苯丙氨酸 E. 酪氨酸

5. 关于组成蛋白质的氨基酸结构中，正确的说法是 （ ）

A. 在 α-碳原子上都结合有氨基或亚氨基

B. 所有的 α-碳原子都是不对称碳原子

C. 组成人体的氨基酸都是 L 形结构

D. 脯氨酸是唯一的一种亚氨基酸

E. 不同氨基酸的 R 基团大部分都相同

6. 亮氨酸属于哪类氨基酸 （ ）

A. 酸性 B. 碱性 C. 中性 D. 杂环 E. 支链

7. 下列哪些氨基酸是蛋白质合成后再加工修饰而成的 （ ）

A. 羟赖氨酸 B. 羟脯氨酸 C. 谷氨酰胺

D. γ-羧基谷氨酸 E. 胱氨酸

8. 下列关于蛋白质肽键的叙述中，正确的是 （ ）

A. 肽键具有单键性质

B. 肽键具有部分双键性质

C. 肽键上的四个原子与相邻两个 α-碳原子构成肽键平面

D. 蛋白质分子中的氨基酸是通过肽键相连的

E. 肽键可以自由旋转

9. 维系蛋白质空间结构的非共价键有 （ ）

A. 氢键 B. 肽键 C. 二硫键 D. 疏水键 E. 盐键

10. 下列关于蛋白质二级结构的说法中，正确的是 （ ）

A. 多肽链本身折叠盘曲而形成

B. 维持二级结构稳定的化学键是氢键

C. 一种蛋白质分子只存在一种二级结构类型
D. 二级结构类型及含量是由多肽链的氨基酸组成决定的
E. 蛋白质的二级结构属于空间构象

11. 蛋白质的二级结构包括 ( )
A. α-螺旋 B. β-折叠 C. β-转角
D. 双螺旋结构 E. 无规卷曲

12. 关于 α-螺旋的叙述中,正确的是 ( )
A. 螺旋中每 3.6 个氨基酸残基为一周
B. 为右手螺旋结构
C. 氨基酸侧链 R 基团分布在螺旋外侧
D. 两螺旋之间借二硫键维持其稳定
E. 酸性氨基酸集中区域有利于螺旋形成

13. 下列哪些因素影响 α-螺旋的形成 ( )
A. R 基团所带电荷性质 B. R 基团的形状
C. R 基团的大小 D. 螺旋的旋转方向
E. 带同种电荷的 R 基团集中区

14. 下列关于 β-片层结构的论述中,正确的是 ( )
A. 它是一种伸展的肽链结构
B. 肽键平面折叠成锯齿状
C. 也可由两条以上多肽链顺向或逆向平行排列而成
D. 肽链中氨基酸侧链 R 基团伸向锯齿上侧
E. 两链间形成离子键以使结构稳定

15. 下列关于蛋白质分子三级结构的描述中,正确的是 ( )
A. 具有三级结构的多肽链都具有生物学活性
B. 天然蛋白质分子均有这种结构
C. 三级结构的稳定性主要靠次级键维系
D. 亲水基团多聚集在三级结构的表面
E. 决定盘曲折叠的因素是氨基酸残基

16. 具有四级结构的蛋白质特征是 ( )
A. 分子中必定含有辅基
B. 在两条或两条以上具有三级结构多肽链的基础上,肽链进一步折叠、盘曲
C. 依靠非共价键维系四级结构的稳定性
D. 每条多肽链都具有独立的生物学活性
E. 由两条或两条以上的多肽链组成

17. 血红蛋白的结构规律及特点 ( )
A. 为一种单纯蛋白质 B. 具有两个 α-亚基和两个 β-亚基
C. 每一亚基都具有独立的三级结构 D. 亚基之间以次级键相连
E. 整个分子呈球形

18. 蛋白质分子中常出现的超二级结构是 ( )

A. αα　B. ββ　C. βαβ　D. αβα　E. αβαβ

19. 下述哪些是非共价键 (　　)

A. 二硫键　B. 氢键　C. 盐键　D. 疏水键　E. 范德华力

20. 变性作用可以改变蛋白质的哪些结构层次 (　　)

A. 一级　B. 二级　C. 超二级　D. 三级　E. 四级

21. 重金属 Pb^{2+} 与 Hg^{2+} 可使蛋白质分子 (　　)

A. 变性　B. 沉淀　C. 变构

D. 电离　E. 紫外吸收值升高

22. 易造成蛋白质变性的因素有 (　　)

A. 加热　B. 紫外线　C. 尿素　D. 强酸　E. 重金属盐

23. 蛋白质分子在电场中移动的方向取决于 (　　)

A. 蛋白质分子的形状　B. 蛋白质的相对分子质量　C. 蛋白质分子所带的净电荷

D. 蛋白质所在溶液的 pH　E. 蛋白质分子的大小

24. 蛋白质胶体溶液的稳定因素是 (　　)

A. 低温　B. 蛋白质分子表面有水化膜

C. 蛋白质溶液黏度大　D. 蛋白质分子带有表面电荷

E. 蛋白质颗粒在溶液中进行“布朗运动”,促使其扩散

25. 蛋白质变性作用的特点是 (　　)

A. 蛋白质的空间结构被破坏　B. 丧失生物学功能

C. 肽键断裂　D. 易发生沉淀

E. 氢键断裂

26. 蛋白质变性在下述哪些方面得到了应用 (　　)

A. 酒精消毒　B. 高压蒸气消毒　C. 紫外线照射

D. 硫酸铵分步盐析　E. 低温保存疫苗

三、名词解释

1. 肽键　2. 蛋白质的一级结构　3. 肽单元
4. 蛋白质二级结构　5. 模体　6. 蛋白质的三级结构
7. 结构域　8. 蛋白质的四级结构　9. 协同效应
10. 分子病　11. 等电点　12. 蛋白质的变性作用

四、简答题

1. 何谓蛋白质 α-螺旋和 β-折叠?各自的主要特征是什么?
2. 什么是分子伴侣?它是如何帮助蛋白质分子正确折叠的?
3. 举例说明蛋白质一级结构与功能的关系。
4. 肌红蛋白和血红蛋白的氧解离曲线有何差异?有什么样的生理意义?
5. 为什么蛋白质是两性电解质?
6. 试述蛋白质变性和变构的区别。
7. 维持蛋白质溶液稳定的因素是什么?实验中常用来沉淀蛋白质的方法有哪些?

【科学素养读物】

中国科学家在研究胰岛素方面的贡献

一、中国科学家首次人工合成结晶牛胰岛素

1965 年 9 月 17 日，中国首次人工合成了结晶牛胰岛素。这是当时人工合成的具有生物活性的最大的有机化合物，从而使中国成为世界上第一个合成蛋白质的国家。中国学者成功合成有生物活性牛胰岛素的工作公布后，立即引起了国际科学界的高度重视。

结晶牛胰岛素的人工合成是新中国第一个居国际领先水平的基础理论研究成果。该项目最初在 1958 年提出时，国内学者在开展这方面的研究上存在很大的困难。胰岛素分子是由 A 链(21 肽)和 B 链(30 肽)通过二硫键相连而成的，每条肽链是由多种氨基酸以肽键形式连接组成的。当时在国内，除了谷氨酸外，还不能生产任何氨基酸，也没有合成多肽经验，所以一切都得从零做起。然而，在王应睐、邹承鲁、钮经义、汪猷、邢其毅等学科带头人的领导组织下，中国科学院上海生物化学所、上海有机化学所、北京大学等单位的学者，历经 8 年艰苦努力，终于攻克了胰岛素 A 链及 B 链的拆合、A 链和 B 链的合成等一道道难关，最终完成了牛胰岛素的全合成。

二、中国科学家用 X 射线衍射法测定猪胰岛素分子的空间结构

中国学者继 20 世纪 60 年代首次人工合成牛胰岛素之后，于 70 年代初测定了三方二锌猪胰岛素的三维结构。1986 年中国学者已经完成这个结构 1.2 埃高分辨率的修正工作。

1969 年 10 月，霍奇金等人在 *Nature* 上发表简报，宣布自己已经测出了胰岛素晶体的三维结构，他们所得到的分辨率为 2.8 埃(Adams，M. J. et al. *Nature*，1969，224:491)。

1970 年国庆前夕，卫新成教授负责的猪胰岛素晶体结构测定课题组用 X 射线衍射法完成了猪胰岛素晶体 4 埃分辨率的分析工作，确定了胰岛素分子的轮廓及组成胰岛素两条肽链的走向。1971 年“七一”前夕，他们全部完成了 2.5 埃分辨率的分析工作，从而确定了胰岛素晶体的三维结构，包括胰岛素分子两条主肽链的走向和侧链基团的取向。1974 年，该实验室又进一步完成了 1.8 埃分辨率的分析工作。

期间，中国科学家在胰岛素的晶体结构方面的突出研究引起国内外学者的广泛关注。

1971 年 7 月底，中国科学院在北京召开了为期约一周的胰岛素晶体结构分析研究成果鉴定会。参会约 70 名专家，经过细致的审核和讨论，认为：“胰岛素晶体结构成果正确可靠，是继我国在世界上第一个人工合成蛋白质——结晶胰岛素后，在基础理论研究方面赶超世界先进水平的又一较为重要的成果，这为研究胰岛素结构和功能的关系提供了新的有利条件，而且也为今后研究生物大分子，探索‘生命起源’等问题打下了基础”。1972 年，霍奇金教授访问中国，盛赞中国的胰岛素晶体结构测定工作。随即她飞往日本参加第九届国际晶体学大会，介绍了中国科学家在胰岛素方面的工作成果。1975 年，她在 *Nature* 上发表《中国的胰岛素工作》(*Chinese Work on Insulin*)一文，再次宣称：“北京图谱是目前胰岛素最精确的图谱。”

(沈年汉)

第二章　核酸的结构与功能

【教学目标】

第一节　核酸的化学组成及一级结构

掌握：核酸中的碱基成分，戊糖与核糖核苷酸的结构和命名，核酸的一级结构。

第二节　DNA 的空间结构与功能

掌握：DNA 的二级结构，DNA 的超螺旋结构，DNA 的功能。

第三节　RNA 的结构与功能

掌握：mRNA、tRNA 的二级结构和功能，rRNA 的功能。

了解：tRNA 的三级结构，rRNA 的二级结构，其他小分子 RNA、核酶。

第四节　核酸的理化性质

掌握：DNA 的变性、复性和杂交。

了解：核酸的一般理化性质。

第五节　核酸酶

掌握：核酸酶的概念。

了解：核酸酶的种类。

【考评测试】

一、单项选择题

1. DNA 熔解温度（T_m）是指　（　　）

   A. A_{260} 达到最大值时的温度　B. A_{260} 达到最大值的 50％时的温度

   C. DNA 开始解链时所需要的温度　D. DNA 完全解链时所需要的温度

   E. 以上都不对

2. 核酸对紫外线的最大吸收在哪一波长附近　（　　）

   A. 280nm　B. 320nm　C. 400nm　D. 260nm　E. 600nm

3. 下列关于 DNA 双螺旋模型的叙述中，错误的是　（　　）

   A. 由两条平行且方向相反的多聚脱氧核糖核苷酸链组成

   B. 维持其稳定的两种作用力中，碱基间的氢键更重要

   C. 碱基位于 DNA 分子双螺旋内侧

D. DNA 分子的两条链以一共同轴为中心缠绕成右手螺旋
E. 磷酸与脱氧核糖组成了双螺旋的骨架

4. tRNA 的二级结构是　(　　)
A. 倒 L 形　B. 三叶草形　C. 双螺旋
D. 直链形　E. 以上都不对

5. RNA 分子中相对分子质量最小的是　(　　)
A. 5S-rRNA　B. snRNA　C. tRNA
D. hnRNA　E. mRNA

6. tRNA 的三级结构是　(　　)
A. 倒 L 形　B. 三叶草形　C. 双螺旋
D. 直链形　E. 以上都不对

7. DNA 变性后的特征性变化是　(　　)
A. A_{260} 增高　B. 磷酸二酯键断裂　C. 不易被蛋白酶降解
D. 黏度增大　E. 相对分子质量变小

8. 下列参与构成真核生物核蛋白体小亚基的是　(　　)
A. 5S-rRNA　B. 16S-rRNA　C. 23S-rRNA
D. 18S-rRNA　E. 28S-rRNA

9. 下列参与构成原核生物核蛋白体小亚基的是　(　　)
A. 5S-rRNA　B. 16S-rRNA　C. 23S-rRNA
D. 18S-rRNA　E. 28S-rRNA

10. 关于 DNA 和 RNA 彻底水解产物的叙述中,正确的是　(　　)
A. 碱基相同,戊糖相同　B. 碱基相同,戊糖不同
C. 碱基不同,戊糖相同　D. 部分碱基相同,戊糖不同
E. 部分碱基相同,戊糖相同

11. DNA 与 RNA 分子在化学组成上的不同,在于 RNA 含有　(　　)
A. 胸腺嘧啶、核糖　B. 尿嘧啶、核糖　C. 胸腺嘧啶、脱氧核糖
D. 胞嘧啶、核糖　E. 胞嘧啶、脱氧核糖

12. RNA 分子中种类最多的是　(　　)
A. 5S-rRNA　B. snRNA　C. tRNA
D. mRNA　E. 以上都不是

13. 绝大多数真核生物 tRNA 的 5′-端有　(　　)
A. poly A　B. 帽子结构　C. 起始密码
D. 终止密码　E. Pribnow 盒

14. 核酸分子中核苷酸之间的化学键是　(　　)
A. 肽键　B. 二硫键　C. 磷酸二酯键
D. 糖苷键　E. 氢键

15. 在 DNA 的双螺旋模型中　(　　)
A. 两条多核苷酸链完全相同
B. A+G/C+T 的比值为 1

C. A+T/G+C 的比值为 1

D. 一条链是左手螺旋,另一条链是右手螺旋

E. 两条链的碱基之间以共价键结合

16. 下列几种 DNA 分子的碱基组成比例各不相同,哪一种 DNA 的 T_m较低 ( )

A. DNA 中 A-T 占 45% B. DNA 中 G-C 占 25%

C. DNA 中 G-C 占 40% D. DNA 中 A-T 占 80%

E. DNA 中 G-C 占 35%

17. 在下列哪一种情况下,互补的两条 DNA 单链将会结合成 DNA 双链 ( )

A. 变性 B. 退火 C. 加连接酶

D. 加聚合酶 E. 以上都不是

18. DNA 的二级结构是 ( )

A. α-螺旋 B. β-折叠 C. β-转角

D. 超螺旋结构 E. 双螺旋结构

19. tRNA 的分子结构特征是 ( )

A. 有密码环 B. 有反密码环和 3′-端 CCA

C. 3′-端有多聚 A D. 5′-端有 CCA

E. 有反密码环和 5′-端 CCA

20. DNA 变性是指 ( )

A. 分子中 3′,5′-磷酸二酯键断裂 B. 核苷酸游离于溶液中

C. A_{260}降低 D. 链间氢键断裂,双螺旋结构解开

E. 黏度增加

21. B-DNA 的双螺旋结构中,螺旋每旋转一周包括 ( )

A. 10 个核苷酸 B. 11 个核苷酸 C. 12 个核苷酸

D. 13 个核苷酸 E. 14 个核苷酸

22. 在核酸中占 9%~11%,且可用于计算核酸含量的元素是 ( )

A. 碳 B. 氢 C. 氧 D. 氮 E. 磷

23. 两个核酸制品经紫外检测其制品 A 的 $A_{260}/A_{280}=2$,制品 B 的 $A_{260}/A_{280}=1$,下面对上述两种制品纯度的描述正确的是 ( )

A. A 制品的纯度高于 B 制品 B. B 制品的纯度高于 A 制品

C. A、B 两制品的纯度均高 D. A、B 两制品的纯度均不高

E. 无法判断此两种制品的纯度

24. 下列关于核酸的描述错误的是 ( )

A. 核酸分子具有极性 B. 多核苷酸链有两个不相同的末端

C. 多核苷酸链的 3′-端为磷酸基 D. 多核苷酸链的 5′-端为磷酸基

E. 链的书写方向为 5′→3′方向,其 5′-端总是在左边

25. RNA 中含有稀有碱基最多的是 ( )

A. 5S-rRNA B. snRNA C. tRNA

D. hnRNA E. mRNA

26. Watson-Crick DNA 分子结构模型是 ( )

A. 三链结构　B. DNA 双股链的走向是反向平行的
C. 碱基 A 和 G 配对　D. 碱基之间共价结合
E. 磷酸戊糖主链位于 DNA 螺旋内侧

27. 真核生物 DNA 缠绕在组蛋白上构成核小体，核小体含有的蛋白质是　(　　)
A. H_1、H_2、H_3、H_4各两分子　B. H_{1A}、H_{1B}、H_{2A}、H_{2B}各两分子
C. H_{2A}、H_{2B}、H_{3A}、H_{3B}各两分子　D. H_{2A}、H_{2B}、H_3、H_4各两分子
E. H_{2A}、H_{2B}、H_{4A}、H_{4B}各两分子

28. 下列关于 DNA 变性的叙述中，正确的是　(　　)
A. 升高温度是 DNA 变性的唯一原因
B. DNA 热变性是一种渐进过程，无明显分界线
C. 变性必定伴有 DNA 分子中共价键的断裂
D. 核酸变性是 DNA 的独有现象
E. 凡引起 DNA 两股互补链间氢键断裂的因素，都可使其变性

29. 下列关于 DNA T_m 值的叙述中，正确的是　(　　)
A. 只与 DNA 链的长短有关系　B. 与 G-C 对的含量成正比
C. 与 A-T 对的含量成正比　D. 与碱基对的成分无关
E. 在所有的真核生物中都一样

30. 决定 tRNA 携带氨基酸特异性的关键部位是　(　　)
A. CCA 3′-末端　B. TψC 环　C. 反密码环
D. DHU 环　E. 以上都不是

31. 组成核酸的基本结构单位是　(　　)
A. 戊糖和脱氧戊糖　B. 磷酸和戊糖　C. 含氮碱基
D. 单核苷酸　E. 多聚核苷酸

32. DNA 的一级结构是指　(　　)
A. 各核苷酸中核苷与磷酸的连接键性质
B. 核糖与含氮碱基的连接键性质
C. DNA 分子由数目庞大的 C、A、T、G 四种脱氧核苷酸通过 3′,5′-磷酸二酯键连接而成
D. 各脱氧核苷酸之间的连接键性质及脱氧核苷酸的排列顺序
E. DNA 的双螺旋结构

33. DNA 双螺旋的每一螺距(以 B-DNA 为例)为　(　　)
A. 4.4nm　B. 4.5nm　C. 5.4nm　D. 3.4nm　E. 3.3nm

34. 单链 DNA 5′-CpGpGpTpAp-3′能与下列哪一种 RNA 杂交　(　　)
A. 5′-GpCpCpApTp-3′　B. 5′-GpCpCpApUp-3′　C. 5′-UpApCpCpGp-3′
D. 5′ TpApGpGpCp-3′　E. 5′-TpUpCpCpGp-3′

35. 维持 DNA 双螺旋结构最重要的作用力是　(　　)
A. 氢键　B. 盐键　C. 碱基堆积力
D. 磷酸二酯键　E. 以上都不对

36. 下列关于核苷酸生理功能的叙述中，错误的是　(　　)

A. 核苷酸衍生物作为许多生物合成过程的活性中间物
B. 生物系统的直接能源物质
C. 作为辅酶的成分
D. 作为质膜的基本结构成分
E. 生理性调节物

37. 下列关于核酸的叙述中,错误的是　(　　)
A. 碱基配对发生在嘧啶碱与嘌呤碱之间
B. 鸟嘌呤与胞嘧啶之间的联系是由两对氢键形成的
C. DNA 的两条多核苷酸链方向相反,一条为 $3'\rightarrow5'$,另一条为 $5'\rightarrow3'$
D. DNA 双螺旋链中,氢键连接的碱基对形成一种近似平面的结构
E. 腺嘌呤与胸腺嘧啶之间的联系是由两对氢键形成的

38. 参与基因调控的 RNA 是　(　　)
A. mRNA　B. tRNA　C. snRNA　D. rRNA　E. hnRNA

39. 下列哪些理化性质是核酸所不具备的　(　　)
A. 具有较强的酸性　B. 溶液的黏性较大
C. 在机械力的作用下易于断裂　D. 为线性分子
E. 以上均是

40. 下列关于核蛋白体的叙述中,正确的是　(　　)
A. 遗传密码的携带者　B. 由 rRNA 与蛋白质构成
C. 由 snRNA 与 hnRNA 构成　D. 由 DNA 与蛋白质构成
E. 以上都不对

二、多项选择题

1. 下列关于真核生物 DNA 碱基的叙述中,正确的是　(　　)
A. 腺嘌呤与胸腺嘧啶含量相等　B. 嘌呤与嘧啶含量相等
C. G-C 对有 3 个氢键　D. A+T/G+C 比值等于 1
E. G-C 对有 2 个氢键

2. DNA 分子杂交的基础是　(　　)
A. DNA 变性后在一定条件下可复性
B. DNA 的黏度大
C. DNA 的刚性与柔性
D. DNA 变性双链解开,在一定条件下可重新缔合
E. 以上都不是

3. 下列关于 tRNA 三叶草结构的叙述中,正确的是　(　　)
A. 3′-末端具有相同的 CCA—OH 结构　B. TψC 环
C. 密码子环　D. DHU 环
E. 以上都是

4. 真核生物的不均一核 RNA 是指　(　　)
A. 核内转录的初始 RNA 称为不均一核 RNA

B. 携带蛋白质合成信息的初始转录的 RNA
C. hnRNA 中包括内含子
D. AUG 上游是 5′非编码区
E. UAA 下游是 3′非编码区

5. tRNA 分子是　(　　)
A. 细胞内相对分子质量较小的一类 RNA
B. 含有稀有碱基最多的一类 RNA
C. 双链 RNA,但有局部的单链
D. 反密码环上的反密码子与 mRNA 上的密码子配对
E. 5′-端是连接氨基酸的部位

6. rRNA 分子是　(　　)
A. 细胞内含量最多的 RNA
B. S 是大分子物质在超速离心时的沉降系数
C. 原核生物有 5S、16S 和 23S 三种
D. 真核生物有 5S、5.8S、18S 和 28S 四种
E. 所构成的大、小亚基中各有多种蛋白质

7. 核小体是指　(　　)
A. 原核生物的细胞核
B. 真核生物的细胞核
C. 由 DNA 和蛋白质组成
D. 组蛋白包括 H_{2A}、H_{2B}、H_3、H_4 各两分子和一分子 H_1
E. 核心颗粒之间的连接区由 DNA 和 H_1 组蛋白组成

8. 关于核酸分子杂交叙述正确的是　(　　)
A. DNA 变性的方法常用加热
B. 相同来源的核酸才能通过变性而杂交
C. 不同来源的核酸复性时,存在全部或部分碱基互补就可杂交
D. 杂交可以发生在 DNA-DNA、RNA-DNA 和 RNA-RNA 之间
E. 把待测 DNA 标记成探针进行杂交

9. DNA 水解得到的产物包括　(　　)
A. 磷酸　B. 核糖　C. 腺嘌呤、鸟嘌呤
D. 胞嘧啶、尿嘧啶　E. 胞嘧啶、胸腺嘧啶

10. 下列关于核酸的叙述中,正确的是　(　　)
A. 碱基配对发生在嘧啶碱基与嘌呤碱基之间
B. 鸟嘌呤与胞嘧啶之间的联系是由两对氢键形成的
C. DNA 的两条多核苷酸链方向相反,一条为 3′→5′,另一条为 5′→3′
D. DNA 双螺旋链中,氢键连接的碱基对形成一种近似平面的结构
E. DNA 的双螺旋处于一种动态变化中

11. 有关 DNA 变性的叙述正确的是　(　　)
A. 磷酸二酯键断裂　B. DNA 变性时糖苷键断裂

C. 变性温度的最高点称为 T_m　　D. A_{260} 增加
E. 双链间的氢键断裂

12. 在同一真核细胞内哪些情况是存在的 ( )
A. 在过剩 RNA 存在的情况下,所有 DNA 都能与 RNA 杂交
B. 在过剩 DNA 存在的情况下,所有 RNA 都能与 DNA 杂交
C. 一个细胞内的 RNA 和 DNA 有相同的核苷酸比例
D. 所有 RNA 都是从 DNA 上转录下来的
E. 不同的 RNA 表达量不同

13. DNA 分子中 G+C 含量越高 ( )
A. 氢键破坏所需要的温度越高　　B. 解链越容易
C. 信息含量越丰富　　D. 50%复性时需要的温度越高
E. 50%变性时需要的温度越高

14. 维持 DNA 分子双螺旋结构稳定的作用力包括 ( )
A. 碱基间的氢键　　B. 磷酸二酯键
C. 碱基堆积力　　D. 磷酸残基间的离子键
E. 以上都是

15. B-DNA 双螺旋结构特点包括 ( )
A. DNA 是由反向平行的两条 DNA 单链构成
B. DNA 双螺旋结构是右手螺旋
C. 碱基堆积力和氢键是维持 DNA 双螺旋稳定的主要作用力
D. DNA 双链间的碱基形成互补碱基对,其中 A 和 U、G 和 C 配对
E. 碱基对平面与双螺旋结构的螺旋轴垂直

16. 细胞中 DNA 存在于 ( )
A. 高尔基体　　B. 内质网　　C. 线粒体
D. 叶绿体　　E. 细胞核

17. DNA 和 RNA 分子的区别是 ( )
A. 碱基不同　　B. 戊糖不同　　C. 在细胞内位置不同
D. 功能不同　　E. 空间结构不同

18. 变性 DNA 复性过程包括以下哪些反应 ( )
A. 氢键的形成　　B. 核苷键的形成
C. 磷酯键的形成　　D. 碱基对间堆积力的形成
E. 共价键的形成

19. 在熔解温度时,双股 DNA 发生哪些变化 ( )
A. 双股螺旋完全解开　　B. 双股螺旋 50%解开
C. 在 260nm 处的吸光度增加　　D. 碱基对间氢键部分断裂
E. 所有的 G-C 对消失

20. 蛋白质变性和 DNA 变性的共同特点是 ( )
A. 生物学活性丧失　　B. 易恢复天然状态　　C. 氢键断裂
D. 结构松散　　E. 形成超螺旋结构

三、名词解释

1. 核酸的一级结构　2. 不均一核 RNA　3. DNA 的变性
4. DNA 的增色效应　5. 融解温度　6. DNA 的复性
7. 杂交

四、简答题

1. 简述 DNA 和 RNA 的不同。
2. 简述 DNA 双螺旋结构的要点。
3. 什么是 DNA 的解链温度？影响其大小的因素有哪些？

【科学素养读物】

染色体遗传学的奠基人——摩尔根

1866 年，即孟德尔发表那篇重要的遗传学论文的这一年，美国遗传学家托马斯·摩尔根(T. H. Morgan，1866—1945)出生于美国肯塔基州的莱克星顿，他是继孟德尔之后公认的国际遗传学第二代"主帅"。从肯塔基州立大学毕业后，摩尔根考入霍普金斯大学，并在那里取得了博士学位。在那之后的十多年里，摩尔根主要从事实验胚胎学的研究，直到孟德尔的遗传学说被人们重新发现，摩尔根才逐渐将研究方向转到遗传学领域，试图通过实验来验证达尔文关于"自然选择"的理论。

1902 年 12 月和 1903 年 1 月，美国哥伦比亚大学的研究生萨顿发表了两篇论文，提出了著名的"萨顿假说"：染色体的行为与遗传性状的行为完全平行。但是，这一假说遭到当时许多遗传学家的反对。当时国际遗传学的"主帅"贝特森就"坚决反对把遗传因子与任何物质实体联系起来"。创造"基因"一词的约翰逊则明确反对"基因是物质的、具有形态的结构"。当时还是胚胎实验学者的摩尔根也是其中一员，他宣称"绝不接受任何没有实验基础的结论"。虽然萨顿提出的各种细胞学现象都是实验观察的结果，但没有任何实验证据能够把这些实验现象与孟德尔遗传理论联系起来。然而，通过实验证实"萨顿假说"的恰恰是当初强烈反对这个假说的摩尔根。

摩尔根由一位对孟德尔遗传理论持怀疑态度的实验胚胎学家转变为国际遗传学第二代领军人物与后来被称为细胞遗传学圣地的"蝇室"有决定性的关系。"蝇室"的创建有些偶然，摩尔根对荷兰植物学家德弗里关于突变与进化的研究很有兴趣，建议他的研究生佩恩通过实验来研究拉马克的"用进废退学说"。佩恩于是用香蕉将果蝇引入暗室进行传代，观察果蝇会不会因为黑暗而产生没有眼睛的后代。虽然佩恩的实验结果是第 69 代羽化的果蝇也没有退化眼睛，但却使摩尔根发现果蝇是一种极好的实验材料。从此，摩尔根所领导的实验室便被戏称为"蝇室"。最初的蝇室位于哥伦比亚大学斯赫梅霍楼 613 室，这是一间仅有 34.1 平方米的小房间。遗传学历史上著名的"摩尔根三弟子"：斯特蒂文特、布里吉斯和穆勒先后于 1909 年和 1912 年加入蝇室，成为蝇室研究小组的成员。许多著名的遗传学家如杜布赞斯基、比德尔、麦克林托克、德尔布吕克、莫诺等，以及我国老一辈遗传学家，如陈桢、李汝祺、谈家桢等都曾在蝇室学习、工作或访问过。

1910 年 5 月，摩尔根的一名学生偶然在蝇室的大群野生红眼果蝇中发现了一只白眼雄性果蝇。摩尔根使这只科学史上著名的昆虫与其他野生型红眼雌性果蝇交配。结果是：第一代果蝇无论雌雄全部是红眼型，说明白眼相对于红眼是隐性遗传；第一代果蝇相互交配所得到的第二代果蝇为：红眼型 3470 只，白眼型 782 只，考虑到白眼型果蝇死亡率较高等因素，可以认为基本上接近于 3∶1 的孟德尔比数；不同之处在于：白眼型果蝇全部都是雄性，具体来说是第二代果蝇中红眼型雌性 2459 只、红眼雄性 1011 只、白眼雄性 782 只。通过对白眼雄性果蝇后代眼色表型的遗传学分析，摩尔根在 1910 年 7 月的《科学》杂志上发表了《果蝇的限制性遗传》一文：第一次把一个具体的基因（白眼基因）定位于一个特定的染色体（X 染色体）上，从而为遗传的染色体理论提供了第一个重要的实验证据，开辟了一条遗传学和细胞学紧密结合的研究道路。

在发现那只白眼雄性果蝇之后，蝇室不断有新的突变体被发现，到 1910 年底已经达到 15 种之多。与此同时，摩尔根的遗传学研究也不断深入，研究成果不断涌现。摩尔根通过实验证明控制性连锁遗传性状发育的基因不仅为性连锁，而且彼此之间也是连锁的；不表现为限性（性连锁）遗传的性状，其因子（基因）与限性诸因子（性连锁基因）之间都没有连锁现象，而表现为自由组合。1911 年 9 月，摩尔根在《科学》杂志上发表了被誉为他第二篇重要的论文《孟德尔遗传中的随机分离与互引》，从而在机制上解释了遗传连锁现象。1911 年，摩尔根还发现不表现为性连锁的黑体基因与残翅基因是互相连锁的，并且从中发现了“完全连锁”与“不完全连锁”。其后不久，摩尔根又发现不表现为性连锁的乌黑体基因和桃色基因是互相连锁的，但都不与黑体基因和残翅基因连锁，从而提出了“连锁群”的概念。

于是，在 1911 年这个遗传学历史上重要的年份，摩尔根通过“蝇室”的实验，先后提出了被称为遗传学第三定律的“连锁和交换律”、染色体是基因的物质载体、基因在染色体上呈线性排列、交换率能表示基因在染色体上的相对位置等染色体遗传学说的基本思想。为了纪念摩尔根以及他的蝇室成员创建染色体遗传学说，英国遗传学家霍尔丹在 1919 年建议将连锁图的图距单位称为“厘摩（centimorgan，cM）”，1 cM 相当于 1%的交换率。1926 年，摩尔根出版了集染色体遗传学之大成的名著《基因论》（*The Theory of the Gene*），系统地阐述了遗传学在细胞和染色体水平上的基因理论，极大地丰富和发展了孟德尔学说，使遗传学获得了前所未有的大发展。为了表彰在遗传学研究中取得的巨大成就，摩尔根在 1933 年被授予诺贝尔生理学或医学奖。

（李春洋）

第三章 酶

【教学目标】

第一节 酶的分子结构与功能

掌握：酶的分子组成，酶活性中心。

第二节 酶的工作原理

掌握：酶促反应特点。
了解：酶促反应机制。

第三节 酶促反应动力学

掌握：底物浓度、酶浓度、pH、温度、抑制剂以及激活剂对酶促反应速度的影响。
了解：酶活性的测定和酶活性单位。

第四节 酶的调节

掌握：酶活性的调节。
了解：酶含量的调节，同工酶。

第五节 酶的分类与命名

了解：酶的命名与分类。

第六节 酶与医学的关系

了解：酶与医学的关系。

【考评测试】

一、单项选择题

1. 当[S]=4K_m 时，酶促反应速度 V 与 V_{max}之比是 （ ）
   A. 5∶6　B. 4∶5　C. 4∶6　D. 3∶5　E. 1∶2
2. 有机铅、汞、铜等重金属离子中毒是属于 （ ）
   A. 竞争性抑制　B. 非竞争性抑制　C. 反竞争性抑制
   D. 混合性抑制　E. 不可逆性抑制
3. 使酶原激活的主要途径是 （ ）
   A. 化学修饰　B. 亚基的聚合或解离　C. 别构激活

D. 翻译后加工　　　　　E. 水解一个或几个特定的肽键

4. 若某种酶的行为遵循典型的米曼动力学，那么根据速度对底物浓度的双倒数作图，底物的米氏常数(K_m)可从图上确定为下列何值 (　　)

A. 曲线的转折点　　　　B. 曲线的斜率

C. 曲线在 X 轴上截距的绝对值　　　　D. 曲线在 X 轴上截距的绝对值的倒数

E. 曲线在 Y 轴上截距的绝对值的倒数

5. 生物体对于酶含量的调节主要是下列哪种方式 (　　)

A. 酶合成的诱导和阻遏　　B. 酶的降解　　C. 别构调节

D. 化学修饰调节　　E. 改变环境 pH

6. 关于辅助因子的叙述，下列哪项是正确的 (　　)

A. 均是结构复杂的小分子有机化合物

B. 有的辅酶与酶蛋白分开存在，故其本身就有催化活性

C. 主要起携带或转移电子、原子和功能基团的作用

D. 决定酶的特异性

E. 辅基位于活性中心之外

7. 临床上用别嘌呤醇治疗痛风是因为别嘌呤醇能够________黄嘌呤氧化酶 (　　)

A. 竞争性抑制　　B. 非竞争性抑制　　C. 反竞争性抑制

D. 混合性抑制　　E. 不可逆性抑制

8. 关于酶促反应机制的学说不包括下列哪一项 (　　)

A. 表面效应　　B. 多元催化　　C. 邻近效应

D. 协同效应　　E. 中间产物学说和诱导契合学说

9. 决定酶催化反应特异性的是 (　　)

A. 酶的活性中心　　B. 酶蛋白　　C. 辅酶或辅基

D. 活性中心外的必需基团　　E. 上述均不是

10. 有机磷杀虫剂是与酶活性中心的哪种功能基团结合而抑制酶活性的 (　　)

A. 半胱氨酸的巯基　　B. 丝氨酸的羟基　　C. 某些氨基酸的羧基

D. 氨基酸的氨基　　E. 组氨酸的咪唑基

11. 生物体对于酶的调节不包括下列哪种方式 (　　)

A. 同工酶调节　　B. 酶原的激活　　C. 变构调节

D. 共价修饰调节　　E. 改变环境 pH

12. 有竞争性抑制剂[I]参与的酶促反应在下列哪种情况下酶活性最大 (　　)

A. [S]=[I]　　B. [S]>[I]　　C. [S]<[I]

D. [I]≫[S]　　E. [I]≪[S]

13. 同工酶是指 (　　)

A. 催化的化学反应相同　　B. 催化的化学反应不同

C. 电泳速度相同　　D. K_m 值相同

E. 酶蛋白的分子结构、理化性质相同

14. 关于酶的不可逆性抑制，下列哪项是正确的 (　　)

A. 抑制剂与酶的辅基部分结合　　B. 抑制剂的结构与底物相似

C. 抑制剂通常以共价键与酶结合　D. 其动力学特征为 K_m 降低，V_{max} 降低
E. 以上都不对

15. 决定酶催化反应种类与性质的是　（　）
A. 酶的活性中心　B. 酶蛋白　C. 辅酶或辅基
D. 活性中心外的必需基团　E. 上述均不是

16. 竞争性抑制剂作用的动力学特点是　（　）
A. K_m 增大，V_{max} 增大　B. K_m 增大，V_{max} 下降　C. K_m 增大，V_{max} 不变
D. K_m 降低，V_{max} 下降　E. K_m 不变，V_{max} 下降

17. 心肌梗死时，乳酸脱氢酶同工酶谱中增加最显著的是　（　）
A. LDH_1　B. LDH_2　C. LDH_3　D. LDH_4　E. LDH_5

18. 非竞争性抑制剂作用的动力学特点是　（　）
A. K_m 增大，V_{max} 增大　B. K_m 增大，V_{max} 下降
C. K_m 增大，V_{max} 不变　D. K_m 降低，V_{max} 下降
E. K_m 不变，V_{max} 下降

19. 反竞争性抑制剂作用的动力学特点是　（　）
A. K_m 增大，V_{max} 增大　B. K_m 增大，V_{max} 下降
C. K_m 增大，V_{max} 不变　D. K_m 降低，V_{max} 下降
E. K_m 不变，V_{max} 下降

20. 下列哪种抑制剂属于巯基酶的非专一性不可逆抑制剂　（　）
A. 丙二酸　B. 敌百虫　C. 重金属离子
D. 磺胺药　E. 以上都不对

21. 下列哪种抑制剂属于胆碱酯酶的专一性不可逆抑制剂　（　）
A. 丙二酸　B. 敌百虫　C. 重金属离子
D. 磺胺药　E. 以上都不对

22. 下列有关某一种酶的同工酶的叙述中，正确的是　（　）
A. 催化的化学反应相同
B. 催化不同的反应而理化性质相同
C. 对同一底物具有相同的 K_m 值
D. 由同一基因编码翻译后的加工修饰不同
E. 结构相同，来源不同

23. 下面关于酶的描述中，不正确的是　（　）
A. 所有的蛋白质都是酶
B. 酶是生物催化剂
C. 酶具有专一性
D. 酶是在细胞内合成的，但也可以在细胞外发挥作用
E. 酶在强碱、强酸条件下会失活

24. 丙二酸对琥珀酸脱氢酶的抑制作用是　（　）
A. 反馈抑制　B. 非竞争性抑制　C. 竞争性抑制
D. 非特异性抑制　E. 以上都不对

25. 酶共价修饰调节的主要方式是 ( )
A. 甲基化与去甲基化 B. 磷酸化与去磷酸化 C. 乙酰化与去乙酰化
D. 亚基聚合与解聚 E. 以上都不是

26. 下列哪一项不是 K_m 值的意义 ( )
A. K_m 值是酶的特征性物理常数,可用于鉴定不同的酶
B. K_m 值可以表示酶与底物之间的亲和力,K_m 值越小,亲和力越大
C. K_m 值可以预见系列反应中哪一步是限速反应
D. 用 K_m 值可以选择酶的最适底物
E. 比较 K_m 值可以估计不同酶促反应速度

27. 磺胺药物治病的原理是 ( )
A. 直接杀死细菌 B. 细菌生长某必需酶的竞争性抑制剂
C. 细菌生长某必需酶的非竞争性抑制剂 D. 细菌生长某必需酶的不可逆抑制剂
E. 分解细菌的分泌物

28. 下列关于酶的活性中心的叙述中,不正确的是 ( )
A. 酶分子上的几个基团
B. 酶分子与底物结合的部位
C. 酶分子结合底物并发挥催化作用的关键性三维结构区
D. 酶分子中心部位由几个必需基团构成的一种特殊结构
E. 酶分子催化底物变成产物的部位

29. 酶原激活的实质是 ( )
A. 激活剂与酶结合使酶激活
B. 酶蛋白的变构效应
C. 酶原分子一级结构发生改变从而形成或暴露出酶的活性中心
D. 酶原分子的空间构象发生了变化而一级结构不变
E. 以上都不对

30. 下列关于变构调节的叙述中,错误的是 ( )
A. 变构酶常由两个以上亚基组成
B. 变构调节剂常是些小分子代谢物
C. 变构剂通常与酶活性中心以外的某一特定部位结合
D. 代谢途径的终产物通常是该途径起始反应酶的变构抑制剂
E. 变构调节具有放大效应

31. 二异丙氟磷酸能抑制以丝氨酸为必需基团的酶的活性,则二异丙氟磷酸是此酶的 ( )
A. 竞争性抑制剂 B. 非竞争性抑制剂 C. 变构抑制剂
D. 不可逆抑制剂 E. 可逆抑制剂

32. 乳酸脱氢酶是由 H、M 两种亚基组成的四聚体,共形成几种同工酶 ( )
A. 2 种 B. 3 种 C. 4 种 D. 5 种 E. 16 种

33. 下列 pH 对酶反应速度影响的叙述中,正确的是 ( )
A. 所有酶的反应速度对 pH 的曲线都表现为钟罩形

B. 最适 pH 值是酶的特征常数

C. pH 不仅影响酶蛋白的构象，还会影响底物的解离，从而影响 ES 复合物的形成与解离

D. 针对 pH 对酶反应速度的影响，测酶活性时只要严格调整 pH 为最适 pH，而不需要缓冲体系

E. 以上都对

34. 胰蛋白酶原经胰蛋白酶作用后切下六肽，使其形成有活性的酶，这一步骤是（　）

A. 变构调节　B. 酶原激活　C. 共价修饰调节

D. 正反馈调节　E. 负反馈调节

35. 根据米氏方程，不符合[S]与 K_m 之间关系的是（　）

A. 当[S]≫K_m 时，反应速度与底物浓度无关，呈零级反应

B. 当[S]≪K_m 时，反应速度与底物浓度成正比，呈一级反应

C. 当[S]$=K_m$ 时，$v=V_{max}/2$

D. 度量两者的单位是相同的

E. 当[S]$=K_m/3$ 时，$v=67\%V_{max}$

36. 以下哪项不是酶的特点（　）

A. 多数酶是细胞制造的蛋白质　B. 易受 pH、温度等外界因素的影响

C. 能加速反应，并改变反应平衡点　D. 催化效率极高

E. 高度特异性

37. 在酶的诱导契合学说中，形成酶—底物复合物时（　）

A. 酶的构象和底物构象都发生变化　B. 主要是酶的构象发生变化

C. 主要是底物的构象发生变化　D. 主要是辅酶的构象发生变化

E. 酶和底物构象都不发生变化

38. 下列有关温度对酶反应速度影响的叙述中，错误的是（　）

A. 温度对酶促反应速度的影响不仅包括升高温度使速度加快，同时也会使酶逐步变性

B. 在一定的温度范围内，在最适温度时，酶反应速度最快

C. 最适温度是酶的特征常数

D. 最适温度不是一个固定值，而与酶作用时间长短有关

E. 一般植物酶的最适温度比动物酶的最适温度稍高

39. 描述底物浓度对酶促反应速度影响的动力学曲线是（　）

A. 直线　B. S 形曲线　C. 抛物线

D. 矩形双曲线　E. 不规则曲线

40. 酶促反应动力学研究的是（　）

A. 酶的功能　B. 酶的诱导契合　C. 酶分子的空间结构

D. 影响酶促反应速度的因素　E. 以上都不是

41. 下列关于 K_m 意义的叙述中，正确的是（　）

A. K_m 为酶的比活性　B. $1/K_m$ 越小，酶与底物的亲和力越大

C. K_m 的单位是 mmol/min　D. K_m 值是酶的特征性常数之一

E. K_m 值与酶的浓度有关

42. 关于酶的最适 pH 的叙述正确的是 （ ）
A. 酶的特征性常数
B. 不受底物浓度、缓冲液种类与浓度的影响
C. 与温度无关
D. 酶促反应速度最快时的 pH 是最适 pH
E. 最适 pH 是酶的等电点

43. 酶活性的定义是指 （ ）
A. 酶与底物的结合能力 B. 酶的催化能力 C. 酶原的激活
D. 酶的自我催化能力 E. 酶蛋白与辅助因子结合的能力

44. 关于变构调节的叙述正确的是 （ ）
A. 变构抑制剂可以使 S 形曲线左移
B. 变构效应即为负协同效应
C. 变构调节与酶的四级结构有关
D. 所有多亚基酶都受变构调节
E. 以上都不是

45. 国际酶学委员会主要依据什么把酶分为六大类 （ ）
A. 酶的分子组成 B. 酶催化的反应类型 C. 酶所作用的底物
D. 酶的免疫学特征 E. 以上都不对

46. 下列不是影响酶促反应速度的因素是 （ ）
A. 底物浓度 B. 酶浓度 C. 反应的温度
D. 反应环境的 pH E. 酶促反应的作用时间

47. 酶的 K_m 值大小与 （ ）
A. 酶浓度有关 B. 酶的性质有关 C. 酶作用时间有关
D. 酶作用的温度有关 E. 酶作用的溶液 pH 有关

48. 变构酶的动力学曲线是 （ ）
A. 直线 B. 抛物线 C. S 形曲线
D. 矩形双曲线 E. 不规则曲线

49. 下列关于核酶的叙述正确的是 （ ）
A. 本质是蛋白质 B. 本质是核糖核酸 C. 本质是脱氧核糖核酸
D. 核酸酶 E. 其辅酶是 NADH

50. 若某种酶的行为遵循典型的米曼动力学，那么根据速度对底物浓度的双倒数作图，酶的米氏常数（K_m）可从图上确定为下列何值 （ ）
A. 曲线的转折点
B. 曲线的斜率
C. 曲线在 X 轴上截距的绝对值
D. 曲线在 X 轴上截距的绝对值的倒数
E. 曲线在 Y 轴上截距的绝对值的倒数

二、多项选择题

1. 关于酶的叙述正确的是 （ ）
A. 所有酶的化学本质都是蛋白质
B. 所有酶都是催化剂
C. 酶可以降低反应的活化能
D. 酶能加速反应的速度但不能改变反应的平衡点

E. 酶只能催化热力学允许的反应

2. 酶共价修饰调节的方式包括　(　　)

A. 甲基化与去甲基化　B. 磷酸化与去磷酸化　C. 乙酰化与去乙酰化

D. 腺苷化与去腺苷化　E. 亚基聚合与解聚

3. 下列影响酶促反应速度的因素是　(　　)

A. 底物浓度　B. 酶浓度　C. 反应的温度

D. 反应环境的 pH　E. 酶的抑制剂与激活剂

4. 酶蛋白与辅酶(辅基)的关系是　(　　)

A. 一种酶只有一种辅酶(辅基)

B. 不同的酶可有相同的辅酶(辅基)

C. 只有全酶才有活性

D. 酶蛋白决定反应的特异性,辅酶(辅基)决定反应的类型

E. 所有的酶都需要辅酶

5. 酶分子上必需基团的作用是　(　　)

A. 与底物结合　B. 催化底物转化为产物

C. 维持酶分子空间构象　D. 决定酶结构

E. 与辅酶结合

6. 关于竞争性抑制剂的叙述正确的是　(　　)

A. 其结构与底物十分相似　B. 与酶的活性中心部位结合

C. 结合力为非共价键　D. 用增大底物浓度方法可解除抑制

E. 对酶的抑制作用是可逆的

7. 关于变构调节的叙述错误的是　(　　)

A. 变构酶常由两个以上亚基组成

B. 变构调节剂常是些小分子代谢物

C. 变构剂通常与酶活性中心以外的某一特定部位结合

D. 代谢途径的终产物通常是该途径起始反应酶的变构抑制剂

E. 调节具有放大效应

8. 酶的快速调节包括　(　　)

A. 磷酸化和去磷酸化　B. 多亚基酶的亚基聚合与分离

C. 改变酶的合成速度　D. 改变酶的降解速度

E. 以上都是

9. 关于酶的抑制剂叙述正确的是　(　　)

A. 丙二酸是琥珀酸脱氢酶的竞争性抑制剂

B. 过多的产物使酶促反应出现逆反应,可视为酶的抑制剂

C. 蛋白酶使酶水解失活,是酶的抑制剂

D. 使酶活性降低而不引起酶变性的物质是酶的抑制剂

E. 磺胺药是二氢叶酸合成酶的竞争性抑制剂

10. 关于全酶的叙述正确的是　(　　)

A. 全酶中的酶蛋白决定了酶的特异性　B. 全酶中的辅助因子决定了反应的类型

C. 全酶中辅助因子种类与酶蛋白一样多 D. 金属离子是最重要的辅酶
E. 辅酶和辅基可用透析的方法除去

11. 酶的辅助因子包括 ( )
A. 金属离子 B. 维生素 C. 无机化合物
D. 非金属离子 E. 某些小分子的有机化合物

12. K_m 值是酶的特征性常数之一，与下列哪些因素有关 ( )
A. 酶的结构 B. 酶的底物
C. 酶促反应的温度 D. 酶促反应的pH
E. 酶的浓度

13. Lineweaver-Buk 方程式是指 ( )
A. 米—曼氏方程的另一名称 B. 米—曼氏方程的双倒数方程
C. 一种与米—曼氏方程无关的方程 D. 由曲线变为直线方程的一种
E. 由 S形曲线变为直线方程的一种

14. pH 对酶促反应速度的影响主要取决于 ( )
A. 必需基团的解离状态 B. 辅酶与辅基的解离状态
C. 底物的解离状态 D. 酶活性中心的空间构象
E. 改变酶蛋白的空间状态

15. 作为酶的激活剂可以是 ( )
A. 金属离子 B. 非金属离子 C. 某些有机化合物
D. 某些无机化合物 E. 以上都是

16. 下列能够诱导酶蛋白合成增加的是 ( )
A. 底物 B. 产物 C. 激素
D. 药物 E. 以上都是

17. 下列关于酶的不可逆性抑制剂的叙述中，正确的是 ( )
A. 使酶变性失活的抑制剂
B. 与酶结合后用透析等方法不能除去的抑制剂
C. 是特异的与酶活性中心结合的抑制剂
D. 与酶分子以共价键结合的抑制剂
E. 使酶变构抑制的变构抑制剂

18. 酶促反应中有利于酶与底物形成过渡态的机制包括 ( )
A. 诱导契合作用 B. 邻近效应 C. 定向排列
D. 表面效应 E. 多元催化作用

19. 酶与一般催化剂比较，其特点包括 ( )
A. 极高的效率 B. 高度的特异性
C. 可调节性 D. 反应前后质和量都没有改变
E. 加速反应进程，但不改变反应的平衡点

20. 以无活性的酶原形式分泌的有 ( )
A. 胰蛋白酶 B. 羧基肽酶 C. 肠激酶
D. 胃蛋白酶 E. 以上都是

三、名词解释

1. 酶的活性中心　2. 同工酶　3. 酶的相对特异性
4. 最适温度　5. 竞争性抑制　6. 非竞争性抑制
7. 反竞争性抑制　8. 变构调节　9. 化学修饰
10. 酶原

四、简答题

1. 试述酶的可逆性抑制的概念、分类及其 V_{max} 和 K_m 值的变化。

2. 何谓酶的竞争性抑制作用？特点是什么？试举例说明酶的竞争性抑制在医学实践中的应用。

3. 何谓酶的必需基团？包括哪些种类？各有什么功能？

【科学素养读物】

人类第一种抑菌药物百浪多息(磺胺药)之父——多马克

德国病理学家、细菌学家、化学家格哈德·多马克(Gerhard Domagk,1895—1964)出生于德国勃兰登堡的小镇瓦古夫(现属波兰)。多马克家境十分贫困,父亲是小学教员,母亲是农家妇女。直到父亲升任小学副校长,14 岁的多马克才得以走进向往已久的校园。1914 年,多马克以优异的成绩考入基尔大学医学院,几个月后便因第一次世界大战爆发而从军,受伤后改在医疗队服务。战争结束后,多马克回到基尔大学医学院继续学习,1921 年通过国家医学考试,取得医学博士学位。1923 年开始,多马克在格赖夫斯瓦德的格罗斯病理研究所工作,先后在大学和明斯特大学讲授病理学和解剖学。1927 年,应聘到伍柏塔尔一家染料公司的实验病理学和细菌学实验室任实验室主任,这也成为多马克人生中一个最重要的转折点。

20 世纪初,人类已发明和拥有了疗效显著的一些化学药物,可治愈原虫病和螺旋体病,但对细菌性疾病却束手无策。为了研制一种新药以征服严重威胁人类健康的病原菌,在医学界掀起了配制新的有机药物的高潮,多马克也着手他的抗菌药物研究生涯。以蓬勃发展的德国化学工业为后盾,多马克与其同事把染料合成和新医药的研究结合起来。

多马克认为,既然制药的目的是杀灭受感染人体内的病原菌,那么只在试管里试验药物作用是不够的,必须在受感染的动物身上进行试验、观察疗效。这个崭新的观点使医药研究工作从试管里解放出来,为寻找新药指明了正确的方向。多马克不厌其烦地对实验室合成的 1000 多种偶氮化合物逐个地进行试验。尽管这些化合物中的大多数在试管实验中并无明显的抗菌作用,但他还是坚持在动物身上试验。多马克及其合作者经过千百次试验,1932 年 12 月 20 日,终于发现了一种在试管内并无抑菌作用的橘红色化合物——4-氨磺酰-2,4-二胺偶氮苯的盐酸盐,对感染链球菌的小白鼠疗效极佳。救活小白鼠的橘红色化合物,早在 1908 年就已由人工合成,被人们用来给纺织品着色,使纺织品经洗晒而不褪色,商品名为“百浪多息”。接着,多马克又研究了百浪多息的毒性,发现小白鼠和兔子的耐受量为

500mg/kg体重，更大的剂量也只会引起呕吐，其毒性很小。百浪多息是一种含有多种成分的物质，究竟是哪种成分对致命的链球菌起作用？为此，多马克展开了一系列的实验，最终从百浪多息中提取了一种白色粉末，实验证实其对多种动物的链球菌感染都有显著的疗效。这种白色粉末就是后来被证实的磺胺药。多马克正准备进行磺胺药疗效的临床试验时，他的女儿玛丽因手指被刺破而感染链球菌，生命垂危。在无药可治的情况下，多马克给女儿注射了磺胺药，奇迹般地挽救了爱女的生命。多马克以女儿作为人体实验对象，无可辩驳地证实了磺胺药的疗效，同时也使玛丽成为世界上第一个用这种药战胜链球菌败血症的人。1935年磺胺药应用于临床试验后，疗效显著的好消息从世界各地不断地传来。伦敦的一家医院报道：使用磺胺药使医院链球菌败血症患者死亡率降低到15%。

法国巴黎巴斯德研究所的特雷埃夫妇及其同事揭开了磺胺药在活体中发生作用的机制：磺胺药在体内能分解出对位氨苯磺胺，其和细菌生长繁殖所必需的物质——对氨基苯甲酸在化学结构上十分相似。对氨基苯甲酸是细菌合成叶酸的原料，而叶酸在二氢叶酸合成酶的作用下生成的四氢叶酸是细菌合成核酸所必需的。磺胺药可以与对氨基苯甲酸竞争二氢叶酸合成酶，抑制细菌的核酸合成，进而抑制细菌的增殖，从而达到抑菌的目的。

多马克创造性的工作，使人类在与疾病的斗争中又增添了一个强大的武器。磺胺类药物具有强烈的抑菌作用，在控制感染性疾病中疗效显著，为许多有致命危险的急性疾病提供了有效的治疗手段，使不少慢性疾病也得以早愈。1937年德国化学学会授予多马克埃·费雪纪念章。1939年，多马克与赫格勒合写了专著《细菌感染的化学治疗》。同年，由美、法、英等国科学家提议，经瑞典皇家卡罗琳医学院教授会议批准，由诺贝尔基金会通知多马克，把这一年的诺贝尔生理学或医学奖授给他，以表彰他研究和发现磺胺药，并使之投入大量生产的贡献。遗憾的是，由于纳粹明令禁止德国人接受诺贝尔奖，多马克被迫在拒绝接受诺贝尔奖的信上签字。

其后，多马克并未放弃自己的研究，他继续寻找疗效更好、副作用更小的磺胺药。1940年，多马克报道了磺胺噻唑（商品名为“消治龙”）及其功效；次年，多马克又研究出从磺胺噻唑衍生出的抗结核药物肼类化合物。1947年12月，诺贝尔基金会专门在瑞典首都为德国科学家多马克补行授奖仪式，瑞典国王亲自给他颁发了证书和镌有他姓名的诺贝尔奖章。

（李春洋）

第四章　糖代谢

【教学目标】

第一节　概述

掌握：糖的生理功能。
了解：糖的消化吸收。

第二节　糖的无氧氧化(糖酵解)

掌握：糖酵解的定义；反应过程；糖酵解途径中的三个关键酶催化的三个不可逆反应，两步耗能反应，两步产生反应及其产能形式，酵解中唯一的脱氢反应，NADH 在缺氧或有氧时氢的代谢去向；糖酵解的生理意义。

熟悉：糖酵解的调节；糖酵解调节的酶及其最主要的调节酶，6-磷酸果糖激酶 1 的变构效应剂及共价修饰调节。

第三节　糖的有氧氧化

掌握：糖有氧氧化的定义；反应过程；有氧氧化的三个阶段及各阶段细胞定位；第二阶段丙酮酸氧化脱羧反应的产物及去向，脱氢后的受氢体经呼吸链通过氧化磷酸化产能数目，丙酮酸脱氢酶复合体包含的五种辅助因子及相应的维生素；三羧酸循环的概念，三个关键酶及其催化的反应，四次脱氢反应及相应的受氢体，经呼吸链传递通过氧化磷酸化产能的数目，一次唯一的底物水平磷酸化产能反应及产能数目；ATP 的生成；一分子葡萄糖进行有氧氧化时，各阶段所产 ATP 的数目及产能形式，一分子葡萄糖进行有氧氧化时总产能数目及其计算方法。

了解：有氧氧化的调节；丙酮酸脱氢酶复合体的变构调节及共价修饰调节，三羧酸循环三个关键酶的调节；巴斯德效应。

第四节　葡萄糖的其他代谢途径(磷酸戊糖途径)

掌握：磷酸戊糖途径的生理意义；主要生理意义是生成 5-磷酸核糖及 NADPH，前者为核苷酸进一步为核酸合成提供磷酸核糖，后者作为供氢体参与体内许多重要的生化反应；磷酸戊糖途径的反应过程和调节；磷酸戊糖途径的起始物，关键酶，两次脱氢反应的受氢体，非氧化反应为基团转移反应，基团转移反应的产物回到酵解途径；磷酸戊糖途径的调节部位为关键酶，调节过程以适应机体对 NADPH 的需要。

第五节　糖原的合成与分解

掌握：糖原的合成与分解代谢；糖原合成与分解的调节；糖原合成的概念、功能、反应过程、特点(耗能、引物)及关键酶;糖原分解的概念、功能、反应过程及关键酶,肝糖原及肌糖原分解代谢的特点;糖原合成及糖原分解的关键酶调节特点,共价修饰调节。

第六节 糖异生

掌握:糖异生途径及生理意义;糖异生途径的四个关键酶及其催化的反应,糖异生的亚细胞定位。

了解:糖异生的调节;底物循环的概念,乳酸循环。

第七节 其他单糖的代谢

第八节 血糖及其调节

掌握:血糖的来源和去路;血糖的三个来源及四个去路。

了解:血糖水平的调节;升高血糖与降低血糖的激素及其作用;血糖水平异常;高血糖及低血糖,肾糖阈的概念。

【考评测试】

一、单项选择题

1. 含“高能磷酸键”的化合物是 ( )
   A. 3-磷酸甘油醛及6-磷酸果糖
   B. 1,3-二磷酸甘油酸及6-磷酸葡萄糖
   C. 磷酸烯醇式丙酮酸及1,3-二磷酸甘油酸
   D. 磷酸烯醇式丙酮酸及1,6-二磷酸果糖
   E. 1,6-二磷酸果糖及1,3-二磷酸甘油酸
2. 一分子葡萄糖经酵解净产生ATP的分子数为 ( )
   A. 1 B. 2 C. 3 D. 4 E. 5
3. 经酵解途径利用葡萄糖需要持续地重新氧化NADH。在缺氧的情况下催化NADH重新氧化的酶是 ( )
   A. 苹果酸脱氢酶 B. 乳酸脱氢酶 C. 丙酮酸脱氢酶
   D. 异柠檬酸脱氢酶 E. 6-磷酸葡萄糖脱氢酶
4. 在无氧酵解中,丙酮酸不会堆积是因为 ( )
   A. 乳酸脱氢酶具有5种同工酶 B. 丙酮酸转变为乙酰CoA
   C. 胞液中NADH/NAD比值低 D. 丙酮酸转变为乳酸
   E. 丙酮酸转变为草酰乙酸
5. 2,6-二磷酸果糖是肝脏中下列哪个酶的变构激活剂 ( )
   A. 葡萄糖激酶 B. 果糖-1,6-二磷酸酶
   C. 丙酮酸激酶 D. 丙酮酸羧化酶
   E. 磷酸果糖激酶1
6. 下列关于磷酸烯醇式丙酮酸的叙述中,错误的是 ( )

A. 糖酵解的中间产物之一　　B. 可来自草酰乙酸的转变,此反应需 GTP
C. 含高能磷酸键　　D. 可来自 2-磷酸甘油酸脱水
E. 是酮体的成分之一

7. 下列哪项是葡萄糖激酶的特性 (　　)
A. 比己糖激酶 K_m 低　　B. 催化葡萄糖的第一位碳磷酸化
C. 受 6-磷酸葡萄糖抑制　　D. 主要存在于肝脏
E. 以上都不是

8. 酵解途径只有部分可逆,是由于下列哪些酶所催化的反应形成的"能量障碍" (　　)
A. 己糖激酶、磷酸丙糖异构酶、丙酮酸激酶
B. 磷酸果糖激酶、醛缩酶、乳酸脱氢酶
C. 己糖激酶、丙酮酸脱氢酶、磷酸烯醇式丙酮酸羧激酶
D. 己糖激酶、磷酸果糖激酶、丙酮酸激酶
E. 己糖激酶、3-磷酸甘油醛脱氢酶、丙酮酸激酶

9. 下列关于葡萄糖与 6-磷酸葡萄糖之间的相互转变的叙述中,错误的是 (　　)
A. 由葡萄糖转变为 6-磷酸葡萄糖需要激酶
B. 由 6-磷酸葡萄糖转变为葡萄糖的反应是由磷酸酶催化的水解反应
C. 两者之间的相互转变是由一个酶催化的可逆反应
D. 在骨骼肌组织中,6-磷酸葡萄糖的生成受反馈调节
E. 肌肉组织不能使 6-磷酸葡萄糖脱磷酸化

10. 人类细胞在缺氧时或在缺乏线粒体的细胞中,酵解途径的终产物是 (　　)
A. CO_2　　B. 乙醇　　C. 乳酸
D. 磷酸烯醇式丙酮酸　　E. 丙酮酸

11. 关于磷酸果糖激酶 1 的叙述中,错误的是 (　　)
A. 它是酵解的主要调节酶　　B. ATP 是底物
C. AMP 是抑制剂　　D. 果糖-2,6-二磷酸是激活剂
E. 催化的反应是不可逆的

12. 成熟红细胞产能的主要途径为 (　　)
A. 有氧氧化　　B. 无氧酵解　　C. 磷酸戊糖途径
D. 脂肪酸氧化　　E. 2,3-二磷酸甘油酸形成

13. 哺乳动物丙酮酸脱氢酶复合体不需要下列哪种维生素 (　　)
A. 硫胺素(B_1)　　B. 生物素　　C. 尼克酰胺(PP)
D. 泛酸　　E. 核黄素(B_2)

14. 糖酵解与有氧氧化的分支开始于 (　　)
A. 乳酸　　B. 丙酮酸　　C. 乙酰 CoA
D. 柠檬酸　　E. 草酰乙酸

15. α-酮戊二酸脱氢酶复合体不需要下列哪个辅助因子 (　　)
A. 辅酶 A　　B. 焦磷酸硫胺素　　C. NAD^+
D. FAD　　E. ATP

16. 一分子丙酮酸彻底氧化可产生 ATP 的分子数为 (　　)

A. 1.5　B. 2　C. 2.5　D. 10　E. 12.5

17. 三羧酸循环中通过底物水平磷酸化产能的反应发生在（　）

A. 柠檬酸→异柠檬酸　B. 异柠檬酸→α-酮戊二酸

C. α-酮戊二酸→琥珀酸　D. 琥珀酸→延胡索酸

E. 苹果酸→草酰乙酸

18. 三羧酸循环中的哪个酶与丙酮酸脱氢酶最相似（　）

A. 苹果酸酶　B. 琥珀酰 CoA 合成酶

C. 琥珀酸脱氢酶　D. α-酮戊二酸脱氢酶

E. 异柠檬酸脱氢酶

19. 三羧酸循环中哪一个中间物质通过影响磷酸果糖激酶活性而调节整个酵解速度（　）

A. 柠檬酸　B. 琥珀酸　C. α-酮戊二酸

D. 草酰乙酸　E. 苹果酸

20. 酵解途径中胞液产生的 NADH，在有氧时其去向为（　）

A. 在胞液中聚集

B. 自由扩散入线粒体

C. 转移其还原当量给 NAD

D. 通过特殊转运系统转入线粒体可产生 ATP

E. 用于葡萄糖还原为山梨醇

21. 下列选项中，与磷酸戊糖途径无关的是（　）

A. 转酮醇酶　B. 5-磷酸核酮糖

C. 形成 NADPH　D. 7-磷酸景天糖

E. 3-磷酸甘油

22. 由葡萄糖经磷酸戊糖途径代谢形成的第一个中间物质是（　）

A. 6-磷酸葡萄糖酸　B. 5-磷酸木酮糖　C. 果糖-6-磷酸

D. 5-磷酸核酮糖　E. 葡萄糖-1-磷酸

23. 下列叙述中错误的是（　）

A. 红细胞中 NADPH 可还原氧化型谷胱甘肽，对红细胞膜具保护作用

B. 肝细胞中 NADPH 参与羟化作用，与生物转化有关

C. 肝细胞中 NADPH 为呼吸链提供电子而成为能量来源

D. 葡萄糖-6-磷酸脱氢酶缺陷的病人，因为 NADPH 生成减少，在使用某些药物时可能引起溶血

E. 肝细胞中 NADPH 是脂肪酸合成时所需还原当量的重要来源

24. 关于三羧酸循环，错误的是（　）

A. 有些反应可逆，有些反应不可逆，但整个途径是不可逆的

B. 氧化供能是其唯一的功能

C. 为糖有氧氧化的阶段之一

D. 是糖、脂类、蛋白质代谢的共同途径

E. 中间代谢产物可进入其他代谢途径

F. 磷酸戊糖途径中间物质主要产生于糖异生

25. 丙二酸通过抑制下列哪个酶而影响有氧氧化　(　　)

A. 琥珀酸脱氢酶　B. 柠檬酸合酶　C. α-酮戊二酸脱氢酶

D. 异柠檬酸脱氢酶　E. 丙酮酸脱氢酶

26. 磷酸戊糖途径的调节是通过影响下列哪个酶的活性而实现的　(　　)

A. 己糖激酶　B. 葡萄糖-6-磷酸酶

C. 葡萄糖-6-磷酸脱氢酶　D. 磷酸果糖激酶

E. 葡萄糖酸-6-磷酸脱氢酶

27. 下列化合物中,不属于肝糖异生的原料的是　(　　)

A. 乳酸　B. β-羟丁酸　C. 丙氨酸

D. 天冬氨酸　E. 甘油

28. 下列酶中,与糖异生无关的酶是　(　　)

A. 葡萄糖-6-磷酸酶　B. 果糖-1,6-二磷酸酶

C. 磷酸烯醇式丙酮酸羧激酶　D. 丙酮酸羧化酶

E. 丙酮酸脱氢酶

29. 糖异生中的哪个酶同时催化一个重要的三羧酸循环中间物质的补充反应　(　　)

A. 葡萄糖-6-磷酸酶　B. 丙酮酸羧化酶

C. 果糖-1,6-二磷酸酶　D. 磷酸甘油酸激酶

E. 磷酸烯醇式丙酮酸羧激酶

30. 关于磷酸烯醇式丙酮酸羧激酶的叙述中,错误的是　(　　)

A. 该酶催化的反应为酵解和糖异生所共有

B. 该酶存在于胞液和线粒体

C. 该酶催化草酰乙酸转变为磷酸烯醇式丙酮酸

D. 该酶催化的反应需 GTP

E. 该酶受激素调节

31. 鸡蛋清中的抗生物素能抑制生物素的吸收,在细胞匀浆中加入抗生物素可阻断下列哪个过程　(　　)

A. 葡萄糖→丙酮酸　B. 丙酮酸→葡萄糖

C. 草酰乙酸→葡萄糖　D. 葡萄糖→5-磷酸核糖

E. 5-磷酸核糖→葡萄糖

32. 丙酮酸羧化酶缺陷将导致细胞内下列哪种物质减少　(　　)

A. 乙酰 CoA　B. 三羧酸循环中间物质　C. 乳酸

D. 生物素　E. 丙氨酸

33. 三羧酸循环中产能最多的步骤为　(　　)

A. 异柠檬酸→α-酮戊二酸　B. 琥珀酸→延胡索酸

C. 琥珀酰 CoA→琥珀酸　D. 苹果酸→草酰乙酸

E. α-酮戊二酸→琥珀酸

34. 以乳酸而不是甘油为原料进行糖异生时所需要的两个特殊的酶是　(　　)

A. 丙酮酸激酶和磷酸甘油激酶

B. 丙酮酸羧化酶和磷酸烯醇式丙酮酸羧激酶
C. 葡萄糖-6-磷酸脱氢酶和磷酸烯醇式丙酮酸羧激酶
D. 果糖-1,6-二磷酸酶和磷酸果糖激酶1
E. 3-磷酸甘油醛脱氢酶和醛缩酶

35. 既参与糖酵解又参与糖异生的酶有 ( )
A. 己糖激酶 B. 葡萄糖-6-磷酸酶 C. 果糖-1,6-二磷酸酶
D. 丙酮酸羧化酶 E. 3-磷酸甘油醛脱氢酶

36. 关于乳酸循环叙述正确的是 ( )
A. 所有反应都发生在肝脏
B. 骨骼肌产生的乳酸转运到肝脏作为糖异生的原料
C. 骨骼肌细胞液产生的游离葡萄糖通过一个特殊的葡萄糖转运系统穿过细胞膜进入血液
D. 乳酸循环是合成糖原的代谢途径,也是糖原降解为葡萄糖-1-磷酸的代谢过程
E. 所有的酶均位于骨骼肌

37. 由氨基酸生成糖原的过程称为 ( )
A. 糖异生 B. 糖原合成 C. 糖酵解
D. 糖原分解 E. 磷酸戊糖途径

38. 关于糖原的叙述,错误的是 ( )
A. 糖原是由葡萄糖通过 α-1,4 和 α-1,6-糖苷键连接而成的
B. 糖原的水溶性很强
C. 糖原以颗粒形式贮存于胞液
D. 糖原的还原末端与糖原生成蛋白相连
E. 糖原的降解开始于还原末端

39. 糖原合成中,葡萄糖基的供体为 ( )
A. ADP-葡萄糖 B. UDP-葡萄糖 C. CDP-葡萄糖
D. 1-磷酸葡萄糖 E. 6-磷酸葡萄糖

40. 下列哪一对酶参与由葡萄糖合成糖原的过程 ( )
A. 糖原磷酸化酶和 α-1,6-糖苷酶
B. 磷酸葡萄糖变位酶和糖原合酶
C. 糖原合酶和糖原磷酸化酶
D. 淀粉酶和 α-1,6-糖苷酶
E. 葡萄糖-6-磷酸酶和磷酸葡萄糖异构酶

41. 在葡萄糖转变为糖原的代谢途径中,葡萄糖→6-磷酸葡萄糖→X→UDPG→糖原,化合物 X 是指 ( )
A. 6-磷酸葡萄糖酸 B. 1-磷酸葡萄糖 C. 1,6-二磷酸果糖
D. 6-磷酸果糖 E. 没有中间物的缺失

42. UDP-葡萄糖焦磷酸化酶催化的反应不可逆是因为 ( )
A. 酶的 K_m 太高 B. 酶的 K_m 太低
C. 酶降低反应的活性能 D. 产物之一,焦磷酸很快被水解

E. 酶使反应平衡点向右移

43. 下列各项中，不属于6-磷酸葡萄糖酶缺陷婴儿的表现的是 ( )

A. 由于糖原堆积而导致肝脏肿大
B. 不能通过糖异生来维持血糖水平
C. 脑功能障碍
D. 由于糖原堆积导致肌肉重量增加
E. 不能通过糖原分解来维持血糖水平

44. 一分子葡萄糖经有氧氧化，在三羧酸循环阶段可产生 ATP 的分子数为 ( )

A. 2 B. 4 C. 10 D. 20 E. 30

45. 下列关于葡萄糖代谢的叙述中，错误的是 ( )

A. 对磷酸果糖激酶 1 的调节能影响葡萄糖的代谢
B. 当细胞大量合成某种化合物如脂肪酸，磷酸戊糖途径会加速
C. 葡萄糖氧化能产生用于核酸合成的五碳糖
D. 葡萄糖转变为丙酮酸的过程在胞液进行
E. 来自于糖原分解的葡萄糖不进入磷酸戊糖途径

46. 草酰乙酸既不是下列哪种酶的底物，也不是该酶的产物 ( )

A. 柠檬酸合酶 B. 柠檬酸裂解酶 C. 丙酮酸脱氢酶复合体
D. 苹果酸脱氢酶 E. 丙酮酸羧化酶

47. 一分子葡萄糖彻底氧化为 CO_2 和 H_2O 时，共经历几次底物水平磷酸化 ( )

A. 2 B. 3 C. 4 D. 5 E. 6

48. 缺乏维生素 B_1 时，下列哪个酶的活性将最受影响 ( )

A. 苹果酸脱氢酶 B. 乳酸脱氢酶 C. 柠檬酸合酶
D. 丙酮酸脱氢酶复合体 E. 琥珀酸脱氢酶

49. 下列哪个酶不含维生素来源的辅助因子 ( )

A. 琥珀酸脱氢酶
B. 丙酮酸激酶
C. 丙酮酸羧化酶
D. α-酮戊二酸脱氢酶复合体
E. 3-磷酸甘油醛脱氢酶

50. 肌糖原不是血液葡萄糖的来源，是因为肌肉组织不含 ( )

A. 葡萄糖-6-磷酸脱氢酶
B. 糖原磷酸化酶
C. 磷酸葡萄糖变位酶
D. 葡萄糖激酶
E. 葡萄糖-6-磷酸酶

二、多项选择题

1. 小肠黏膜细胞对葡萄糖的吸收 ( )

A. 需要钠离子依赖型转运体蛋白质
B. 需要胆汁酸盐
C. 顺葡萄糖浓度梯度而进行
D. 依靠钠离子浓度梯度
E. 需要葡萄糖转运体蛋白质

2. 醛缩酶的底物包括 ( )

A. 1,6-二磷酸果糖 B. 2,6-二磷酸果糖 C. 磷酸二羟丙酮
D. 3-磷酸甘油醛 E. 1,3-二磷酸甘油酸

3. 三羧酸循环起始于下列哪些化合物的缩合 ( )

A. 草酰乙酸　　B. 丙酮酸　　C. 柠檬酸
D. 乙酰 CoA　　E. 琥珀酸

4. 升高血糖的激素有　（　）
A. 胰岛素　　B. 胰高血糖素　　C. 肾上腺素
D. 糖皮质激素　　E. 甲状腺素

5. 三羧酸循环的关键酶包括　（　）
A. 柠檬酸合酶　　B. 异柠檬酸脱氢酶
C. 丙酮酸脱氢酶复合体　　D. α-酮戊二酸脱氢酶复合体
E. 苹果酸脱氢酶

6. 与乳酸循环有关的化合物包括　（　）
A. 乙酰 CoA　　B. 葡萄糖　　C. 软脂酸
D. 丙氨酸　　E. 丙酮酸

7. 进行糖异生的亚细胞定位为　（　）
A. 线粒体　　B. 胞液　　C. 内质网
D. 过氧化物酶体　　E. 细胞核

8. 草酰乙酸穿出线粒体膜时　（　）
A. 转变为磷酸甘油　　B. 直接穿过线粒体膜　　C. 转变为天冬氨酸
D. 氧化为丙酮酸　　E. 还原为苹果酸

9. 未控制的胰岛素依赖型糖尿病患者可能出现　（　）
A. 尿糖　　B. 肌肉葡萄糖及葡萄糖-6-磷酸含量减少
C. 肝脏糖原合成增加　　D. 血脂肪酸含量增加
E. 血糖水平增高

10. 催化通过底物水平磷酸化产能反应的酶有　（　）
A. 磷酸甘油酸激酶　　B. ATP 合酶　　C. 丙酮酸激酶
D. 琥珀酰 CoA 合酶　　E. 己糖激酶

11. 肌肉中糖酵解的调节由下列哪些酶催化　（　）
A. 磷酸己糖异构酶　　B. 磷酸果糖激酶　　C. 己糖激酶
D. 磷酸甘油酸激酶　　E. 丙酮酸激酶

12. 以乳酸为原料合成葡萄糖时，正确的叙述是　（　）
A. 此过程不是酵解的逆过程　　B. 所需要的酶有些在胞液，有些在线粒体
C. 所需要的第一个酶为乳酸脱氢酶　　D. 此过程主要在骨骼肌进行
E. 草酰乙酸为此途径中的一个中间物质

13. 肝细胞内下列哪一个代谢物的氧化需要 NAD^+ 的参与　（　）
A. 异柠檬酸　　B. 6-磷酸葡萄糖　　C. 乳酸
D. 琥珀酸　　E. 3-磷酸甘油醛

14. 调节糖原合成与分解的酶包括　（　）
A. 糖原合酶　　B. 分支酶　　C. 脱支酶
D. 磷酸化酶　　E. α-1,6-糖苷酶

15. 葡萄糖有氧氧化的途径包括　（　）

A. 葡萄糖→丙酮酸　B. 葡萄糖→乳酸
C. 丙酮酸→乙酰 CoA　D. 丙酮酸→草酰乙酸
E. 乙酰 CoA→CO_2 和 H_2O

16. 在胞液中进行的代谢途径有　(　)
A. 糖酵解　B. 有氧氧化　C. 磷酸戊糖途径
D. 糖原合成　E. 糖异生

17. 糖原合成时需要　(　)
A. ATP　B. 引物　C. CTP　D. UTP　E. GTP

18. 三羧酸循环中的脱氢反应由下列哪些酶催化　(　)
A. 异柠檬酸脱氢酶　B. α-酮戊二酸脱氢酶复合体
C. 丙酮酸脱氢酶复合体　D. 乳酸脱氢酶
E. 苹果酸脱氢酶

19. 肌肉组织中葡萄糖-6-磷酸可进入下列哪些途径代谢　(　)
A. 糖酵解　B. 糖异生　C. 糖原合成
D. 磷酸戊糖途径　E. 水解为游离葡萄糖

20. 糖有氧氧化的终产物包括　(　)
A. 二氧化碳和水　B. ATP　C. NADPH
D. 草酰乙酸　E. NADH

三、名词解释

1. 糖酵解　2. 糖的有氧氧化　3. 糖异生
4. 糖原分解　5. 三羧酸循环　6. 糖原合成
7. 乳酸循环　8. 高血糖

四、简答题

1. 简述肝脏中葡萄糖-6-磷酸的来源及去路。
2. 肝脏和肌肉均含大量以碳水化合物形式贮存的糖原，然而其功能却大不相同。
(1) 肌糖原的功能与肝糖原的功能有什么不同？
(2) 肝脏具有而肌肉缺乏的一个酶导致这两种组织糖原贮存的功能不同。写出这种酶的名称，并简单解释糖原分解所产生的糖的最后利用过程中此酶的作用。
3. 解释为什么一农场工人家庭中的儿童缺乏硫胺素会导致乳酸性酸中毒。
4. 简述血糖的来源及去路。
5. 叙述磷酸戊糖途径的生理意义。
6. 总结 B 族维生素在糖代谢中的作用。

【科学素养读物】

"多产"科学家 Fischer

Hermann Emil Fischer 是德国化学家，1902 年诺贝尔化学奖获得者。Fischer 出生于德

国，是一个商人的儿子。中学毕业后，他希望学习自然科学，但他父亲却要求他为公司工作。两年后离开父亲的公司来到 Bonn 大学学习化学，后转到 Strassburg 大学并在那里获得博士学位。

Fischer 是位“多产”科学家，他在嘌呤、糖及肽类三个领域进行了非常全面的研究，这些研究为生物化学奠定了坚实的有机化学基础。

碳水化合物在人类能够使用的天然产物中显得尤为重要。然而 1884 年前，没有关于碳水化合物明确的科学研究，关于糖的化学组成及分子排列几乎一无所知。1884 年到 1900 年间，Fischer 发现了甘露糖，并确定了葡萄糖、果糖及甘露糖之间的关系，确立了糖的立体化学及异构特性，为其他科学家对糖的研究奠定了基础。

Fischer 揭开糖的秘密的第一步是 1875 年苯肼的发现，它能与糖产生晶体化合物，因而可作为分离糖的试剂，这为糖的鉴定提供了可靠的手段。通过苯肼及其衍生物的使用，他发现了糖分子中羰基的存在。1887 年，Fischer 首先合成了果糖，后来又合成了甘露糖和葡萄糖。到 1891 年，他已推断出己醛糖的 16 种可能的构型，并首先提出了在纸平面以投影方式来表示一个化合物的构型，即在平面上表示一个化合物的立体结构式。后来，这种投影式以他的名字命名为 FISCHER 投影式。

在对糖的研究及合成期间，Fischer 对另一重要的化合物嘌呤及其衍生物进行了大量的研究。瑞典化学家 Carl W. Scheels 在 1776 年发现尿酸，Justus von Liebig 及 Friedrich Wohler 于 1830 年研究了它的衍生物，Adolf von Baeyer 也对组织代谢产物研究十分感兴趣，然而最后嘌呤结构的确定却为 Fischer 所完成。后来，他合成了黄嘌呤、咖啡因、可可碱、腺嘌呤及母体化合物嘌呤，阐明了嘌呤化合物与痛风的关系。1900 年前，他和他的学生研究了不少于 130 种嘌呤的衍生物。1902 年他因为糖及嘌呤的研究成果而获得诺贝尔化学奖。

1899 年到 1908 年，Fischer 为蛋白质的研究作出了卓越的贡献。他致力于寻找有效分离、鉴定氨基酸的方法，发现了新的环状氨基酸——脯氨酸和羟脯氨酸，确定了氨基酸之间的连接键——肽键，并合成了二肽、三肽及多肽。Fischer 也对酶进行了研究，并提出了底物与酶相互作用的“锁和钥匙模式”，尽管后来的研究不支持所有的酶作用中都存在这种模式。

诺贝尔奖获得者，Fischer 的同事 Richard Martin Willstter 赞扬 Fischer 是一个具有丰富想象力的天才科学家，有机化学分析与合成研究的大师。

柠檬酸循环的提出者 Krebs

Sir Hans Adolf Krebs 是出生于德国的英国内科医生、生物化学家。Krebs 因为提出了两个著名的代谢循环过程而闻名，即尿素循环和柠檬酸循环。柠檬酸循环（也叫三羧酸循环）是细胞内产能的重要代谢途径，此循环因 Krebs 提出而命名为 Krebs 循环，Krebs 也因此获 1953 年诺贝尔生理学或医学奖。

1900 年，Krebs 出生于德国的一个耳鼻喉科医生家庭，15 岁时他决定像父亲那样成为一名医生，1918—1923 年，Krebs 在 Göttingen大学、Freiburg 大学及 Berlin 大学学习医学，并于 1923 年以“全优”的成绩通过医学考试而获得博士学位，后又在 Berlin 学习一年化学。1926 年，Krebs 成为诺贝尔奖获得者 Otto Warburg 的助手。1930 年，回到临床工作，Krebs 先在 Altona 的一个地方医院，后来在 Freiburg 大学医院工作，并于 1932 年提出尿素循环。

1933 年，Krebs 移民到英国，开始在剑桥大学生化研究室工作。1935 年他到 Sheffield 大学并于 1945 年成为 Sheffield 大学生化教授，1937 年提出柠檬酸循环。当他将提出柠檬酸循环的手稿投到《自然》杂志准备发表时，竟被以稿件太多为理由而拒绝，后投到另一杂志(*Enzymologia*)发表。

Krebs 将他生涯中的大部分时间致力于中间代谢不同方面的研究，他研究过哺乳动物肝脏尿素合成、鸟类的尿酸及嘌呤碱基的合成、食物氧化的中间步骤、电解质的主动运输及细胞呼吸与多磷酸腺苷产生的关系等。在他发表的文章中，最显著的就是关于活生物体的能量转换过程，此过程通过柠檬酸循环为生物体提供高能磷酸化合物。

（唐敬兰）

第五章 脂类代谢

【教学目标】

第一节 不饱和脂肪酸的命名及分类

熟悉：不饱和脂肪酸的命名和分类。

第二节 脂类的消化与吸收

熟悉：脂类消化的部位、参与消化的酶及胆汁酸盐在脂类消化过程中的作用；脂类吸收的形式、部位和途径。

第三节 甘油三酯代谢

掌握：合成原料；脂肪动员及激素敏感性脂肪酶的概念；脂肪酸氧化过程及能量生成；酮体的定义；软脂酸合成原料。

熟悉：合成部位、过程；脂解激酶和抗脂解激酶的种类；游离脂肪酸在血中与清蛋白结合运输；甘油的代谢去路；脂肪酸的活化；脂酰 CoA 转运入线粒体机制；不饱和脂肪酸的氧化特点；酮体生成的原料、过程及有关酶类；酮体生成的意义；软脂酸合成部位、原料、合成酶系及反应过程；不饱和脂肪酸的合成酶。

了解：过氧化酶脂肪酸的氧化及丙酮的氧化；酮体生成的调节；内质网和线粒体脂肪酸碳链延长酶系及其二碳单位的供体；代谢物及激素的调节作用。

第四节 磷脂代谢

熟悉：甘油磷脂合成部位及原料；甘油磷脂合成的基本过程；甘油磷脂降解的酶类及其作用部位。

了解：甘油磷脂的组成、分类及结构；鞘磷脂的化学组成及结构；神经鞘磷脂的合成部位、原料、过程及降解。

第五节 胆固醇代谢

掌握：胆固醇合成的原料；胆固醇合成的关键酶；人体内胆固醇可转化成胆汁酸、类固醇激素及维生素 D_3 等生理活性物质。

熟悉：胆固醇合成的组织和亚细胞定位；胆固醇合成的基本过程。

了解：饥饿与饮食、胆固醇及激素等对胆固醇合成的调节作用。

第六节 血浆脂蛋白代谢

掌握：血脂的定义、组成、含量及来源；血浆脂蛋白的分类；载脂蛋白的定义、种类及功能；四种血浆脂蛋白的代谢概况及生理功能。

熟悉：血浆脂蛋白的组成及结构。

了解：高脂蛋白血症及遗传性脂蛋白代谢缺陷。

【考评测试】

一、单项选择题

1. 脂肪动员的关键酶为　(　　)
   A. 甘油一酯脂酶　B. 甘油二酯脂酶　C. 甘油三酯脂酶
   D. 脂蛋白脂酶　E. 肝脂酶
2. 下列属于柠檬酸—丙酮酸循环的作用的是　(　　)
   A. 使脂酰 CoA 进入胞浆　B. 使乙酰 CoA 进入胞浆
   C. 使脂酰 CoA 进入线粒体　D. 运送乳酸进入肝脏氧化消除肌肉疲劳
   E. 为促进乙酰 CoA 氧化供能
3. 卵磷脂合成时，能量消耗的形式除 ATP 外还有　(　　)
   A. GTP　B. UTP　C. ITP　D. TTP　E. CTP
4. 乙酰 CoA 羧化酶变构激活剂是　(　　)
   A. 柠檬酸　B. ATP　C. CoA
   D. 软脂酰 CoA　E. AMP
5. 脂肪酸 β-氧化时，不发生的反应是　(　　)
   A. 水化　B. 脱水　C. 脱氢　D. 羟基氧化　E. 硫解
6. 脂肪动员时脂酸在血中运输的主要形式是　(　　)
   A. 与球蛋白结合　B. 与清蛋白结合　C. 与 VLDL 结合
   D. 与 CM 结合　E. 与 HDL 结合
7. 在胞液内进行的代谢途径有　(　　)
   A. 三羧酸循环　B. 氧化磷酸化　C. 丙酮酸羧化
   D. 脂肪酸 β-氧化　E. 脂肪酸合成
8. 酮体包括　(　　)
   A. 草酰乙酸、β-酮丁酸、丙酮　B. 乙酰乙酸、β-羟丁酸、丙酮酸
   C. 乙酰乙酸、β-羟丁酸、丙酮　D. 乙酰 CoA、β-羟丁酸、丙酮
   E. 草酰乙酸、酮丁酸、β-丙酮酸
9. 下列磷脂中，含有胆碱的是　(　　)
   A. 脑磷脂　B. 卵磷脂　C. 磷脂酰丝氨酸
   D. 磷脂酰肌醇　E. 以上均不是
10. 下列有关胆固醇合成的叙述中，正确的是　(　　)
    A. 胆固醇合成场所是线粒体与胞液　B. 胆固醇只能在肝脏中合成
    C. 乙酰 CoA 是合成胆固醇的唯一原料　D. 胆固醇的合成可分为两个阶段
    E. 胆固醇合成时需要消耗 ATP
11. 胆固醇不能转化为下列哪种物质　(　　)

A. 性激素 B. 糖皮质激素 C. 甲状腺素
D. 胆汁酸 E. 7-脱氢胆固醇

12. β-脂蛋白相当于血浆脂蛋白密度分类法中的 ( )
A. CM B. VLDL C. LDL D. IDL E. HDL

13. 蛋白质含量最高的脂蛋白是 ( )
A. CM B. VLDL C. LDL D. IDL E. HDL

14. 试选出下列脂蛋白密度由低到高的正确顺序 ( )
A. LDL IDL VLDL CM B. CM VLDL LDL HDL
C. VLDL IDL LDL CM D. CM VLDL LDL IDL
E. HDL LDL IDL CM

15. 由 3-磷酸甘油和脂酰 CoA 合成三酰甘油的第一个中间产物是 ( )
A. 甘油一酯 B. 1,2-甘油二酯 C. 溶血磷脂酸
D. 磷脂酸 E. 脂酰肉碱

16. 内源性胆固醇主要由血浆中哪一种脂蛋白运输 ( )
A. HDL B. LDL C. VLDL
D. CM E. 清蛋白

17. 下列关于脂肪酸的生物合成的叙述中,正确的是 ( )
A. 不能利用乙酰 CoA B. 仅生成少于十个碳的脂肪酸
C. 需要生成丙二酰 CoA D. 合成部位主要在线粒体
E. 利用 NAD^+ 作为氧化剂

18. 在体内不能直接由草酰乙酸转变而来的化合物是 ( )
A. 天冬氨酸 B. 磷酸烯醇式丙酮酸 C. 苹果酸
D. 柠檬酸 E. 乙酰乙酸

19. 磷脂酰肌醇-4,5-二磷酸可被下列哪种酶水解成二酰甘油和1,4,5-三磷酸肌醇 ( )
A. 磷脂酶 A_1 B. 磷脂酶 A_2 C. 磷脂酶 B
D. 磷脂酶 C E. 磷脂酶 D

20. 有关酮体的代谢正确的是 ( )
A. 酮体包括乙酰乙酸、β-羟丁酸和丙酮酸
B. 一切组织均能氧化酮体
C. 生成酮体的原料亦能生成胆固醇
D. 酮体是脂肪代谢的有害物质,无生理意义
E. 以上都不是

21. 下列关于胆汁酸与胆固醇代谢的叙述中,正确的是 ( )
A. 在肝细胞内胆固醇转变为胆汁酸
B. 合成胆汁酸的前体是胆固醇酸
C. 肠道吸收胆固醇增加则胆汁酸合成量减少
D. 胆固醇的消化不受胆汁酸盐的影响
E. 甲状腺素抑制 HMG-CoA 还原酶的活性

22. 下列代谢过程主要在肝脏进行的是 ( )
A. 生物转化 B. 酮体的利用 C. 脂蛋白合成
D. 血清球蛋白合成 E. 以上均不是

23. 在下述哪种情况下酮体生成增加 ( )
A. 脂肪酸生物合成速率超过脂肪酸氧化速率时
B. 呼吸商为1时
C. 丙酰CoA产生过少时
D. 对饥饿动物喂以亮氨酸时
E. 胰岛素水平增高时

24. 在脂肪酸β-氧化的每一次循环中，不生成下述哪种化合物 ( )
A. H_2O B. 乙酰CoA C. 酮酰CoA
D. NADH+H E. $FADH_2$

25. 下列哪项叙述符合脂肪酸β-氧化 ( )
A. 仅在线粒体中进行 B. 产生的NADPH用于合成脂肪酸
C. 被胞浆酶催化 D. 需要酰基载体蛋白参与
E. 产生的NADH用于葡萄糖转变为丙酮酸

26. 脂肪酸在细胞中氧化降解 ( )
A. 从酰基CoA开始 B. 产生的能量不能为细胞利用
C. 被肉毒碱抑制 D. 主要在细胞核中进行
E. 在降解过程中反复脱下三碳单位使脂肪酸链变短

27. 下列说法中，最准确地描述了肉毒碱的功能的是 ( )
A. 转运中链脂肪酸进入肠上皮细胞
B. 转运中链脂肪酸越过线粒体内膜
C. 维生素A的衍生物，在视网膜暗适应中起作用
D. 参与转移酶催化的转酰基反应
E. 脂肪酸合成代谢中需要的一种辅酶

28. 下列关于脂质的叙述中，正确的是 ( )
A. 细胞内能源物质 B. 易溶于水
C. 仅由碳、氢、氧三种元素组成 D. 细胞膜中不存在
E. 不属于营养物质

29. 体内合成胆固醇的主要原料是 ( )
A. 乙酰辅酶A B. 乙酰乙酰辅酶A C. 丙酰辅酶A
D. 草酰乙酸 E. 葡萄糖

30. 体内合成长链脂肪酸的主要原料是 ( )
A. 乙酰辅酶A B. 乙酰乙酰辅酶A C. 丙酰辅酶A
D. 草酰乙酸 E. 葡萄糖

31. 乙酰CoA羧化酶催化的反应产物是 ( )
A. 乙酰辅酶A B. 乙酰乙酰辅酶A C. 丙酰辅酶A
D. 草酰乙酸 E. 葡萄糖

32. 胆固醇合成时第一步的产物是 ( )
A. 乙酰辅酶A　B. 乙酰乙酰辅酶A　C. 丙酰辅酶A
D. 草酰乙酸　E. 葡萄糖
33. 运输内源性三酰甘油的主要脂蛋白是 ( )
A. 乳糜微粒　B. 极低密度脂蛋白　C. 低密度脂蛋白
D. 高密度脂蛋白　E. 清蛋白
34. 运输外源性甘油三酯的主要脂蛋白是 ( )
A. 乳糜微粒　B. 极低密度脂蛋白　C. 低密度脂蛋白
D. 高密度脂蛋白　E. 清蛋白
35. 逆向转运胆固醇的主要脂蛋白是 ( )
A. 乳糜微粒　B. 极低密度脂蛋白　C. 低密度脂蛋白
D. 高密度脂蛋白　E. 清蛋白
36. 甘油及糖分解代谢的共同产物是 ( )
A. HMG-CoA　B. β-羟丁酸　C. 琥珀酰CoA
D. 磷酸二羟丙酮　E. β-羟脂酰CoA
37. 胆固醇和酮体合成的共同中间产物是 ( )
A. HMG-CoA　B. β-羟丁酸　C. 琥珀酰CoA
D. 磷酸二羟丙酮　E. β-羟脂酰CoA
38. 脂肪酸β-氧化的中间产物是 ( )
A. HMG-CoA　B. β-羟丁酸　C. 琥珀酰CoA
D. 磷酸二羟丙酮　E. β-羟脂酰CoA
39. 下列物质中，属于酮体的是 ( )
A. HMG-CoA　B. β-羟丁酸　C. 琥珀酰CoA
D. 磷酸二羟丙酮　E. β-羟脂酰CoA
40. 吸收后直接进入毛细血管的是 ( )
A. 长链脂肪酸　B. 二酰甘油　C. 三酰甘油
D. 2-乙酰甘油　E. 中、短链脂肪酸
41. 吸收后再合成三酰甘油及磷脂，进而形成乳糜微粒的是 ( )
A. 长链脂肪酸　B. 二酰甘油　C. 三酰甘油
D. 2-乙酰甘油　E. 中、短链脂肪酸
42. 合成脂肪酸的关键酶是 ( )
A. 乙酰CoA羧化酶　B. HMG-CoA还原酶　C. HMG-CoA合成酶
D. HMG-CoA裂解酶　E. 乙酰乙酰硫激酶
43. 合成胆固醇的关键酶是 ( )
A. 乙酰CoA羧化酶　B. HMG-CoA还原酶　C. HMG-CoA合成酶
D. HMG-CoA裂解酶　E. 乙酰乙酰硫激酶
44. 酮体和胆固醇合成的共用酶是 ( )
A. 乙酰CoA羧化酶　B. HMG-CoA还原酶　C. HMG-CoA合成酶
D. HMG-CoA裂解酶　E. 乙酰乙酰硫激酶

45. 酮体和胆固醇合成的区别在于酮体合成要用到（　）

A. 乙酰 CoA 羧化酶　B. HMG-CoA 还原酶　C. HMG-CoA 合成酶

D. HMG-CoA 裂解酶　E. 乙酰乙酰硫激酶

46. 参与酮体利用的酶是（　）

A. 乙酰 CoA 羧化酶　B. HMG-CoA 还原酶　C. HMG-CoA 合成酶

D. HMG-CoA 裂解酶　E. 乙酰乙酰硫激酶

47. 脂肪酸的合成中，每次碳链的延长都需要（　）

A. 乙酰辅酶 A　B. 草酰乙酸

C. 丙二酸单酰辅酶 A　D. 甲硫氨酸

48. 长链脂肪酰 CoA 经 β-氧化作用生成乙酰 CoA，是在下列哪种细胞器上进行的（　）

A. 微粒体　B. 内质网　C. 线粒体　D. 细胞膜

49. 在动物组织中，从葡萄糖合成脂肪酸的重要中间产物是（　）

A. 丙酮酸　B. ATP　C. 乙酰辅酶 A

D. 乙酰乙酸　E. 以上都是

50. 合成甘油三酯最多的器官是（　）

A. 肝　B. 肾　C. 脂肪组织　D. 脑　E. 小肠

51. 能促进脂肪动员的激素有（　）

A. 肾上腺素　B. 胰高血糖素　C. 促甲状腺素

D. ACTH　E. 以上都是

52. 线粒体外脂肪酸合成的限速酶是（　）

A. 酰基转移酶　B. 乙酰 CoA 羧化酶

C. 肉毒碱脂酰 CoA 转移酶 Ⅰ　D. 肉毒碱脂酰 CoA 转移酶 Ⅱ

E. β-酮脂酰还原酶

53. 酮体在肝外氧化，原因是肝内缺乏（　）

A. 乙酰乙酰 CoA 硫解酶　B. 琥珀酰 CoA 转硫酶

C. β-羟丁酸脱氢酶　D. β-羟-β-甲基戊二酸单酰 CoA 合成酶

E. 羟甲基戊二酸单酰 CoA 裂解酶

54. 卵磷脂含有的成分为（　）

A. 脂肪酸、甘油、磷酸、乙醇胺　B. 脂肪酸、磷酸、胆碱、甘油

C. 磷酸、脂肪酸、丝氨酸、甘油　D. 脂肪酸、磷酸、胆碱

E. 脂肪酸、磷酸、甘油

55. 人体内的多不饱和脂肪酸是指（　）

A. 油酸、软脂肪酸　B. 油酸、亚油酸　C. 亚油酸、亚麻酸

D. 软脂肪酸、亚油酸　E. 软脂肪酸、花生四烯酸

56. 可由呼吸道呼出的酮体是（　）

A. 乙酰乙酸　B. β-羟丁酸　C. 乙酰乙酰 CoA

D. 丙酮　E. 以上都是

57. 与脂肪酸的合成原料和部位无关的是（　）

A. 乙酰 CoA　B. $NADPH+H^+$　C. HCO_3^-

D. 线粒体外　　E. 肉毒碱

58. 不能产生乙酰 CoA 的是　（　）

A. 酮体　B. 脂肪酸　C. 胆固醇　D. 磷脂　E. 葡萄糖

59. 脂肪酸分解产生的乙酰 CoA 去路是　（　）

A. 合成脂肪酸　B. 氧化供能　C. 合成酮体

D. 合成胆固醇　E. 以上都是

60. 脂蛋白脂肪酶(LPL)催化　（　）

A. CM 和 VLDL 中甘油三酯的水解　B. 脂肪组织中脂肪的水解

C. 高密度脂蛋白中甘油三酯的水解　D. 中密度脂蛋白中甘油三酯的水解

E. 小肠中甘油二酯合成甘油三酯

二、不定项选择题

1. 人体必需脂肪酸包括　（　）

A. 软油酸　B. 油酸　C. 亚油酸　D. 亚麻酸　E. 以上都不是

2. 使激素敏感性脂肪酶活性增强，促进脂肪动员的激素有　（　）

A. 胰岛素　B. 胰高血糖素　C. 肾上腺素

D. 促肾上腺皮质激素　E. 以上都不是

3. 脂肪酸β-氧化在细胞内进行的部位是　（　）

A. 细胞浆　B. 细胞核　C. 微粒体

D. 线粒体　E. 以上都不是

4. 脂肪酸β-氧化的产物有　（　）

A. $NADH+H^+$　B. $NADPH+H^+$　C. $FADH_2$

D. 乙酰 CoA　E. 以上都不是

5. 乙酰 CoA 在不同组织中均可生成　（　）

A. CO_2、H_2O 和能量　B. 脂肪酸　C. 酮体

D. 胆固醇　E. 以上都不是

6. 能产生乙酰 CoA 的物质有　（　）

A. 葡萄糖　B. 脂肪　C. 酮体

D. 氨基酸　E. 以上都不是

7. 乙酰 CoA 是合成下列哪些物质的唯一碳源　（　）

A. 卵磷脂　B. 胆固醇　C. 甘油三酯

D. 胆汁酸　E. 以上都不是

8. 胆固醇在人体内可转化成　（　）

A. CO_2 和 H_2O　B. 胆汁酸　C. 类固醇激素

D. 性激素　E. 以上都不是

9. 细胞内游离胆固醇的作用有　（　）

A. 抑制细胞本身胆固醇的合成　B. 抑制细胞 LDL 受体的合成

C. 被细胞质膜摄取，构成膜的成分　D. 激活 ACAT

E. 以上都不是

10. 酮体包括 ( )
A. 丙酮 B. 丙酮酸 C. 乙酰乙酸
D. β-羟丁酸 E. 以上都不是

11. 下列关于酮体的叙述中,正确的是 ( )
A. 水溶性比脂肪酸大 B. 可随尿排出
C. 脂肪酸分解代谢的异常产物 D. 在血中含量过高可导致酸中毒
E. 以上都不是

12. 合成酮体和胆固醇均需 ( )
A. 乙酰 CoA B. $NADPH+H^{+}$ C. HMG-CoA 合成酶
D. HMG-CoA 裂解酶 E. 以上都不是

13. 能将酮体氧化利用的组织或细胞是 ( )
A. 心肌 B. 肝 C. 肾 D. 脑 E. 以上都不是

14. 出现酮症的病因可有 ( )
A. 糖尿病 B. 缺氧 C. 糖供给不足或利用障碍
D. 持续高烧不能进食 E. 以上都不是

15. LDL 受体 ( )
A. 能识别含 apo B100 的 LDL B. 全部血浆 LDL 都是通过 LDL 受体降解
C. 能识别含 apo E 的脂蛋白 D. 广泛地分布于机体各种组织细胞膜
E. 以上都不是

16. 脂蛋白的基本组成成分包括 ( )
A. 内核疏水脂质 B. 白蛋白 C. 磷脂
D. 载脂蛋白 E. 以上都不是

17. 下列关于低密度脂蛋白的叙述中,正确的是 ( )
A. 在血浆中由前 β-脂蛋白转变而来 B. 在肝脏中合成
C. 胆固醇含量最多 D. 富含 apo B100
E. 以上都不是

18. 临床上的高脂血症可见于哪些脂蛋白含量增高 ( )
A. CM B. VLDL C. IDL
D. LDL E. 以上都不是

19. 正常人 12h 空腹血浆胆固醇主要分布于 ( )
A. CM B. VLDL C. LDL
D. HDL E. 以上都不是

20. HMG-CoA 是下列哪些代谢途径的中间产物 ( )
A. 胆固醇的转化 B. 胆固醇的生物合成 C. 酮体的生成
D. 酮体的利用 E. 以上都不是

21. 空腹血浆甘油三酯显著升高的可能原因有 ( )
A. HL 缺乏 B. LPL 缺乏 C. apo C2 缺乏
D. apo B 缺乏 E. 以上都不是

22. 下列脂肪分解代谢的中间产物中,可转变成葡萄糖的是 ( )

A. 乙酰乙酸　　B. 乙酰辅酶 A　　C. 甘油
D. 丙酮　　E. 以上都不是

23. 参与胆固醇逆向转运的有　　(　　)
A. HDL　　B. LCAT　　C. ACAT
D. LPL　　E. 以上都不是

24. 可引起血浆酮体含量升高的因素有　　(　　)
A. 长期饥饿　　B. 缺氧　　C. 糖尿病
D. 高糖膳食　　E. 以上都不是

25. 血浆中胆固醇酯化需要　　(　　)
A. 脂酰 CoA　　B. 乙酰 CoA　　C. 卵磷脂
D. LCAT　　E. 以上都不是

26. 合成脑磷脂、卵磷脂的共同原料是　　(　　)
A. α-磷酸甘油　　B. 脂肪酸　　C. 丝氨酸
D. S-腺苷蛋氨酸　　E. 以上都不是

27. 卵磷脂在磷脂酶 A_2 作用下生成　　(　　)
A. 溶血卵磷脂　　B. α-磷酸甘油　　C. 磷脂酸
D. 饱和脂肪酸　　E. 以上都不是

三、名词解释

1. 必需脂肪酸　　2. 酰基载体蛋白(ACP)　　3. 脂肪酸 β-氧化
4. 酮体　　5. HMG-CoA 还原酶　　6. 脂肪动员
7. VLDL

四、简答题

1. 比较脂肪酸氧化和脂肪酸合成的异同点。
2. 酮体是怎么产生的？酮体可以利用吗？
3. 试述人体胆固醇的来源与去路。
4. 试述乙酰辅酶 A 在脂质代谢中的作用。
5. 胆固醇合成的关键酶是什么？如何调控？
6. 为什么在长期饥饿和糖尿病状态下，血液中的酮体浓度会升高？
7. 爱斯基摩人摄入的糖很有限，因为他们以白熊肉为主食。如果建议他们多吃奇数脂肪酸，是否要比多吃偶数脂肪酸更好？为什么？
8. 什么是血浆脂蛋白？它们的来源及主要功能是什么？

【科学素养读物】

两度与诺贝尔奖擦肩而过的中国生物化学家——邹承鲁(一)

邹承鲁，江苏无锡人，1923 年出生于山东省青岛市。1941 年重庆南开中学毕业，1945

年西南联大化学系毕业，1951 年获剑桥大学博士学位。他是中国科学院院士，第三世界科学院院士，生物物理所研究员。他在生物化学领域作出了具有重大意义的开创性工作，是近代中国生物化学的奠基人之一，在国内外发表科学论文二百余篇（其中在 *Nature* 上发表文章两篇）。由于在胰岛素人工合成、蛋白质和酶学方面的贡献，曾获第三世界科学院奖、陈嘉庚生命科学奖、国家自然科学及中科院自然科学奖多次。他是迄今在国际性丛书 *Comprehensive Biochemistry* 生物化学史栏发表自传的唯一的中国生物化学家，他对世界生物化学的贡献已得到承认并载入史册。

人工合成胰岛素是在 1965 年研制成功的，最后一次实验在一个小房间里进行，当时只允许 3 个人进那间屋，其他人都在外面等。当实验成功时，门开了一条缝，邹承鲁跑出来说的第一句话就是："成功了！"于是，在场的人都高兴得跳了起来。这项课题是 1958 年上马的，按当时的国情，条件是相当差的，所以遇到很多困难。不过，这项工作还是得到了领导们的大力支持，在经费以及其他方面都给予了保证。

在一次专访中，当主持人问："当时你们的研究条件与发达国家相比有 40 多年的差距，在这么困难的条件下，你们当时提出这个课题的信心又在哪里呢？或者说当时是不是有新的科学发现或者见解让您有一定的把握呢？"邹承鲁说："没有，是一股热情。"主持人又问："那您觉得在这样一个年代，科研成功最重要的原因是什么？"邹承鲁坚定地说："是努力。"

在 40 多年前合成蛋白质，哪怕是像胰岛素这样的一个仅含 51 个氨基酸的小蛋白也是件令人生畏的事，因此人工合成牛胰岛素的重要性不言而喻。当时的新闻报道是这样说的：人工合成胰岛素的重要价值，就在于它是世界上第一次打破了生命与非生命的界限，是由实验室代替了生命体。

然而，邹承鲁及其同事从开始实验到最后成功走得弯路很少，实验次数并不是很多，因为他们一开始就走对了路。首先他们很仔细地查阅了文献，查阅别人做过的实验，认真分析失败的原因。

不管做实验多也好，还是用脑多也好，在我们看来这些都是特别枯燥的事。作为科学家，邹承鲁是靠兴趣还是靠毅力支撑过来的呢？他的回答是："兴趣是第一位的。你想要干，才会去好好干；你要不想去干，你会好好干吗？做任何工作都一样，再说你对自个儿做的工作根本不感兴趣，你会好好去做吗？所以我想兴趣是第一位的，有了这个兴趣以后你才会去好好干它。你干这个科学研究工作之后，每一步的成功都给你很多的乐趣，很大的安慰。"

1965 年，人工合成牛胰岛素的工作完成后，当时就在国际上引起了广泛关注，但是国内公众对此还一无所知。近年来，许多媒体重提旧事，纷纷指出这一成果当年差点儿获得诺贝尔奖，而邹承鲁作为主要当事人，更被媒体称为与诺贝尔奖擦肩而过的人。

工作完成后，也就是一年以后，诺贝尔奖化学委员会化学组组长 Tiselius 刚好来华访问。当时，他说过一句话，给邹承鲁的印象非常深刻："你们可以从教科书中知道怎么造原子弹，但是你们绝不可能从教科书中学会人工合成胰岛素。"这样的评价应该说是非常高的。当时，人们很自然地把 Tiselius 来访与物色诺贝尔奖候选人联系在一起。

（叶　辉）

第六章　生物氧化

【教学目标】

第一节　生成 ATP 的氧化磷酸化体系

掌握：呼吸链的定义和组成；两条重要的氧化呼吸链排列顺序；氧化磷酸化的定义及偶联部位；高能键与高能化合物的概念；体内能量储存和利用形式；胞液中 NADH 转运进入线粒体氧化的机制。

熟悉：氧化磷酸化偶联部位确定的实验及数据；抑制剂对氧化磷酸化的影响；ADP、甲状腺素对氧化磷酸化的影响。

了解：呼吸链排列顺序确定的实验依据；氧化磷酸化的偶联机制；线粒体 DNA 突变对氧化磷酸化的影响；腺苷酸载体及线粒体蛋白的跨膜转运。

第二节　其他不生成 ATP 的氧化体系

熟悉：需氧脱氢酶和氧化酶的辅基、反应方式及产物；过氧化酶体中氧化酶类的组成特点及催化反应；超氧化歧化酶的主要作用；微粒体加单氧酶催化的反应过程及意义。

了解：加双氧酶。

【考评测试】

一、单项选择题

1. 下列有关生物氧化的叙述中，错误的是　　（　　）
   A. 三大营养素为能量主要来源　　B. 生物氧化又称组织呼吸或细胞呼吸
   C. 物质经生物氧化或体外燃烧产能相等　　D. 生物氧化中 CO_2 经有机酸脱羧生成
   E. 生物氧化的主要作用为机体产生热能
2. 高能化合物水解释放能量大于　　（　　）
   A. 10kJ/mol　　B. 15kJ/mol　　C. 20kJ/mol
   D. 25kJ/mol　　E. 30kJ/mol
3. 体内 ATP 生成的主要方式是　　（　　）
   A. 氧化磷酸化　　B. 底物水平磷酸化　　C. 有机磷酸化
   D. 肌酸磷酸化　　E. 糖原磷酸化
4. 人体内能量生成和利用的中心是　　（　　）
   A. 葡萄糖　　B. ATP　　C. GTP
   D. 磷酸肌酸　　E. 脂肪酸
5. 下列哪种不是体内有机酸脱羧反应的基本类型　　（　　）

A. α-单纯脱羧　B. β-单纯脱羧　C. α-氧化脱羧
D. β-氧化脱羧　E. γ-氧化脱羧

6. 生物体内 CO_2 不能来自　(　)
A. 有机酸脱羧　B. 碳与氧直接结合　C. 丙酮酸氧化脱羧
D. α-酮戊二酸氧化脱羧　E. 乳酸代谢

7. 催化单纯电子转移的酶是　(　)
A. 以 NAD^+ 为辅酶的酶　B. 需氧脱氢酶　C. 加单氧酶
D. 细胞色素氧化酶　E. 泛醌

8. 可兼作需氧脱氢酶和不需氧脱氢酶的辅酶(辅基)是　(　)
A. NAD^+　B. $NADP^+$　C. FAD　D. CoQ　E. Fe-S

9. 参与苹果酸穿梭系统的氨基酸是　(　)
A. Gln　B. Asp　C. Ala　D. Lys　E. Gly

10. 脑细胞胞液中的 NADH 进入线粒体主要是通过　(　)
A. 苹果酸-天冬氨酸穿梭　B. 肉碱穿梭
C. 柠檬酸-丙酮酸循环　D. α-磷酸甘油穿梭
E. 丙氨酸-葡萄糖循环

11. 线粒体内 α-磷酸甘油脱氢酶的辅酶是　(　)
A. FAD　B. FMN　C. NAD^+　D. $NADP^+$　E. TPP

12. 苹果酸-天冬氨酸穿梭的生理意义是　(　)
A. 将草酰乙酸带入线粒体彻底氧化　B. 维持线粒体内、外有机酸的平衡
C. 为三羧酸循环提供足够的草酰乙酸　D. 将 $NADH+H^+$ 上的 H 带入线粒体
E. 将乙酰 CoA 转移出线粒体

13. 胞液中的 NADH 经苹果酸穿梭进入线粒体进行氧化磷酸化，其 P/O 值为　(　)
A. 1.5　B. 2.5　C. 3.5　D. 4.5　E. 5.5

14. 在 α-磷酸甘油穿梭体系中，下列说法正确的是　(　)
A. 还原当量从线粒体被运至胞质
B. NAD^+ 进入线粒体基质
C. 在线粒体内，磷酸甘油被依赖 FAD 的脱氢酶所氧化
D. 胞液 $NADH+H^+$ 的还原当量由磷酸二羟丙酮携带进入线粒体
E. 普遍存在于所有体细胞

15. 呼吸链存在于　(　)
A. 胞液　B. 微粒体　C. 线粒体内膜
D. 线粒体外膜　E. 线粒体基质

16. 关于线粒体膜的叙述，错误的是　(　)
A. 外膜通透性较高　B. 内膜对物质的通过有严格的选择性
C. 内膜上转运载体允许某些物质通过　D. ATP 合酶位于线粒体内膜基质侧
E. 胞液中 NADH 能自由通过线粒体内膜

17. 脂溶性的递氢体是　(　)
A. CoQ　B. FAD　C. FMN　D. NAD^+　E. Fe-S

18. 关于电子传递链的叙述,错误的是 ( )
A. 电子传递链各成分组成4个复合体
B. 主要有NADH氧化呼吸链和琥珀酸氧化呼吸链
C. 每对氢原子氧化时都生成2.5个ATP
D. 如果氧化不与磷酸化偶联,仍可传递电子
E. 抑制细胞色素氧化酶后,传递链组分都处于还原状态

19. P/O值的含义是 ( )
A. 每消耗1mol氧原子所消耗的无机磷摩尔数
B. 每消耗1mol氧分子所消耗的无机磷摩尔数
C. 每消耗1mol氧分子所合成ADP的摩尔数
D. 每消耗1mol氧原子所消耗ATP的摩尔数
E. 每消耗1mol氧分子所合成ATP的摩尔数

20. 呼吸链中不具有质子泵功能的是 ( )
A. 复合体Ⅰ B. 复合体Ⅱ C. 复合体Ⅲ
D. 复合体Ⅳ E. 以上均不具有

21. 在呼吸链中能将电子直接传递给氧的传递体是 ( )
A. 铁硫蛋白 B. 细胞色素b C. 细胞色素c
D. 细胞色素a_3 E. 细胞色素c_1

22. 电子在细胞色素间传递的次序为 ( )
A. $b \rightarrow c_1 \rightarrow c \rightarrow aa_3 \rightarrow O_2$ B. $aa_3 \rightarrow b \rightarrow c_1 \rightarrow c \rightarrow O_2$
C. $c \rightarrow c_1 \rightarrow b \rightarrow aa_3 \rightarrow O_2$ D. $c \rightarrow b \rightarrow c_1 \rightarrow aa_3 \rightarrow O_2$
E. $c_1 \rightarrow c \rightarrow b \rightarrow aa_3 \rightarrow O_2$

23. 下列有关呼吸链的叙述,错误的是 ( )
A. 各成分的排列顺序,基本上是按E^0(标准氧化还原电位)从小到大的顺序排列的
B. 电子传递过程中伴有ADP磷酸化
C. 呼吸链中的递氢体同时也都是递电子体
D. 呼吸链中的递电子体同时也都是递氢体
E. 阻断呼吸链中细胞色素氧化酶这个环节,则整个呼吸链丧失功能

24. 呼吸链中既能传递电子又能递氢的传递体是 ( )
A. 铁硫蛋白 B. 细胞色素b C. 细胞色素c
D. 细胞色素a_3 E. 以上都不是

25. 参与线粒体氧化呼吸链递氢递电子作用的维生素是 ( )
A. $VitB_1$ B. $VitB_2$ C. $VitB_6$ D. VitC E. VitD

26. 关于呼吸链的叙述,正确的是 ( )
A. 两条呼吸链的会合点是Cyt c B. 复合体Ⅱ参与构成两条呼吸链
C. 解偶联后,呼吸链就不能传递电子了 D. CoQ发挥功能的结构是异咯嗪环
E. 酶和辅酶按一定顺序排列

27. 不能进入NADH氧化呼吸链氧化的物质是 ( )
A. 琥珀酸 B. 苹果酸 C. β-羟丁酸

D. 谷氨酸　　E. 异柠檬酸

28. 关于化学渗透假说,错误的是 (　　)
A. 把 H^+ 从内膜外侧泵到内膜基质侧　　B. 在线粒体内膜两侧形成电化学梯度
C. 由 Peter Mitchell 首先提出　　D. 质子回流时驱动 ATP 的生成
E. 质子泵的作用在于贮存能量

29. 关于氧化磷酸化的叙述,错误的是 (　　)
A. H^+ 不能自由通过线粒体内膜　　B. H^+ 由递氢体转运至内膜胞质面
C. 电子在内膜上传递　　D. 线粒体内膜胞质面的 pH 比基质面高
E. 线粒体内膜某些递氢体具有质子泵作用

30. 关于线粒体氧化磷酸化结构基础的叙述,错误的是 (　　)
A. 头部 F_1 具有 ATP 合酶活性　　B. 柄部含寡霉素敏感蛋白
C. F_o 中存在 H^+ 通道　　D. β 亚基与 α 亚基结合才有催化活性
E. F_1 主要含有 4 种多肽链

31. 影响氧化磷酸化的因素不包括 (　　)
A. NAD^+　　B. ADP　　C. CO_2　　D. 氰化物　　E. 寡霉素

32. 氧化磷酸化解偶联作用是指 (　　)
A. ADP 磷酸化作用加速　　B. ADP 磷酸化作用继续,但氧利用停止
C. ADP 磷酸化停止,但氧利用继续　　D. 氧利用停止
E. ATP 脱磷酸生成 ADP 并释放能量

33. 促进氧化磷酸化的物质是 (　　)
A. ATP　　B. ADP　　C. 琥珀酸
D. 维生素 C　　E. CoASH

34. 氰化物中毒抑制的是细胞色素 (　　)
A. a　　B. b　　C. c　　D. c_1　　E. aa_3

35. 甲亢病人的甲状腺素分泌增多,过程中不会出现的现象是 (　　)
A. ATP 合成增多　　B. ATP 分解加快　　C. 耗氧量增多
D. 呼吸加快　　E. 氧化磷酸化反应受抑制

36. 能在线粒体内膜自由移动,破坏电化学梯度的是 (　　)
A. 鱼藤酮　　B. 寡霉素　　C. 2,4-二硝基苯酚
D. ADP　　E. 抗霉素 A

37. 人体活动主要的直接供能物质是 (　　)
A. ATP　　B. GTP　　C. 脂肪酸
D. 葡萄糖　　E. 磷酸肌酸

38. 肌肉中能量的主要贮存形式是 (　　)
A. ATP　　B. GTP　　C. 磷酸肌酸
D. CTP　　E. UTP

39. 下列哪项不是单加氧酶的生理功能 (　　)
A. 参与胆汁酸的合成　　B. 参与血红素的生物合成
C. 参与某些激素的灭活　　D. 参与维生素 D 的活化

E. 参与某些药物在肝中的生物转化过程

40. 关于线粒体 DNA(mtDNA)的叙述,错误的是 ( )

A. mtDNA 是线状双螺旋结构

B. mtDNA 编码 13 条多肽链

C. mtDNA 基因突变常可影响氧化磷酸化

D. mtDNA 缺乏蛋白保护和损伤修复系统

E. mtDNA 突变为母系遗传为主

二、不定项选择题

1. 下列各项中,属于生物氧化特点的是 ( )

A. 能量是逐步释放的　　B. 在有水的环境中进行

C. 生物氧化可以发生在线粒体内　　D. Cyt P_{450} 也能参与生物氧化反应

E. 以上都不是

2. 关于生物氧化叙述不正确的是 ( )

A. 反应过程产生的能量都以热能形式释放

B. 在呼吸链中,H 和 e^- 通过递氢体和递电子体逐步传递

C. $C+O_2 \rightarrow CO_2$,是产生 CO_2 的一种方式

D. 葡萄糖经过生物氧化比氧化产生的能量多

E. 以上都不是

3. 关于呼吸链的叙述正确的是 ( )

A. 存在于线粒体　　B. 参与呼吸链的氧化还原酶属不需氧脱氢酶

C. NAD^+ 是递氢体　　D. NAD^+ 是递电子体

E. 以上都不是

4. 脱氢(2H)进入琥珀酸氧化呼吸链的物质是 ( )

A. 辛酸 CoA　　B. β-羟丁酸

C. 线粒体内的 α-磷酸甘油　　D. $HOOC-CH_2-CH_2-COOH$

E. 以上都不是

5. NAD^+ 的性质包括 ( )

A. 与酶蛋白结合牢固　　B. 尼克酰胺部分可进行可逆的加氢和脱氢

C. 每次接受一个氢原子和一个电子　　D. 为不需脱氢酶的辅酶

E. 以上都不是

6. 铁硫蛋白的性质包括 ( )

A. 由 Fe-S 构成活性中心　　B. 铁的氧化还原是可逆的

C. 每次传递一个电子　　D. 与辅酶 Q 形成复合物存在

E. 以上都不是

7. 呼吸链中 Cyt c 的特性是 ( )

A. 其氧化还原电位高于 Cyt c_1　　B. 其化学本质属于蛋白质

C. 它的水溶性好,易从线粒体中提取纯化　　D. 其氧化还原电位低于 Cyt b

E. 以上都不是

8. 以 Fe-S 为辅基的是 ( )
A. 复合体Ⅳ B. 复合体Ⅴ C. 细胞色素 c 氧化酶
D. 琥珀酸-泛醌还原酶 E. 以上都不是
9. 呼吸链中与磷酸化偶联的部位是 ( )
A. Cyt c_1→Cyt c B. Cyt aa_3→O_2 C. NADH→CoQ
D. Cyt b→Cyt c_1 E. 以上都不是
10. 苹果酸天冬氨酸穿梭作用可以 ( )
A. 生成 2.5 个 ATP
B. 将线粒体外 NADH 所带的氢转运入线粒体
C. 苹果酸和草酰乙酸可自由穿过线粒体内膜
D. 谷氨酸和天冬氨酸可自由穿过线粒体膜
E. 以上都不是
11. 下列各项叙述正确的是 ( )
A. 腺苷酸 ATP 和 ADP 不需载体便可通过线粒体内膜
B. 胞液中的 NADH 只能通过 α-磷酸甘油穿梭进入线粒体
C. Gly 和 Asp 借相同氨基酸载体进行反向交换
D. 核编码的线粒体蛋白质需经过切除加工等步骤后才能进入线粒体
E. 以上都不是
12. 脱氢需经过 α-磷酸甘油穿梭系统的物质有 ( )
A. 琥珀酸 B. 磷酸甘油醛 C. CH_3—CHOH—COOH
D. 柠檬酸 E. 以上都不是
13. 不能携带胞液中的 NADH 进入线粒体的物质是 ( )
A. 肉碱 B. 草酰乙酸 C. α-磷酸甘油
D. 天冬氨酸 E. 以上都不是
14. 氧化磷酸化可以受下列哪些因素的调节,使其产生 ATP 的量增加 ( )
A. ADP 和 Pi 的量在线粒体内增加 B. ADP 和 Pi 的量在线粒体内减少
C. 甲状腺功能亢进 D. ATP 产生过多
E. 以上都不是
15. 下列每组内有两种物质,都能抑制呼吸链同一个传递步骤的是 ( )
A. 粉蝶霉素 A 和鱼藤酮 B. BAL 和寡霉素
C. DNP 和 CO D. H_2S 和 KCN
E. 以上都不是
16. 抑制氧化磷酸化进行的因素有 ( )
A. CO B. 氰化物 C. 异戊巴比妥
D. 二硝基酚 E. 以上都不是
17. 下列关于解偶联剂的叙述正确的是 ( )
A. 可抑制氧化反应 B. 使氧化反应和磷酸化反应脱节
C. 使呼吸加快,耗氧增加 D. 使 ATP 减少
E. 以上都不是

18. ATP 本身及其代谢上的特点是 ( )

A. 机体活动的直接能源
B. 主要源于糖、脂肪的氧化分解
C. 可将其高能磷酸键转移给 UDP
D. 主要由底物磷酸化的方式生成
E. 以上都不是

19. 研究证明,ATP 在能量代谢中的特点是 ( )

A. 其化学能可转变成渗透能和电能
B. 主要在氧化磷酸化过程中生成 ATP
C. 能量的生成、贮存、利用和转换都以 ATP 为中心
D. 体内合成反应所需的能量只能由 ATP 直接提供
E. 以上都不是

20. 在生物氧化过程中 ( )

A. 除 Cyt b 和 Cyt c 外,其余细胞色素都参与羟化酶催化的反应
B. 加双氧酶催化的反应需要 H_2O_2
C. 加双氧酶反应产物中有水,而加单氧酶反应无水
D. 加双氧酶和加单氧酶的共同点之一是反应都需要 O_2
E. 以上都不是

三、名词解释

1. 生物氧化　2. 氧化磷酸化　3. 呼吸链
4. P/O 比值　5. 解偶联剂　6. 化学渗透假说

四、简答题

1. 试说明物质在体内氧化和体外氧化的主要异同点。
2. 写出体内两条重要的呼吸链的排列顺序,并说明氧化磷酸化的偶联部位。
3. 试述胞液中的 NADH 进入线粒体的穿梭机制。
4. 简述生物氧化中 CO_2 的生成方式。
5. 简述呼吸链抑制剂对氧化磷酸化的影响。

【科学素养读物】

两度与诺贝尔奖擦肩而过的中国生物化学家——邹承鲁(二)

当采访者问:"您当时有没有想过,这项研究成果有可能获得诺贝尔奖?我觉得,没有一位优秀的运动员不想获得奥林匹克奖牌,也没有一位优秀的科学家不想获得诺贝尔奖。您曾经在国外留学过,在剑桥您是怎么看待诺贝尔奖的呢?"面对采访者连珠炮似的发问,邹承鲁回答道:"做的时候没有想过。假使一个人做科学研究工作,他老想得诺贝尔奖,我想他永远得不到。当然,不能说不想。但是,不能说想就把它放在第一位了。搞科学是第一位的,得奖是第二位的。我觉得现在炒作过头了。在国外,对诺贝尔奖也没我们看得那么重,也许他们得奖人比较多,特别是剑桥,是诺贝尔奖的大户。应该说,在马路上、在实验室走走,动

不动就可以碰见一个。我办公室挂了一张照片，是我有一年带领中国生物化学代表团去英国访问时照的一个相片，6个英国人吧，其中就有3个诺贝尔奖获得者。我想，一个科学家他应该是真正热爱科学的。真正热爱科学才能够把科学搞好。假使是为了名利去搞科学是搞不好的。假使是因为热爱科学，是为了探索真理去研究科学事物，也许有一天你就真能得上诺贝尔奖。"

杨振宁教授在"文化大革命"后期，向诺贝尔奖评审委员会推荐了人工合成胰岛素的研究成果，中国申报了4个人，但是按照诺贝尔奖评审委员会的规定，单项科学奖最多不能超过3个人，因此中国的科学家又一次与诺贝尔奖失之交臂。

人工合成胰岛素成功以后，1966年，另外一位诺贝尔奖获得者Kendrew教授来到中国，当时他说他是在英国BBC黄金时段上看到这个消息的。他相信很多英国人也看到了这个消息。其实邹承鲁和Kendrew在剑桥大学的时候就认识，可是Kendrew那一天居然没有认出邹承鲁。当时邹的形象和他在剑桥的时候有很大的改变——一身破烂制服，还特别挑选一件旧的。为什么要挑一件旧的呢？正如邹承鲁所说："这样像个翻译，像一个简单的翻译，不像科学家。"

几年前80岁的邹承鲁还照常上班，只有周末才在家休息。对他来说，过去失去的时间太多了。邹老有一个习惯，每个月都要阅读十几份世界一流的学术杂志，据说在"文化大革命"时也没中断过。

邹承鲁认为连续工作不间断是很重要的，他说："科学工作，特别是搞生物科学，需要一定的积累。靠灵机一动就有重大发现的情况，19世纪也许很多，20世纪就很少了。现在都21世纪了，我想更不可能。要想出成果只有坚持不懈，努力工作，全身心投入。"他曾提出教育界两个最大的弊端，其中一个就是灌输式的教育，不提倡一种独立思考精神。"现在学校里比较少给学生自己发挥的机会，就是怎么教怎么记，怎么背怎么考，升学就看考得好不好，换句话就是看背得好不好。没有发挥自己独立思考的这个机会，也没有这种考验，不但在科研上，在所有的东西上都与创新是背道而驰的。假使老是这样下去的话，我们的创新精神永远谈不到。"

在漫长的五十年的科学研究工作中，邹老忘却的是艰辛和失败的痛苦，谨记的是坚持和成功的满足。正如他所说："如果还有再生活一次的机会，我仍然将选择科学研究作为自己终身的职业。"然而邹老已于2006年11月23日凌晨永远地离开了我们，事业未尽、愤懑待平，带着遗憾、带着牵挂走了。

让我们以邹老为榜样，铭记"做人知足、做事不知足、做学问知不足"的忠告，以努力为天，以厚德为地！

（叶　辉）

第七章　氨基酸代谢

【教学目标】

第一节　蛋白质的营养作用

掌握：氮平衡的概念，蛋白质的营养价值，食物蛋白质的互补作用的概念。

熟悉：八种必需氨基酸。

了解：蛋白质的生理功能，蛋白质的生理需要量。

第二节　蛋白质的消化、吸收与腐败

熟悉：氨基酸吸收方式：载体蛋白和γ-谷氨酰循环；蛋白质的腐败作用产物：胺类、氨和其他有害物质。

了解：蛋白质的消化部位、酶及产物。

第三节　氨基酸的一般代谢

掌握：氨基酸的脱氨基作用：联合脱氨基作用、氧化脱氨基作用、转氨基作用；与之相关的重要酶有：L-谷氨酸脱氢酶、转氨酶及其辅酶、谷丙转氨酶(ALT)、谷草转氨酶(AST)。

熟悉：嘌呤核苷酸循环的组织部位、大致过程；α-酮酸的代谢去路。

了解：体内蛋白质的两条重要降解途径；氨基酸代谢库的概念。

第四节　氨的代谢

掌握：血氨的转运方式：丙氨酸与谷氨酰胺；尿素合成(鸟氨酸循环)过程及调节。

熟悉：血氨的去路，高血氨与氨中毒。

了解：体内氨的来源。

第五节　个别氨基酸的代谢

掌握：一碳单位的概念、载体、代谢过程及主要功能；甲硫氨酸循环及其意义。

熟悉：氨基酸的脱羧基作用及产生特殊的胺类化合物：γ-氨基丁酸(GABA)、组胺、5-羟色胺、精胺、精脒；牛磺酸及PAPS(活性硫酸根)的合成；芳香族氨基酸的代谢：儿茶酚胺和黑色素的合成、苯丙酮酸尿症、白化病。

了解：支链氨基酸代谢。

【考评测试】

一、单项选择题

1. 下列哪组氨基酸均是必需氨基酸　（　）
A. 赖氨酸、苯丙氨酸、色氨酸、酪氨酸　B. 蛋氨酸、苯丙氨酸、缬氨酸、酪氨酸
C. 缬氨酸、赖氨酸、组氨酸、色氨酸　D. 半胱氨酸、蛋氨酸、丙氨酸、丝氨酸
E. 亮氨酸、异亮氨酸、苏氨酸、赖氨酸
2. 氮平衡是反映体内蛋白质代谢情况的一种表示方法，实际上是指　（　）
A. 摄入的氮与尿中排出氮的对比关系
B. 消化吸收的氮与排出氮的对比关系
C. 消化吸收的氮与未吸收的氮的对比关系
D. 摄入的氮与排出氮的对比关系
E. 体内总的含氮量与每日排出氮量的对比关系
3. 营养充足的婴儿、孕妇、恢复期病人常保持　（　）
A. 氮平衡　B. 氮的总平衡　C. 氮的负平衡
D. 氮的正平衡　E. 以上都不是
4. 蛋白质生理价值的高低取决于　（　）
A. 氨基酸的种类　B. 氨基酸数量
C. 必需氨基酸的种类、数量及比例　D. 必需氨基酸的数量
E. 必需氨基酸的种类
5. 我国营养学会推荐的成人每日蛋白质需要量为　（　）
A. 80g　B. 50g　C. 20g　D. 6.25g　E. 120g
6. 蛋白质的互补作用是指　（　）
A. 糖和蛋白质混合食用，以提高食物的生理价值作用
B. 脂肪和蛋白质混合食用，以提高食物的生理价值作用
C. 几种生理价值低的蛋白质混合食用，以提高食物的生理价值作用
D. 糖、脂肪、蛋白质及维生素混合食用，以提高食物的生理价值作用
E. 用糖和脂肪代替蛋白质的作用
7. 肠道中氨基酸的主要腐败产物是　（　）
A. 吲哚　B. 色胺　C. 组胺　D. 氨　E. 腐胺
8. 氨基酸吸收的主要方式为　（　）
A. 耗能需钠的主动运转　B. γ-谷氨酰循环同时耗能
C. 不耗能需钠的被动运转　D. 不耗能的 γ-谷氨酰循环
E. 被动运转
9. 代谢库（池）中游离氨基酸的主要去路为　（　）
A. 参与许多必要的含氮物质合成　B. 合成蛋白质
C. 脱去氨基，生成相应的 α-酮酸　D. 转变成糖或脂肪
E. 分解产生能量

10. 体内氨基酸脱氨基作用的产物是 ( )
A. 胺与 α-酮酸 B. 氨与二氧化碳 C. 胺与二氧化碳
D. 氨与 α-酮酸 E. 尿素与 α-酮酸

11. 能直接转变为 α-酮戊二酸的氨基酸为 ( )
A. 天冬氨酸 B. 丙氨酸 C. 谷氨酸
D. 谷氨酰胺 E. 天门冬酰胺

12. L-谷氨酸脱氢酶的变构激活剂是 ( )
A. ATP B. ADP C. GTP D. NADH E. $NADP^+$

13. 下列何种反应需 H_2O 参与 ( )
A. 氨基酸脱羧基作用 B. 氧化脱氨基作用 C. 丙酮酸氧化脱羧作用
D. 氨基酸转氨基作用 E. 丙酮酸羧化作用

14. 转氨酶的辅酶含有维生素 ( )
A. B_1 B. B_2 C. B_6 D. PP E. C

15. 经转氨作用生成草酰乙酸的氨基酸是 ( )
A. 谷氨酸 B. 天冬氨酸 C. 丙氨酸
D. 丝氨酸 E. 半胱氨酸

16. 以下哪一个氨基酸可由三羧酸循环中的一个成分经转氨作用后生成 ( )
A. 天冬氨酸 B. 赖氨酸 C. 丙氨酸
D. 丝氨酸 E. 缬氨酸

17. 体内 ALT 含量最多的组织是 ( )
A. 心肌 B. 脑组织 C. 肾
D. 肝 E. 骨骼肌

18. AST 活性最高的组织是 ( )
A. 心肌 B. 脑 C. 骨骼肌
D. 肝 E. 肾

19. 丙氨酸和 α-酮戊二酸经谷丙转氨酶和下列哪种酶的连续催化作用才能产生游离的氨 ( )
A. 谷氨酰胺酶 B. 谷草转氨酶 C. 谷氨酸脱氢酶
D. 谷氨酰胺合成酶 E. α-酮戊二酸脱氢酶

20. 生物体内氨基酸脱氨的主要方式为 ( )
A. 氧化脱氨 B. 还原脱氨 C. 直接脱氨
D. 转氨 E. 联合脱氨

21. 嘌呤核苷酸循环中由 IMP 生成 AMP 时,氨基来自 ( )
A. 天冬氨酸的 α-氨基 B. 氨基甲酰磷酸 C. 谷氨酸的 α-氨基
D. 谷氨酰胺的酰氨基 E. 赖氨酸的氨基

22. 骨骼肌和心肌中丙氨酸脱氨基的方式主要是 ( )
A. 经联合脱氨基作用脱氨 B. 经嘌呤核苷酸循环途径脱氨
C. 经丙氨酸酶催化直接脱氨 D. 经丙氨酸氧化酶催化直接脱氨
E. 经丙氨酸水解酶催化脱氨

23. 下列氨基酸中，属于生酮氨基酸的是　（　）
A. 谷氨酸　B. 色氨酸　C. 亮氨酸
D. 异亮氨酸　E. 脯氨酸

24. 下列各组氨基酸中，属于生糖兼生酮氨基酸的是　（　）
A. 亮氨酸、异亮氨酸　B. 苯丙氨酸、色氨酸　C. 亮氨酸、酪氨酸
D. 酪氨酸、赖氨酸　E. 苯丙氨酸、天冬氨酸

25. 下列氨基酸中，不属于生糖氨基酸的是　（　）
A. 天冬氨酸　B. 精氨酸　C. 苯丙氨酸
D. 亮氨酸　E. 异亮氨酸

26. 体内氨的主要代谢来源是　（　）
A. 肾脏的谷氨酰胺经脱氨作用产生氨
B. 肠道细菌腐败作用所产生的氨
C. 尿素的肠肝循环
D. 肌肉中氨基酸经嘌呤核苷酸循环脱氨基
E. 体内胺类物质分解形成的氨

27. 肾脏中产生的氨主要来自　（　）
A. 氨基酸的联合脱氨基作用　B. 谷氨酰胺的水解
C. 尿素的水解　D. 氨基酸的非氧化脱氨基作用
E. 氨基酸的转氨基作用

28. 体内丙氨酸-葡萄糖循环的作用是　（　）
A. 促进糖异生　B. 促进非必需氨基酸的合成
C. 促进丙氨酸的转运　D. 促进肌肉与肝脏之间氨的转运
E. 促进脑与肾脏之间的氨转运

29. 下列哪种物质是体内氨的储存及运输形式　（　）
A. 谷氨酸　B. 酪氨酸　C. 谷氨酰胺
D. 谷胱甘肽　E. 天冬酰胺

30. 下列对谷氨酰胺生理作用的描述，不正确的是　（　）
A. 谷氨酰胺可促进必需氨基酸的合成
B. 谷氨酰胺可促进脑与肝之间氨的转运
C. 谷氨酰胺有助于脑与肾之间氨的转运
D. 谷氨酰胺可参与核苷酸的合成
E. 谷氨酰胺可参与体内酸碱平衡的调节

31. 成人体内氨的最主要代谢去路为　（　）
A. 形成非必需氨基酸　B. 形成必需氨基酸
C. 形成 NH_4^+ 随尿排出　D. 形成尿素
E. 形成嘌呤、嘧啶核苷酸等

32. 尿素是通过哪个循环合成的　（　）
A. 嘌呤核苷酸循环　B. 鸟氨酸循环　C. 乳酸循环
D. 三羧酸循环　E. 核蛋白体循环

33. 下列哪组反应在线粒体中进行 ( )
A. 鸟氨酸与氨基甲酰磷酸 B. 瓜氨酸与天冬氨酸
C. 精氨酸的生成 D. 延胡索酸的生成
E. 精氨酸分解生成尿素
34. 尿素循环中一个氨由氨基甲酰磷酸提供,另一个氨则来源于 ( )
A. 游离氨 B. 谷氨酰胺 C. 氨基甲酰磷酸
D. 天冬酰胺 E. 天冬氨酸
35. 在尿素合成中下列哪种反应需要 ATP ( )
A. 精氨酸→鸟氨酸+尿素 B. 草酰乙酸+谷氨酸→天冬氨酸
C. 瓜氨酸+天冬氨酸→精氨酸代琥珀酸 D. 延胡索酸→苹果酸
E. 以上四种反应都不需要 ATP
36. 合成一分子尿素需要消耗 ( )
A. 1mol ATP B. 2mol ATP C. 2mol ATP 及 1mol GTP
D. 3mol ATP E. 4mol ATP
37. 直接参与鸟氨酸循环的氨基酸有 ( )
A. 鸟氨酸、赖氨酸 B. 天冬氨酸、精氨酸 C. 谷氨酸、鸟氨酸
D. 精氨酸、N-乙酰谷氨酸 E. 鸟氨酸、N-乙酰谷氨酸
38. 尿素合成的限速酶是 ( )
A. 鸟氨酸氨基甲酰转移酶 B. HMG-CoA 合成酶 C. 精氨酸代琥珀酸裂解酶
D. 精氨酸代琥珀酸合成酶 E. 尿激酶
39. 下列哪种物质是氨基甲酰磷酸合成酶Ⅰ的变构激活剂 ( )
A. 谷氨酰胺 B. 乙酰 CoA C. GTP
D. N-乙酰谷氨酸 E. NAD^+
40. 精氨酸作为降血氨药是因为它能促进 ( )
A. TAC B. 铵盐生成 C. 转氨基作用
D. 鸟氨酸循环 E. 核蛋白体循环
41. 下列关于尿素循环的叙述中,正确的是 ( )
A. 需由 CTP 供能
B. 天冬氨酸的含碳部分掺入精氨酸中
C. 精氨酸是瓜氨酸的直接前身物
D. 尿素中的两个氮都直接或间接来自氨基酸
E. 草酰乙酸是精氨酸代琥珀酸的直接产物
42. 脑中氨的主要去路是 ( )
A. 合成尿素 B. 扩散入血 C. 合成谷氨酰胺
D. 合成氨基酸 E. 合成嘌呤
43. 氨中毒的根本原因是 ( )
A. 肠道吸收氨过量 B. 氨基酸在体内分解代谢加强
C. 肾功能衰竭导致排出障碍 D. 肝功能损伤,不能合成尿素
E. 合成谷氨酰胺减少

44. 血氨增高导致脑功能障碍的生化机理是 NH_3 增高可以 （　）
A. 抑制脑中酶活性　B. 升高脑中 pH
C. 大量消耗脑中 α-酮戊二酸　D. 抑制呼吸链的电子传递
E. 升高脑中尿素浓度

45. 临床上对肝硬化伴有高血氨患者禁用肥皂液灌肠，这是因为 （　）
A. 肥皂液致肠道 pH 值升高，促进氨的吸收
B. 可能导致碱中毒
C. 可能严重损害肾脏功能
D. 肥皂液促进肠道细菌的腐败作用
E. 可能严重损害肝脏功能

46. 氨基酸脱羧酶的辅酶是 （　）
A. 磷酸吡哆醛　B. 维生素 PP　C. 维生素 B_2
D. 维生素 B_1　E. 维生素 B_{12}

47. 脑中 γ-氨基丁酸是由以下哪一代谢物产生的 （　）
A. 天冬氨酸　B. 谷氨酸　C. α-酮戊二酸
D. 草酰乙酸　E. 苹果酸

48. 5-羟色胺是由下列哪个氨基酸转变生成的 （　）
A. 组氨酸　B. 色氨酸　C. 脯氨酸
D. 酪氨酸　E. 精氨酸

49. 以下哪个氨基酸脱羧后可以产生舒血管物质 （　）
A. 精氨酸　B. 酪氨酸　C. 组氨酸
D. 谷氨酸　E. 半胱氨酸

50. 牛磺酸是由下列哪种氨基酸代谢衍变而来的 （　）
A. 蛋氨酸　B. 半胱氨酸　C. 苏氨酸
D. 甘氨酸　E. 谷氨酸

51. 下列物质中，不属于一碳单位的是 （　）
A. 甲基　B. 甲烯基　C. 甲炔基
D. 亚氨甲基　E. 二氧化碳

52. 参与一碳单位代谢的氨基酸是 （　）
A. 丝氨酸、丙氨酸　B. 甘氨酸、酪氨酸　C. 赖氨酸、蛋氨酸
D. 甘氨酸、丝氨酸　E. 组氨酸、胱氨酸

53. 体内转运一碳单位的载体是 （　）
A. 叶酸　B. 维生素 B_{12}　C. 四氢叶酸
D. S-腺苷蛋氨酸　E. 生物素

54. $N^5,N^{10}—CH_2—FH_4$ 参与下列哪种代谢合成 （　）
A. 组成嘌呤核苷酸的第 8 位碳原子　B. 肾上腺素的合成
C. 胆碱的合成　D. 肉毒碱的合成
E. 胸腺嘧啶的合成

55. 体内代谢甲基的直接供体是 （　）

A. N^{10}-甲基四氢叶酸　B. S-腺苷蛋氨酸　C. 蛋氨酸
D. 胆碱　E. 肾上腺素

56. 体内蛋白质和许多重要酶的巯基均直接来自 (　)
A. 半胱氨酸　B. 胱氨酸　C. 蛋氨酸
D. 谷胱甘肽　E. 肌酸

57. 同型半胱氨酸和 N^5-甲基四氢叶酸反应生成蛋氨酸时所必需的维生素为 (　)
A. 叶酸　B. 二氢叶酸　C. 四氢叶酸
D. 维生素 B_{12}　E. N^5-甲基四氢叶酸

58. 体内硫酸基的提供者是 (　)
A. ATP　B. FAD　C. $NADP^+$
D. GMP　E. PAPS

59. 芳香族氨基酸是指 (　)
A. 丙氨酸、丝氨酸　B. 酪氨酸、苯丙氨酸　C. 蛋氨酸、组氨酸
D. 缬氨酸、亮氨酸　E. 胱氨酸、半胱氨酸

60. 下列哪个化合物不能由酪氨酸转变合成 (　)
A. 甲状腺素　B. 肾上腺素　C. 多巴胺
D. 苯丙氨酸　E. 黑色素

61. 黑色素的合成原料是 (　)
A. 蛋氨酸　B. 酪氨酸　C. 半胱氨酸
D. 谷氨酸　E. 组氨酸

62. 儿茶酚胺是由下列哪种氨基酸转化生成的 (　)
A. 色氨酸　B. 谷氨酸　C. 天冬氨酸
D. 酪氨酸　E. 赖氨酸

63. 苯丙氨酸羟化酶的辅酶是 (　)
A. 四氢叶酸　B. 5,6,7,8-四氢喋呤　C. 二氢叶酸
D. 维生素 B_6　E. 维生素

64. 苯丙酮酸尿症的发生是由于 (　)
A. 苯丙酮酸氧化障碍　B. 酪氨酸羟化酶的缺陷　C. 苯丙氨酸转氨酶缺陷
D. 酪氨酸脱羧酶缺陷　E. 苯丙氨酸羟化酶缺陷

65. 白化病患者体内缺乏的酶是 (　)
A. 苯丙氨酸羟化酶　B. 酪氨酸酶　C. 色氨酸吡咯酶
D. 鸟氨酸脱羧酶　E. 苯丙氨酸脱氢酶

66. 下列哪一组氨基酸是支链氨基酸 (　)
A. 亮氨酸、异亮氨酸、苏氨酸　B. 亮氨酸、缬氨酸、谷氨酸
C. 异亮氨酸、缬氨酸、天冬氨酸　D. 亮氨酸、异亮氨酸、缬氨酸
E. 缬氨酸、天冬氨酸、赖氨酸

二、不定项选择题

1. 必需氨基酸的含义是 (　)

A. 必须进行转氨基作用　B. 合成蛋白质必需的物质
C. 必须由体内合成　D. 人体不能合成，必须由食物提供
E. 以上都不是

2. 蛋白质消化酶中属内肽酶的有　(　　)
A. 胃蛋白酶　B. 胰蛋白酶　C. 氨基肽酶
D. 羧基肽酶　E. 弹性蛋白酶

3. 催化联合脱氨基作用所需要的酶是　(　　)
A. L-氨基酸氧化酶　B. 转氨酶　C. 谷氨酰胺酶
D. 谷氨酸脱氢酶　E. 以上都不是

4. 氨基酸脱氨基作用的主要方式有　(　　)
A. 氧化脱氨　B. 转氨　C. 联合脱氨
D. 水解脱氨　E. 以上都不是

5. L-谷氨酸脱氢酶的特征是　(　　)
A. 属于一种变构酶
B. ATP、GTP 为变构抑制剂
C. 体内唯一能使谷氨酸直接脱氨活力最强的酶
D. 辅酶为 $NADP^+$
E. 以上都不是

6. 当缺乏维生素 B_6 时，可能会影响下列哪些代谢　(　　)
A. 氨基酸的转氨基作用　B. 氨基酸的联合脱氨基作用
C. 氨基酸的脱羧基作用　D. 甘氨酸分解形成 $N^5,N^{10}—CH_2—FH_4$
E. 以上都不是

7. 氨基转移不是氨基酸脱氨基的主要方式，这是因为　(　　)
A. 转氨酶在体内分布不广泛　B. 转氨酶的辅酶容易缺乏
C. 转氨酶作用的特异性不强　D. 只是转氨基，没有游离氨产生
E. 以上都不是

8. 天冬氨酸在体内脱氨的方式有　(　　)
A. 经谷草转氨酶催化与 α-酮戊二酸作用　B. 经嘌呤核苷酸循环
C. 经鸟氨酸循环　D. 经天冬氨酸酶催化直接脱氨
E. 以上都不是

9. 经转氨基作用能直接转变生成氨基酸的 α-酮酸的是　(　　)
A. 草酰乙酸　B. 丙酮酸　C. α-酮戊二酸
D. α-酮丁酸　E. 以上都不是

10. α-酮酸的代谢去路有　(　　)
A. 转变为糖　B. 转变为脂肪　C. 生成非必需氨基酸
D. 氧化生成水和二氧化碳　E. 生成必需氨基酸

11. 生糖兼生酮的氨基酸有　(　　)
A. 酪氨酸　B. 色氨酸　C. 脯氨酸
D. 亮氨酸　E. 苏氨酸

12. 下列氨基酸中，属于生糖氨基酸的是 ( )
A. 缬氨酸 B. 亮氨酸 C. 赖氨酸
D. 半胱氨酸 E. 谷氨酰胺
13. 谷氨酰胺是 ( )
A. 氨的解毒产物 B. 氨的储存形式 C. 氨的运输形式
D. 必需氨基酸 E. 以上都不是
14. 关于氨的代谢去路，下列哪些描述是正确的 ( )
A. 全部合成尿素消除 B. 主要合成尿素 C. 全部合成谷氨酰胺
D. 部分合成谷氨酰胺 E. 以上都不是
15. 氨基酸脱氨基作用所生成的氨基在体内转运方式有 ( )
A. 形成谷氨酰胺 B. 形成尿素 C. 丙氨酸-葡萄糖循环
D. γ-谷氨酰循环 E. 以上都不是
16. 谷氨酰胺与下列哪些代谢有关 ( )
A. 氨的转运 B. 肾小管细胞的泌氨作用
C. 嘌呤核苷酸的合成 D. 尿素的合成
E. 以上都不是
17. 机体对血氨的处理方式有 ( )
A. 在各种组织中合成尿素 B. 在肝内合成尿素是主要的方式
C. 利用氨与α-酮酸合成必需氨基酸 D. 参与某些含氮物质的合成代谢
E. 以上都不是
18. 通过鸟氨酸循环生成尿素时，氨的主要来源是 ( )
A. 天冬氨酸 B. 转氨基作用 C. 血中游离的氨
D. 鸟氨酸 E. 以上都不是
19. 鸟氨酸循环中需要下列哪些物质参加 ( )
A. CO_2 B. Mg^{2+} C. ATP
D. 天冬氨酸 E. 以上都不是
20. 直接参与鸟氨酸循环的氨基酸有 ( )
A. 鸟氨酸、瓜氨酸、精氨酸 B. 天冬氨酸
C. N-乙酰谷氨酸 D. 谷氨酸或谷氨酰胺
E. 以上都不是
21. 下列对氨基甲酰磷酸合成酶Ⅰ及Ⅱ的描述中，正确的是 ( )
A. 前者存在于胞浆，后者存在于线粒体内
B. 前者参与尿素合成，后者参与嘧啶核苷酸的合成
C. 两者都可直接利用氨作为氮源
D. 两者所催化的反应均消耗 ATP
E. 以上都不是
22. 精氨酸在体内的代谢 ( )
A. 水解时生成鸟氨酸 B. 水解时生成瓜氨酸
C. 在线粒体内生成鸟氨酸 D. 在线粒体内生成瓜氨酸

E. 以上都不是

23. 下列物质中，属于多胺的是　(　　)

A. 精胺　B. 精脒　C. 组织胺

D. γ-氨基丁酸　E. 腐胺

24. 生成一碳单位的氨基酸有　(　　)

A. 组氨酸　B. 甘氨酸　C. 丝氨酸

D. 蛋氨酸　E. 以上都不是

25. 一碳单位是合成下列哪些物质所必需的原料　(　　)

A. 腺嘌呤　B. 胆固醇　C. 胸腺嘧啶

D. 血红素　E. 以上都不是

26. 四氢叶酸中与一碳单位运载有关的 N 原子是　(　　)

A. N－C　B. N－5　C. N－8

D. N－10　E. 以上都不是

27. 下列有关蛋氨酸的描述中，正确的是　(　　)

A. 含硫氨基酸　B. 可以直接提供甲基

C. 可以在蛋氨酸循环过程中再生　D. 非必需氨基酸

E. 以上都不是

28. 甘氨酸参与下列哪些过程　(　　)

A. 谷胱甘肽合成　B. 肌酸合成　C. 血红素合成

D. 嘌呤核苷酸合成　E. 一碳单位生成

29. 半胱氨酸在体内代谢可产生　(　　)

A. 谷胱甘肽　B. 牛磺酸　C. PAPS

D. 硫化氢　E. 甲硫氨酸

30. 参与肌酸合成的物质有　(　　)

A. 精氨酸　B. 甘氨酸　C. 甲硫氨酸

D. 半胱氨酸　E. 肌酸酐

31. 甲硫氨酸可以　(　　)

A. 代谢产生 PAPS　B. 参与肉碱生成　C. 转化生成半胱氨酸

D. 参与精胺生成　E. 参与胆碱生成

32. 参与腺苷蛋氨酸循环作用的维生素有　(　　)

A. 维生素 B_{12}　B. 生物素　C. 四氢叶酸

D. 核黄素　E. 以上都不是

33. 与蛋白质代谢有关的循环途径有　(　　)

A. γ-谷氨酰循环　B. 三羧酸循环　C. 嘌呤核苷酸循环

D. S-腺苷蛋氨酸循环　E. 以上都不是

三、名词解释

1. 氮平衡　2. 必需氨基酸　3. 食物蛋白质互补作用

4. 氧化脱氨基作用　5. 转氨基作用　6. 联合脱氨基作用

7. 一碳单位 8. 蛋氨酸循环 9. 苯酮酸尿症

四、简答题

1. 蛋白质的腐败作用及重要的腐败产物有哪些？
2. 体内氨基酸脱氨基有哪些方式？各有何特点？
3. 试述血氨的来源、运输形式和去路。
4. 试述尿素生成的过程、部位及调节。
5. 简述 α-酮酸的代谢去路。
6. 蛋氨酸循环的过程及其生理意义。
7. 简述一碳单位的概念，并说明其来自哪些氨基酸，有何生理功能。

【科学素养读物】

"死亡之吻"

2004年诺贝尔化学奖授予以色列科学家阿龙·切哈诺沃、阿夫拉姆·赫什科和美国科学家欧文·罗斯，以表彰他们发现了细胞是如何摧毁有害蛋白质的（即泛素调节的蛋白质降解）。

20世纪70年代至80年代间，切哈诺沃与赫什科曾在罗斯主持的福克斯·蔡斯癌症研究中心做访问学者。在这期间，他们联名发表了一系列论文，期间在1979年12月10日一期美国《全国科学院学报》上连续发表的两篇文章，被诺贝尔化学奖评选委员会称为"突破性成果"，并奠定了他们获得诺贝尔奖的基础。

他们研究的课题，就是被人们称为"泛素调节的蛋白质降解"的课题。诺贝尔化学奖评委们在公告中引用了一种形象比喻——"死亡之吻"，以描述他们的研究发现：作为人体免疫系统的正常反应，一些致病蛋白必须被降解。为达到这一目的，特定分子会"拥抱"致病蛋白，继而再对这些蛋白留下"亲吻"标记，最终带有标记的蛋白将遭摧毁。

1. 蛋白质降解相当于蛋白质优胜劣汰

蛋白质是包括人类在内各种生物体的重要组成成分。对于生物体而言，蛋白质的生老病死至关重要。科学家关于蛋白质如何"诞生"的研究成果很多，迄今至少有5次诺贝尔奖授予了从事这方面研究的科学家。但关于蛋白质如何"死亡"的研究却相对较少，而这三位科学家却独辟蹊径，世人研究蛋白质的诞生，他们却研究蛋白质的死亡，从而提出所谓泛素调节的蛋白质降解，其实就是一种蛋白质"死亡"的重要机理。

2. 蛋白质"有生有死"

科学家曾相信，蛋白质"生死"如同"盖楼"和"拆楼"，合成复杂，降解容易。

蛋白质是由氨基酸组成的，氨基酸如同砖头，而蛋白质则如结构复杂的建筑。正如同有各种各样的建筑一样，生物体内也存在着各种各样的蛋白质。不同的蛋白质有不同的结构，也有不同的功能。通常看来，蛋白质的合成要比蛋白质的降解复杂得多，毕竟"拆楼容易盖楼难"。

蛋白质的降解在生物体中普遍存在，比如人吃进食物后，食物中的蛋白质在消化道中就被降解为氨基酸,随后被人体吸收。在这一过程中,一些简单的蛋白质降解酶发挥了重要作用。科学家对这一过程研究得较为透彻,因而在很长一段时间内认为蛋白质降解没有什么可以深入研究的。不过,20 世纪 50 年代的一些研究表明,事情恐怕没有这么简单。

3. 蛋白质的两种"死法"

最初的一些研究发现,蛋白质的降解不需要能量,这如同一幢大楼自然倒塌一样,并不需要炸药来爆破。不过,20 世纪 50 年代科学家却发现,同样的蛋白质在细胞外降解不需要能量,而在细胞内降解却需要能量。20 世纪 70 年代末 80 年代初,阿龙·切哈诺沃、阿夫拉姆·赫什科和欧文·罗斯进行了一系列研究,终于揭开了这一谜底。原来,生物体内存在着两类蛋白质降解过程:一种是不需要能量的,比如发生在消化道中的降解,这一过程只需要蛋白质降解酶参与;另一种则需要能量,它是一种高效率、指向性很强的降解过程。

4. "废品"被贴上标签

这三位科学家发现,一种被称为泛素的多肽在需要能量的蛋白质降解过程中扮演着重要角色。这种多肽由 76 个氨基酸组成,它最初是从小牛的胰脏中分离出来的。它就像标签一样,被贴上标签的蛋白质就会被运送到细胞内的"垃圾处理厂",在那里被降解。后来,他们进一步发现了这种蛋白质降解过程的机理。

5. 新蛋白质接受质检

后来很多科学家的大量研究证实,这种泛素调节的蛋白质降解过程在生物体中的作用非常重要。它如同一位重要的质量监督员,细胞中合成的蛋白质质量有高有低,通过它的严格把关,通常有 30%新合成的蛋白质没有通过质检,而被销毁。但如果它把关不严,就会使一些不合格的蛋白质蒙混过关;如果把关过严,又会使合格的蛋白质供不应求。这都容易使生物体出现一系列问题。比如,一种称为"基因卫士"的 P53 蛋白质可以抑制细胞发生癌变,但如果对 P53 蛋白质的生产把关不严,就会导致人体抑制细胞癌变的能力下降,诱发癌症。

事实上,在一半以上种类的人类癌细胞中,这种蛋白质都产生了变异。泛素调节的蛋白质降解在生物体中如此重要,因而对它的开创性研究也就具有了特殊意义。目前,在世界各地的很多实验室中,科学家不断发现和研究与这一降解过程相关的细胞新功能。这些研究对进一步揭示生物的奥秘,以及探索一些疾病的发生机理和治疗手段具有重要意义。

(沈年汉)

第八章　核苷酸代谢

【教学目标】

第一节　嘌呤核苷酸的合成与分解代谢

掌握：嘌呤核苷酸的合成代谢，包括嘌呤核苷酸合成途径，从头合成途径的概念，所需原料，关键酶，最先合成的嘌呤核苷酸及其他嘌呤核苷酸的合成；嘌呤核苷酸分解代谢终产物——尿酸及其去向；嘌呤核苷酸补救合成的概念，参与补救合成的两种酶；脱氧核苷酸的合成。

了解：嘌呤核苷酸的分解代谢过程，嘌呤核苷酸分解代谢的调节及抗代谢物的作用机理。

第二节　嘧啶核苷酸的合成与分解代谢

掌握：嘧啶核苷酸的合成代谢，包括嘧啶核苷酸合成途径，从头合成途径的概念，所需原料，关键酶，最先合成的嘧啶核苷酸及其他嘧啶核苷酸的合成；嘧啶核苷酸补救合成的概念，参与补救合成的主要酶。

了解：嘧啶核苷酸的分解代谢；嘧啶核苷酸分解代谢的产物及其去向；嘧啶核苷酸分解代谢的调节及抗代谢物作用机理。

【考评测试】

一、单项选择题

1. 嘧啶与尿素合成的起始步骤均与下列哪种化合物的形成有关　　(　　)
   A. 氨基甲酰磷酸　　B. 精氨酸代琥珀酸　　C. 乳清酸
   D. 鸟氨酸　　E. 氨基甲酰天冬氨酸
2. 嘌呤环上碳原子来源不包括　　(　　)
   A. 谷氨酰胺　　B. 二氧化碳　　C. 甘氨酸
   D. 精氨酸　　E. 天冬氨酸
3. 嘧啶环上的碳和氮原子全部来自于　　(　　)
   A. 谷氨酸、甘氨酸　　B. 甘氨酸、天冬氨酸
   C. 谷氨酰胺、N^{10}-甲酰四氢叶酸　　D. 氨基甲酰磷酸、NH_3
   E. 氨基甲酰磷酸、天冬氨酸
4. 下列哪种化合物直接提供三个碳原子给尿嘧啶环的从头合成　　(　　)
   A. 天冬氨酸　　B. 谷氨酸　　C. 5-甲基四氢叶酸
   D. 甘氨酸　　E. 氨基甲酰磷酸

5. 磷酸核糖焦磷酸(PRPP) ( )
A. 参与嘌呤及嘧啶的合成 B. 属核糖核苷酸
C. 来自于 AMP 和核糖的合成 D. 合成 UMP 第一步反应的底物
E. 其合成受氨喋呤抑制
6. 嘧啶核苷酸从头合成时,首先合成的嘧啶核苷酸是 ( )
A. CMP B. TMP C. UMP D. UDP E. CDP
7. 嘌呤核苷酸合成中,生成 GMP 和 AMP 的共同前体是 ( )
A. PRPP B. IMP C. 磷酸核糖胺
D. AMP E. 黄嘌呤核苷一磷酸
8. 嘌呤核苷酸合成途径中,由 IMP 转变为 AMP 时需要 ( )
A. 谷氨酰胺 B. NAD C. ATP
D. GTP E. NADP
9. 从肝脏中分离得到的一个酶能催化脱氧尿苷一磷酸(dUMP)甲基化转变为脱氧胸苷一磷酸(dTMP),下列哪种物质参与该反应 ( )
A. N^5,N^{10}-亚甲基四氢叶酸 B. ATP C. S-腺苷甲硫氨酸
D. 维生素 B_{12} E. 硫氧还蛋白
10. 硫氧还蛋白在下列哪项中起重要作用 ( )
A. 胱氨酸合成 B. 半胱氨酸合成
C. 核苷二磷酸转变为脱氧核苷二磷酸 D. 由甲硫氨酸转变为半胱氨酸
E. 电子转移
11. 自毁容貌征具有周期性攻击行为,包括自我毁损,如咬自己的嘴唇,此外还有痛风。该疾病是由下列哪项变异所致 ( )
A. 黄嘌呤氧化酶 B. 嘌呤的从头合成 C. 嘧啶的从头合成
D. 嘌呤的补救合成 E. 嘧啶的补救合成
12. 缺乏次黄嘌呤-鸟嘌呤磷酸核糖转移酶而引起的疾病为 ( )
A. 尿黑酸尿症 B. 家族性高胆固醇血症 C. 苯丙酮酸尿症
D. 自毁容貌征 E. 神经节苷脂沉积症
13. 人类 AMP 代谢由尿排出的主要含氮化合物是 ( )
A. 肌酸 B. 尿素 C. 尿酸
D. 铵离子 E. 碳酸氢盐
14. 使用别嘌呤醇患者体内嘌呤代谢的终产物是 ( )
A. PRPP B. 次黄嘌呤 C. 尿酸
D. GMP E. 鸟嘌呤
15. 降低尿酸的药物是 ( )
A. 消胆胺 B. 别嘌呤醇 C. 5-氟尿嘧啶
D. 嘌呤霉素 E. 氨甲喋呤
16. 关于核苷酸合成,错误的是 ( )
A. 由天冬氨酸提供氨基使 IMP 转变为 AMP
B. 由谷氨酰胺提供氨基使 XMP 转变为 GMP

C. 由谷氨酰胺提供氨基使 UTP 转变为 CTP
D. 由 S-腺苷甲硫氨酸提供甲基使 dUMP 转变为 dTMP
E. 由 NADPH 提供氢使 NDP 转变为 dNDP

17. 人类使用甲氨喋呤作为化疗剂时的生化基础是 ( )
A. 直接抑制二氢叶酸还原酶 B. 抑制叶酸合成
C. 阻断 B_{12} 吸收 D. 抑制叶酸氧化
E. 直接抑制胸苷酸合酶

18. 关于嘧啶核苷酸合成,错误的是 ( )
A. 从头合成途径起始于磷酸戊糖途径产生的 5-磷酸核糖
B. 乳清酸是从头合成途径的中间产物之一
C. 补救合成途径也需要 PRPP
D. 嘧啶磷酸核糖转移酶是补救合成途径的主要酶
E. 哺乳动物细胞中,嘧啶核苷酸从头合成的第一个酶为主要调节酶

19. 同时受嘌呤核苷酸及嘧啶核苷酸反馈抑制的酶为 ( )
A. PRPP 合成酶 B. 酰胺转移酶
C. 氨基甲酰磷酸合成酶Ⅰ D. 天冬氨酸氨基甲酰基转移酶
E. 氨基甲酰磷酸合成酶Ⅱ

20. 嘌呤核苷酸从头合成的关键步骤是合成 ( )
A. 磷酸核糖焦磷酸 B. 甘氨酰胺核苷酸
C. 甲酰甘氨酰胺核苷酸 D. 甲酰甘氨咪核苷酸
E. 氨基咪唑核苷酸

二、多项选择题

1. 氨基甲酰磷酸是下列哪个过程的关键物质 ( )
A. 嘌呤合成 B. 嘧啶合成 C. 尿素合成
D. 氨基酸合成 E. 脂肪酸合成

2. 嘧啶从头合成与嘌呤从头合成的相似之处为 ( )
A. 都不需要叶酸 B. 均利用谷氨酰胺的氨基氮
C. 均需要天冬氨酸 D. 均需要 PRPP
E. 都在第一步引入磷酸核糖

3. 嘧啶核苷酸分解代谢的终产物为 ( )
A. β-丙氨酸 B. β-氨基异丁酸 C. NH_3
D. CO_2 E. 尿酸

4. 嘌呤核苷酸从头合成的正性调节物有 ( )
A. R-5-P B. GMP C. PRPP
D. AMP E. IMP

5. 抗肿瘤药 6-巯基嘌呤作用的生化基础包括 ( )
A. 形成 6-巯基嘌呤核苷酸,影响 IMP 形成
B. 抑制 IMP 脱氢酶,影响 GMP 合成

C. 反馈抑制酰胺转移酶,抑制 IMP 合成
D. 抑制二氢叶酸还原酶,影响 IMP 合成
E. 竞争性抑制 HGPRT,干扰嘌呤核苷酸补救合成

6. 关于嘌呤与嘧啶核苷酸的合成,正确的是 ( )
A. 均有从头合成途径
B. 均有补救合成途径
C. 均由 PRPP 提供核糖磷酸
D. 均受精细调节
E. 均首先合成嘌呤或嘧啶环

7. 哺乳动物细胞内嘧啶核苷酸从头合成的调节酶包括 ( )
A. PRPP 合成酶
B. 氨基甲酰磷酸合成酶Ⅰ
C. 氨基甲酰磷酸合成酶Ⅱ
D. 天冬氨酸氨基甲酰基转移酶
E. 磷酸核糖转移酶

8. 关于脱氧核苷酸的生成,正确的是 ( )
A. 来自二磷酸核苷还原
B. 由核糖核苷酸还原酶催化
C. NADPH 为还原反应供氢
D. 四种核苷酸中每一种核苷酸由核苷酸还原酶中不同的同工酶催化
E. 硫氧还蛋白及硫氧还蛋白还原酶为核糖核苷酸还原酶的活性所必需

9. 别嘌呤醇治疗痛风是通过 ( )
A. 抑制磷酸核糖焦磷酸的形成
B. 抑制嘌呤核苷酸从头合成
C. 与未使用别嘌呤醇比较,增加血浆次黄嘌呤含量
D. 与未使用别嘌呤醇比较,增加尿酸排泄
E. 竞争性抑制黄嘌呤氧化酶

10. 胸腺嘧啶分解代谢的产物 β-氨基异丁酸进一步代谢与下列哪项有关 ( )
A. 琥珀酰 CoA
B. 乙酰 CoA
C. 葡萄糖
D. 脂肪酸
E. 酮体

三、名词解释

1. 核苷酸从头合成途径　2. 核苷酸补救合成途径　3. 痛风症

四、简答题

1. 指出下列底物—产物对中同位素标记原子将会出现在产物的哪些部位。
A. ^{15}N-天冬氨酸→AMP
B. ^{14}C-甘氨酸→AMP
C. ^{15}N-谷氨酰胺→GMP
D. ^{14}C-天冬氨酸→UMP
E. $H^{14}CO_3^-$→UMP

2. 嘌呤核苷酸合成受到精细调节,主要目的是为细胞合成 DNA 提供大约等量的 ATP 和 GTP。酰胺转移酶催化 IMP 合成的关键步骤。请逐一解释 PRPP,AMP,ADP,ATP,

GMP,GDP,GTP 怎样影响这个酶的活性。

3. 从以下方面比较嘌呤核苷酸、嘧啶核苷酸从头合成的不同。

	合成原料	碱基合成特点	产物
嘌呤核苷酸			
嘧啶核苷酸			

【科学素养读物】

胰岛素的发现

Sir Frederick Grant Banting 是加拿大医学科学家、医生及诺贝尔奖获得者。1923 年,Banting 与 Macleod 因为发现胰岛素而获诺贝尔生理学或医学奖。Banting 与同事 Dr. Charles Best 分享他的诺贝尔奖金。加拿大政府给予 Banting 终生年薪以鼓励他继续有关糖尿病的研究。1934 年英国国王 George Ⅴ授予他爵士勋章,使之成为 Sir Frederick Banting。

1891 年,Frederick Grant Banting 出生于加拿大。中学毕业后,进入 Toronto 大学学习,不久后转为学习医学。1916 年获得医学学士学位后从军,作为医官先在英国后转到法国参加第一次世界大战。1919 年战争结束后回到加拿大。1919—1920 年,Banting 学习整形外科,是多伦多儿童医院外科住院医生。1920—1921 年,他在多伦多的伦敦市从事医疗工作,同时在 Western Ontario 大学兼职,执教外科学及解剖学。1922 年获医学博士学位。

1920 年 11 月,当 Banting 在 Western Ontario 大学执教外科学和解剖学时,分配给他的工作任务需要他讲授胰腺,这是一个后来改变他一生命运的幸运任务。为准备讲稿,他参阅了大量的资料。1869 年,Oscar Minkowski 和 Joseph von Mering 通过摘除狗的胰腺诱发糖尿病而阐明了胰腺与糖尿病的关系。1901 年,Eugene Opie 观察到糖尿病患者胰岛的退化,推测胰岛可能含有与糖代谢有关的内分泌物质,进一步阐述了胰岛与糖尿病的关系。Moses Baron 在《胰岛与糖尿病关系》一文中提到,实验中结扎胰腺导管,胰腺的外分泌细胞退化萎缩但胰岛维持原样。在文章中 Banting 还注意到,结扎胰腺导管,不会导致糖尿病,除非胰岛遭到破坏。难道胰岛内真含有神秘的内分泌物质?那么如何从胰腺中提取这种神秘的内分泌物质呢?被这样的问题困扰着,他夜不能寐。受该文章的启发,Banting 构思了一种想法:结扎胰腺导管,破坏能分泌蛋白水解酶的胰腺细胞但又避免破坏胰岛,因而可从完整的胰岛中提取胰岛素。凌晨 2 点,他起床在笔记本上写到:日期,1920 年 10 月 31 日,糖尿病,结扎狗的胰腺导管,让狗继续存活直到腺泡萎缩留下胰岛,再从中分离能够消除尿糖的内分泌物质。对自己的设想跃跃欲试,第二天 Banting 激动地将自己的想法告诉 Western Toronto 大学的 Miller 博士,后者建议他去找 Toronto 大学生理学教授 J. R. Macleod。刚开始,Macleod 对此想法并不感兴趣,因为他了解到 Banting 仅仅是一名刚毕业不久的普通医学学士，学历低，学习成绩平平，没有发表过论文，没有科研经验，没有教学及临床经验，没有经过专门实验技术及科研设计训练，更没有该领域研究进展的知识背景。后来 Banting 又与 Macleod 会面两次，或许是他不懈的坚持，或许是他满腔的热情，或许是一种新的血糖检测方法的出现，Macleod 最终答应为其提供一间旧实验室，并指派两名学生 Charles Herbert Best 和 Edward Clark Noble 作为他的助手。这两名学生已在实验室工作一段时间，有必备的实验技术及血糖检测经验。由于 Banting 只需要一名助手，Macleod 让他们自己决定怎样分配暑期时间来参加实验。这项作为一个学生暑期工作的开始，最终却成为当代医学最激动人心的经历。由谁先来参加实验，这个问题最终用投币的方式决定，Best 赢了，这次投币不仅为他赢得先参加这次实验的机会，也为他赢来终身的荣誉。虽然后来 Noble 按照预定也准备参加实验，但那时 Banting 和 Best 对各自的工作已非常熟悉且相互配合默契，已没有必要让一个“新手”来重新开始。

史无前例的胰岛素发现工作开始于 1921 年 5 月 17 日。Macleod 给予一些技术指导后便去度假。Banting 和 Best 先摘除一条狗的胰腺建立糖尿病狗模型。另一条狗结扎胰腺导管使胰腺腺泡细胞萎缩但胰岛维持完整，然后从胰腺提取“抗糖尿病”提取物并注射到糖尿病狗体内。Banting 做手术，Best 做血糖、尿糖及其他检测。刚开始，实验并不顺利，工作异常艰苦而且没有薪水。Banting 卖掉了他的车，并向他父亲及兄弟借钱以维持实验。在酷热的夏季，几次失败之后，1921 年 7 月 30 日他们终于尝到了甜头，获得了“抗糖尿病”的提取物。将此提取物注射到糖尿病狗身上能使糖尿病狗恢复正常并维持生存。

当 Macleod 度假返回时，他意识到实验的重大意义，开始为 Banting 和 Best 提供技术指导，而且生化学家 J. B. Collip 也加入这支研究队伍。1921 年秋天，Banting、Best 及 Collip 兴奋地为提取、纯化胰岛素工作而忙碌着。在 Collip 的帮助下，他们能够从屠宰场(具有丰富的胰腺来源)牛胰腺中提取较纯的胰岛素。

1922 年 1 月，一个激动人心的时刻来到了，Banting 小组提取的胰岛素正式进入临床实验。进入昏迷状态濒临死亡的 14 岁的 Leonard Thompson 幸运地成为世界上第一个接受胰岛素治疗的糖尿病患者。注射胰岛素后的 Leonard 病情得到明显改善，症状得到控制，关于胰岛素的消息像春风一样传遍世界各地。

有了胰岛素，濒临死亡的糖尿病患者被抢救过来；有了胰岛素，糖尿病患者过着几乎正常的生活，胰岛素创造了奇迹。虽然胰岛素不能治愈糖尿病，但毫无疑问，它是医药领域最伟大的发现之一。

(唐敬兰)

第九章　物质代谢的联系与调节

【教学目标】

第一节　物质代谢的特点

了解：物质代谢的特点。

第二节　物质代谢的相互联系

了解：物质代谢的相互联系；三大营养物质之间通过三羧酸循环相互联系、相互沟通、相互转变。

第三节　体内重点组织器官的代谢特点及联系

了解：组织器官的代谢特点及联系；肝、心、脑、肾脏代谢特点，不同情况时的能量来源。

第四节　代谢调节方式

掌握：细胞水平的代谢调节；酶的亚细胞定位，酶活性调节（变构调节、共价修饰调节）及酶含量调节。

了解：激素水平的代谢调节；两类激素（膜受体激素及胞内受体激素）对细胞代谢的调节；整体调节；饥饿及应激时物质代谢的整体调节。

【考评测试】

一、单项选择题

1. 只通过一个酶或一个多酶复合体催化的一步反应，丙酮酸不能转变为下列哪个化合物　（　　）

A. 丙二酰 CoA　　B. 草酰乙酸　　C. 乳酸
D. 乙酰 CoA　　E. 丙氨酸

2. 一分子丙氨酸脱去氨基后，其 α-酮酸在体内彻底氧化能产生 ATP 的分子数为（　　）

A. 2　　B. 10　　C. 12.5　　D. 20　　E. 30

3. 下列哪个化合物不能转变为葡萄糖　（　　）

A. 丙酰 CoA　　B. 乙酰 CoA　　C. 草酰乙酸
D. 丙酮　　E. α-磷酸甘油

4. 三羧酸循环与尿素循环共有的中间代谢物是　（　　）

A. 精氨酸　　B. 天冬氨酸　　C. 鸟氨酸
D. 延胡索酸　　E. 柠檬酸

5. 下列关于哺乳动物细胞内磷酸二羟丙酮的作用的叙述中，不正确的是 (　　)
A. 作为转移 NADH 进入线粒体穿梭系统的一部分
B. 作为甘油三酯中甘油部分的前体
C. 作为 3-磷酸甘油醛的前体
D. 作为 1,6-二磷酸果糖的前体
E. 作为亮氨酸的前体

6. 哺乳动物肝脏葡萄糖分子中的 6 个碳原子能够组合进入酮体的最多碳原子数为 (　　)
A. 0　B. 2　C. 3　D. 4　E. 6

7. 谷氨酸可直接来自于三羧酸循环中的下列哪个化合物的转变 (　　)
A. 苹果酸　B. 琥珀酸　C. α-酮戊二酸
D. 草酰乙酸　E. 延胡索酸

8. 下列哪种化合物的碳原子用于转变为葡萄糖时，草酰乙酸是必经的中间物质 (　　)
A. 乙酰 CoA　B. 磷酸烯醇式丙酮酸　C. 丙氨酸
D. 糖原　E. 甘油

9. 每克重量的下列化合物氧化提供能量最多的是 (　　)
A. 淀粉　B. 脂肪酸　C. 胆固醇
D. 蛋白质　E. 核酸

10. 晚期消瘦患者体内最不可能发生的是 (　　)
A. 脑组织使用酮体　B. 肝糖原耗竭　C. 肝脏脂肪合成加速
D. 肝脏糖异生　E. 肝脏脂肪酸氧化

11. 不能被蛋白激酶 A 激活的酶为 (　　)
A. 激素敏感脂肪酶　B. 磷酸化酶　C. 果糖-2,6-二磷酸酶
D. 磷酸化酶 b 激酶　E. 糖原合酶

12. 在对一代谢途径进行调控时，最可能被变构效应剂调节的反应为 (　　)
A. 所有反应有着相同的可能性　B. 最后一步反应
C. 最初的关键步骤　D. 最快的反应
E. 平衡常数为 1 的反应

13. 关于变构调节错误的是 (　　)
A. 变构效应剂与酶的调节部位结合
B. 酶的调节亚基位于活性中心外
C. 酶对底物的亲和力因为变构激活剂的存在而降低
D. 常见于反馈抑制调节
E. 常出现“S”动力学特征

14. 变构抑制剂影响变构酶的活性可能是通过下列哪个作用 (　　)
A. 诱导酶的构象改变　B. 促进酶的共价修饰
C. 与酶的活性中心结合　D. 与底物反应
E. 促进酶的脱磷酸化

15. 酶的变构调节需要 (　　)
A. 来自于维生素的辅助因子

B. 金属离子
C. 蛋白水解酶作用下酶由一种形式转变为另一种形式
D. 一种酶的构象改变导致其催化活性的改变
E. 酶促反应的产物作为效应剂与底物竞争酶的活性中心

16. 下列哪项以不可逆方式修饰蛋白质而改变酶的活性 ( )
A. 竞争性抑制 B. 酶原激活 C. 酶蛋白磷酸化
D. 辅酶激活 E. 变构激活

17. 下列关于饥饿时能量及葡萄糖来源的叙述中,错误的是 ( )
A. 骨骼肌释放的丙氨酸在肝脏用于糖异生
B. 脂肪酸氧化为糖异生提供 ATP
C. 脂肪水解释放的甘油在肝脏用于糖异生
D. 脂肪水解产生的脂肪酸在肝脏用于糖异生
E. 大量的脂肪酸分解产物转变为酮体,作为脑、肌肉组织的能量来源

18. 既存在于胞液又存在于线粒体的酶系为 ( )
A. 酵解酶系 B. 尿素合成酶系
C. 胆固醇酶系 D. 糖原合成酶系
E. 脂肪酸合成酶系

19. 关于共价修饰叙述错误的是 ( )
A. 受共价修饰调节的酶一般存在有活性(高活性)和无活性(低活性)两种形式
B. 有活性及无活性两种形式之间可通过共价修饰相互转变
C. 通常有级联放大作用
D. 属于慢速调节
E. 需要酶的参与

20. 酶促化学修饰的主要方式为 ( )
A. 磷酸化与脱磷酸化 B. 乙酰化与脱乙酰化 C. 甲基化与脱甲基化
D. 腺苷化与脱腺苷化 E. 亚基的聚合与解聚

二、多项选择题

1. 不能转变为糖的氨基酸有 ( )
A. 丝氨酸 B. 丙氨酸 C. 亮氨酸
D. 天冬氨酸 E. 赖氨酸

2. 在脂肪组织甘油三酯合成中,葡萄糖代谢主要提供下列哪些化合物 ( )
A. 5-磷酸核糖 B. 乙酰 CoA C. α-甘油磷酸
D. 琥珀酰 CoA E. NADPH

3. 关于三大营养物质代谢,正确的是 ( )
A. 乙酰 CoA 是三大营养物质代谢的共同中间产物
B. 三大营养物质相互转变通过三羧酸循环中间产物而实现
C. 大多数氨基酸都可转变为糖,但糖只能为非必需氨基酸提供碳源
D. 糖、蛋白质都很容易转变为脂肪

E. 脂肪可转变为糖，也可转变为氨基酸

4. 在蛋白激酶催化下通过磷酸化活性降低或失活的酶有　(　　)

A. 磷酸化酶　B. HMG-CoA 还原酶

C. 糖原合酶　D. 丙酮酸脱氢酶复合体

E. 乙酰 CoA 羧化酶

5. 磷酸果糖激酶 1 的变构激活剂包括　(　　)

A. ATP　B. AMP　C. 果糖-2,6-二磷酸

D. 柠檬酸　E. 果糖-1,6-二磷酸

6. 脂肪酸生物合成所需的还原当量直接来自下列哪些酶的作用　(　　)

A. 6-磷酸葡萄糖脱氢酶　B. 苹果酸脱氢酶

C. 苹果酸酶　D. 琥珀酸脱氢酶

E. 异柠檬酸脱氢酶

7. 饥饿时大脑的能量来源包括　(　　)

A. 葡萄糖　B. 脂肪酸　C. 酮体

D. 糖原　E. 蛋白质

8. 机体对物质代谢的调节包括　(　　)

A. 酶的亚细胞定位　B. 酶的化学修饰　C. 酶的变构调节

D. 酶蛋白降解　E. 激素调节

9. 在线粒体进行的代谢途径包括　(　　)

A. 脂肪酸 β-氧化　B. 糖原分解　C. 糖异生

D. 有氧氧化　E. 脂肪酸合成

10. 草酰乙酸转变为葡萄糖，穿出线粒体膜时　(　　)

A. 转变为磷酸甘油　B. 直接穿过线粒体膜　C. 与肉碱反应

D. 转变为天冬氨酸　E. 还原为苹果酸

三、名词解释

1. 变构酶　2. 限速酶　3. 酶的化学修饰

四、简答题

1. 一位处于半昏迷状态的胰岛素依赖型糖尿病患者被送到急诊室。该病人因旅游时不慎丢失了胰岛素，两天后被送到医院。该病人已两天没用胰岛素，由于胰岛素的不足及胰高血糖素的相对过度分泌，估计她血清胰岛素/胰高血糖素比率大大降低。

(1) 下列各组织中不同的代谢途径将会出现什么改变？请简单阐述。

① 肝脏中糖酵解、糖异生、糖原合成及脂肪酸合成。

② 肌肉糖酵解、三羧酸循环及脂肪酸合成。

③ 脂肪组织糖原合成及脂肪酸合成。

(2) 请预测该病人血中下列物质将会出现什么变化，并解释原因。

① 葡萄糖。

② 酮体。

③ 自由脂肪酸。

2. 简述乙酰 CoA 的来源及去路。

3. 一位胰岛素依赖型糖尿病患者通过胰岛素泵持续给予胰岛素，但胰岛素泵出现故障而停止工作。简单解释 24 小时后下列代谢将会出现什么改变，至少包括一个主要的代谢调节部位。

(1) 肌肉糖酵解。

(2) 肝脏脂肪酸合成。

(3) 酮体合成。

4. 三羧酸循环的中间物质与分解代谢及合成代谢均有关，请解释下列现象。

(1) 禁食时，三羧酸循环中间物质草酰乙酸的代谢将会出现什么改变？用一特定反应解释原因。

(2) 长期饥饿引起酮症酸中毒时，哪种代谢中间物质是引起酮症酸中毒的主要因素？

(3) 草酰乙酸含量的改变怎样导致酮症酸中毒？

【科学素养读物】

蛋白质可逆磷酸化调节的发现者

Edmond H. Fischer

Edmond H. Fischer 是出生于中国上海的瑞士裔美国生物化学家，他和他的合作者 Edwin G. Krebs，因为阐明可逆的蛋白质磷酸化作用作为一种生物调节机制以调节细胞内不同的代谢过程而获得 1992 年诺贝尔生理学或医学奖。

1920 年，Edmond H. Fischer 出生于中国上海，7 岁时他与他的两个哥哥被送到瑞士寄宿学校读书。高中时他与他的一个非常要好的同学有一个愿望及约定：他们两人将来一个要成为科学家，另一个要成为医生，因而他们能够一道整治世界万物。高中时 Fischer 被音乐所吸引，他曾考虑成为职业音乐家。高中毕业后，Fischer 想学习微生物学，但被建议学习化学。第二次世界大战期间，Fischer 在 Geneva 大学获得有机化学博士学位。

1950 年，Fischer 来到美国西雅图华盛顿大学做博士后研究。与 Ed. Krebs 一道研究糖原磷酸化酶，他们设计了一系列由激素和钙离子触发的导致该酶激活与灭活的反应，由此发现了蛋白质可逆的磷酸化与脱磷酸化调节以控制细胞内许多代谢过程。

Edwin G. Krebs

Edwin G. Krebs 是美国生物化学家。1918 年，Krebs 出生于美国，他的父亲是长老会会长。1936 年，Krebs 进入 Illinois 大学学习。大学第四年，他徘徊在学习有机化学还是医学之间。由于获得华盛顿大学医学院的奖学金，他选择了后者。

医学院的学习在培养 Krebs 成为临床医生的同时也赋予其医学研究的能力。1943 年毕业，Krebs 进行了为期 18 个月的住院医生训练后作为医官来到海军工作。1946 年，从部队回来，Krebs 不能立即进入临床医院工作，在等待期间，他来到 Carl and Gerty Cori 生化实验室进行博士后研究。两年后，他决定留在生物化学领域。

1948 年，Krebs 作为助教来到华盛顿大学生物化学教研室。五年后，Edmond H. Fischer 来到华盛顿大学和他一起工作。早在 Cori 实验室工作时就已经明确，磷酸化酶存在有活性及无活性两种形式，但控制两种形式转变的机制还不清楚，他们决定一起研究磷酸化酶。实验中他们发现，一种蛋白激酶转移来自 ATP 的磷酸给蛋白质使之磷酸化，磷酸化的蛋白质形状及功能改变并参与许多生物过程。当此生物过程完成后，另一蛋白磷酸酶使蛋白质脱磷酸而恢复原貌，这样一个循环过程控制细胞内许多代谢过程。由于这种对蛋白质可逆磷酸化以调节细胞代谢过程的重要发现，使 Fischer 和 Krebs 获 1992 年诺贝尔生理学或医学奖。

蛋白质可逆磷酸化调节被确定为细胞内一种代谢调节的普遍机制，Fischer 和 Krebs 的研究成果在世界范围内影响越来越大，成为生物技术及基因工程领域的奠基石，为生物化学开辟了新的领域。

（唐敬兰）

第十章　DNA 的生物合成

【教学目标】

第一节　复制的基本规律

掌握：DNA 半保留复制的基本概念。
熟悉：DNA 半保留复制的实验证据。
了解：半保留复制的意义。

第二节　DNA 复制的酶学和拓扑学变化

掌握：DNA 聚合酶；解旋、解链酶类。
熟悉：引物酶和引发体；复制中解链和 DNA 分子的拓扑学变化。
了解：复制化学反应。

第三节　DNA 生物合成过程

掌握：DNA 复制过程；领头链、随从链、冈崎片段的基本概念。
熟悉：复制的起始、复制的延长、复制的终止过程。
了解：滚环复制的机理。

第四节　逆转录和其他复制方式

掌握：逆转录的概念及相关酶。
熟悉：逆转录的过程。
了解：逆转录的意义。

第五节　DNA 的损伤(突变)与修复

掌握：引发突变的因素；DNA 的损伤与修复的种类及其机理。
熟悉：突变分子改变的类型。
了解：突变的意义；SOS 修复。

【考评测试】

一、单项选择题

1. 能使 DNA 解链状态保持稳定的物质是　（　　）
   A. 拓扑异构酶　　B. 引物酶　　C. 单链 DNA 结合蛋白
   D. 解链酶　　E. DNA 聚合酶

2. 当DNA分子损伤来不及修复完善时,采用的修复方式是　(　　)

A. 光修复　B. 碱基切除修复　C. 核苷酸切除修复

D. 重组修复　E. SOS修复

3. DNA复制中的引物是　(　　)

A. 由DNA为模板合成的DNA片段　B. 由DNA为模板合成的RNA片段

C. 由RNA为模板合成的DNA片段　D. 由RNA为模板合成的RNA片段

E. 引物仍存在于复制完成的DNA链中

4. 当DNA分子损伤时,最主要的修复方式是　(　　)

A. 光修复　B. 切除修复　C. 重组修复

D. SOS修复　E. 以上都不是

5. 当DNA分子损伤面较大的紧急状态时,采用的修复方式是　(　　)

A. 光修复　B. 碱基切除修复

C. 核苷酸切除修复　D. 重组修复

E. SOS修复

6. DNA复制时,子链的合成是　(　　)

A. 一条链是5′→3′,另一条链是3′→5′　B. 两条链均为5′→3′

C. 两条链均为连续合成　D. 两条链均为3′→5′

E. 两条链均为不连续合成

7. DNA复制起始过程中,下列酶和蛋白质的作用次序是　(　　)

① DDDP Ⅲ;② SSB;③ 引物酶;④ 解螺旋酶

A. ①,②,③,④　B. ④,②,③,①　C. ③,①,②,④

D. ①,④,③,②　E. ②,③,④,①

8. 冈崎片段产生的原因是　(　　)

A. DNA复制速度太快　B. 双向复制

C. 有RNA引物就有冈崎片段　D. 复制与解链方向不同

E. 复制中DNA有缠绕打结现象

9. 1958年Meselson和Stahl利用^{15}N及^{14}N标记大肠杆菌DNA的实验证明了　(　　)

A. DNA能被复制　B. DNA基因可转录为mRNA

C. DNA基因可表达为蛋白质　D. DNA的半保留复制机制

E. DNA的全保留复制机制

10. DNA复制的原料是　(　　)

A. dATP、dTTP、dGTP、dCTP　B. dADP、dTDP、dGDP、dCDP

C. dAMP、dTMP、dGMP、dCMP　D. ATP、TTP、GTP、CTP

E. ATP、UTP、GTP、CTP

11. 下列关于大肠杆菌DNA聚合酶Ⅰ的叙述中,正确的是　(　　)

A. 具有3′→5′核酸外切酶活性

B. 具有5′→3′核酸内切酶活性

C. 唯一参与大肠杆菌DNA复制的聚合酶

D. dUTP是它的一种作用物

E. 以双股 DNA 为模板

12. 下列关于原核和真核生物 DNA 复制的描述中，不正确的是 （ ）

A. 以复制叉定点复制，通常为双向等速复制

B. 复制方向为 5′→3′

C. 领头链和随从链都是不连续复制

D. 必有冈崎片段，必须切去引物

E. 最后由 DNA 连接酶连接

13. DNA 复制时，以序列 5′-TpApGpAp-3′为模板合成的互补结构是 （ ）

A. 5′-pTpCpTpA-3′ B. 5′-pApTpCpT-3′ C. 5′-pUpCpUpA-3′

D. 5′-pGpCpGpA-3′ E. 3′-pTpCpTpA-5′

14. 在 DNA 复制中，RNA 引物的作用是 （ ）

A. 使 DNA 聚合酶Ⅲ活化 B. 使 DNA 双链解开

C. 提供 5′-末端作为合成新 DNA 链起点 D. 提供 3′-末端作为合成新 DNA 链起点

E. 以上都不是

15. 端粒酶是一种 （ ）

A. DNA 聚合酶 B. RNA 聚合酶 C. DNA 水解酶

D. 逆转录酶 E. DNA 连接酶

16. 下列对大肠杆菌 DNA 聚合酶的叙述中，不正确的是 （ ）

A. DNA pol Ⅰ可分为大小两个片段

B. DNA polⅡ具有 3′→5′的外切酶活性

C. DNA pol Ⅲ在复制链延长中起主要作用

D. DNA pol Ⅲ由 10 个亚基组成

E. 以四种脱氧核苷酸作为底物

17. 下列关于 DNA 复制引发过程的叙述中，错误的是 （ ）

A. 引发过程有引发酶及引发前体参与 B. 引发酶是一种特殊的 RNA 聚合酶

C. 随从链的引发较领头链的引发要简单 D. 引发前体含有多种蛋白质因子

E. 引发前体与引发酶可联合装配成引发体并解离

18. 领头链为连续合成，随从链为不连续合成，这种 DNA 复制方式为 （ ）

A. 全不连续复制 B. 全连续复制 C. 全保留复制

D. 半保留复制 E. 半不连续复制

19. 大肠杆菌对紫外照射形成的损伤所进行的修复是 （ ）

A. 重组修复 B. Uvr AB 修复 C. SOS 修复

D. DNA 甲基化修饰 E. 端粒酶

20. 与 DNA 修复过程缺陷有关的疾病是 （ ）

A. 着色性干皮病 B. 镰刀状红细胞性贫血 C. 卟啉病

D. 痛风 E. 黄疸

21. 参与原核 DNA 复制的酶主要是 （ ）

A. DNA pol α B. DNA pol Ⅰ C. DNA pol γ

D. DNA pol δ E. DNA pol Ⅲ

22. 真核生物染色体中具逆转录作用的是 ( )
A. 逆转录酶 B. 反转录病毒 C. 末端转移酶
D. 端粒酶 E. 噬菌体病毒
23. 下列关于哺乳动物 DNA 复制特点的描述中,错误的是 ( )
A. RNA 引物较小 B. 冈崎片段较小
C. 仅有一个复制起点 D. DNA 聚合酶 α、β、γ 参与
E. 片段连接时,由 ATP 供给能量
24. 核生物 DNA 复制中,催化核内领头链合成的酶是 ( )
A. DNA pol α B. DNA pol β C. DNA pol γ
D. DNA pol δ E. DNA pol ε
25. 使原核 DNA 形成负超螺旋结构的是 ( )
A. DNA pol Ⅰ B. DNA pol Ⅲ C. DNA 拓扑异构酶Ⅰ
D. DNA 拓扑异构酶Ⅱ E. DNA 连接酶
26. 胸腺嘧啶二聚体阻碍 DNA 合成的机制是 ( )
A. DNA 的合成将停止在二聚体处并使合成受阻
B. 使 DNA 聚合酶失活
C. 使两股 DNA 链间形成负超螺旋
D. 使 dNTP 无法进入 DNA 合成链
E. 使 DNA 模板链断裂
27. 下列哪种突变最可能致死 ( )
A. 腺嘌呤替换胸腺嘧啶 B. 胞嘧啶替换鸟嘌呤
C. 甲基胞嘧啶替换胞嘧啶 D. 缺失三个核苷酸
E. 插入一个核苷酸
28. DNA 半保留复制设想的证实,阐明了一个十分重要的生命特征,即 ( )
A. 生长的持续性 B. 发育的阶段性 C. 遗传的稳定性
D. 变异的多样性 E. 代谢的复杂性
29. DNA 复制中冈崎片段最终生成随从链依靠的催化酶是 ( )
A. 拓扑异构酶 B. 单链 DNA 结合蛋白 C. 解螺旋酶
D. DNA 连接酶 E. DNA 聚合酶
30. 生成 DNA 分子损伤与突变的化学因素主要是 ( )
A. 硝酸盐 B. 硫酸盐 C. 磷酸盐
D. 亚硝酸盐 E. 亚硫酸盐
31. DNA 不连续复制中每个冈崎片段 5′-端连接有引物 ( )
A. 1 个 B. 2 个 C. 3 个
D. 多个 E. 不一定
32. 催化逆转录过程的酶主要是 ( )
A. DNA 依赖的 DNA 聚合酶 B. DNA 依赖的 RNA 聚合酶
C. RNA 依赖的 RNA 聚合酶 D. RNA 依赖的 DNA 聚合酶
E. 以上都不对

33. DNA 复制时,随从链中冈崎片段的生成主要靠 ( )
A. 拓扑异构酶 B. 连接酶 C. 解螺旋酶
D. DNA 聚合酶 E. 引物酶

34. 逆转录酶与核酶的发现,使人们推测生命起源、生物进化中最早出现的重要大分子物质是 ( )
A. 蛋白质 B. DNA C. RNA
D. 多糖 E. 以上都不是

35. 紫外线照射引起的突变是 ( )
A. 碱基插入 B. 碱基缺失 C. 形成嘧啶二聚体
D. 基因重组 E. 基因重排

36. 引起地中海贫血的突变类型是 ( )
A. 错配 B. 插入 C. 缺失
D. 重组或重排 E. 以上都不是

37. 着色性干皮病是人类的一种遗传性皮肤病,患者皮肤经阳光照射后易发展为皮肤癌,该病的分子机理是 ( )
A. 细胞膜通透性缺陷引起迅速失水 B. 在阳光下使温度敏感性转移酶失活
C. 因紫外线照射诱导了有毒力的前病毒 D. 细胞不能合成类胡萝卜型化合物
E. DNA 修复系统缺陷

38. 关于 DNA 的半不连续复制,说法错误的是 ( )
A. 领头链的合成是连续的
B. 随从链的合成是不连续的
C. 不连续合成的片段是冈崎片段
D. 领头链和随从链合成中有一半是不连续的
E. 随从链的合成迟于领头链

39. 真核生物 DNA 复制中,催化引物合成的是 ( )
A. DNA pol α B. DNA pol β C. DNA pol γ
D. DNA pol δ E. DNA pol ε

40. 辨认 DNA 复制起始点主要依靠的酶是 ( )
A. DNA 聚合酶 B. DNA 连接酶 C. 引物酶
D. 拓扑异构酶 E. 解链酶

41. 比较真核生物与原核生物的 DNA 复制,关于真核生物 DNA 复制正确的是 ( )
A. 引物长度较长 B. DNA 复制的速度较快
C. 冈崎片段长度较长 D. 有 1 个复制起始点
E. 以上都不对

42. 减少染色体 DNA 端区降解和缩短的方式是 ( )
A. 重组修复 B. 切除修复 C. DNA 甲基化修饰
D. SOS 修复 E. 端粒酶

43. 参与真核线粒体 DNA 合成的酶是 ( )
A. DNA pol α B. DNA pol β C. DNA pol γ

D. DNA pol δ　E. DNA pol ε

44. 参与真核 DNA 合成与链的延长有关的因子是　(　)
A. PCNA　B. SSB　C. DnaB 蛋白
D. RFA　E. CDK

45. 催化相邻 DNA 片段的 5′-磷酸基和 3′-羟基形成磷酸二酯键的酶是　(　)
A. 甲基转移酶　B. 连接酶　C. 引物酶
D. DNA pol Ⅰ　E. 末端转移酶

46. 以 DNA 片段为模板指导合成一小段 RNA，为 DNA 复制提供 3′-OH 的酶是　(　)
A. 甲基转移酶　B. 连接酶　C. 引物酶
D. DNA pol Ⅰ　E. 末端转移酶

47. 参与真核生物线粒体 DNA 复制的酶是　(　)
A. DNA pol α　B. DNA pol Ⅰ　C. DNA pol γ
D. DNA pol δ　E. DNA pol Ⅲ

48. 具有与原核生物 DNA 聚合酶Ⅲ的 β 亚基相同功能和相似构象的是　(　)
A. CDK1　B. CDK3　C. RFA　D. RFC　E. PCNA

49. 下列 DNA 突变类型中又称为点突变的是　(　)
A. 错配　B. 插入　C. 缺失　D. 重组　E. 以上都不对

50. 特异的蛋白酶作用于下列哪种酶能产生 Klenow 片段　(　)
A. DNA pol α　B. DNA pol Ⅰ　C. DNA pol γ
D. DNA pol δ　E. DNA pol Ⅲ

二、多项选择题

1. 能造成 DNA 分子损伤的物理因素有　(　)
A. 紫外线　B. 红外线　C. 可见光
D. 各种放射线　E. 多种电离辐射

2. 逆转录酶可以催化下列哪些反应中以前者作模板合成后者　(　)
A. DNA→DNA　B. DNA→RNA　C. RNA→DNA
D. RNA→RNA、DNA 杂合体　E. RNA→蛋白质

3. 大肠杆菌 DNA 聚合酶Ⅰ的催化活性与作用是　(　)
A. 修复 DNA 分子的变异与损伤
B. 切除 DNA 复制中的 RNA 引物
C. 主要催化 DNA 分子的生物合成
D. 填补切除引物后留下的空隙，合成短段 DNA
E. 在 DNA 分子合成中起校读作用

4. 原核生物和真核生物复制的共同特点是　(　)
A. 半保留复制　B. 高保真复制　C. 半不连续复制
D. 双向复制　E. 不对称复制

5. DNA 分子突变类型包括　(　)
A. 错配　B. 插入　C. 缺失　D. 重排　E. 以上都是

6. 原核生物的 DNA 聚合酶中，除聚合酶活性外既有 5′→3′，又有 3′→5′ 核酸外切酶活性的是 ( )

A. DNA 聚合酶Ⅰ B. DNA 聚合酶Ⅱ C. DNA 聚合酶Ⅲ
D. DNA 聚合酶 α E. DNA 聚合酶 δ

7. 一些逆转录病毒可能造成的疾病及逆转录病毒在实验室中可能被应用于 ( )

A. 艾滋病 B. 肿瘤 C. 感冒
D. 建立 cDNA 文库 E. 逆转录—聚合酶链反应(RT-PCR)

8. DNA 连接酶催化的反应 ( )

A. 在两股单链 DNA 互补碱基间形成氢键生成双螺旋，完成复制过程
B. 使复制中的 RNA 引物与冈崎片段相互聚合
C. 反应需 ATP 供能
D. 使相邻的 DNA 片段间以 3′,5′-磷酸二酯键相连
E. 催化脱氧核苷三磷酸与单链 DNA 的 3′-OH 端以 3′,5′-磷酸二酯键相连

9. 参与复制中解旋、解链的酶和蛋白质有 ( )

A. 解链酶 B. 单链 DNA 结合蛋白 C. DNA 拓扑异构酶
D. 核酸外切酶 E. 核酸内切酶

10. 需要 DNA 连接酶参与的过程包括 ( )

A. DNA 复制 B. DNA 体外重组 C. DNA 损伤修复
D. 逆转录 E. 以上都是

11. DNA 损伤和突变能导致下列哪些疾病发生 ( )

A. 膀胱癌 B. 镰刀状红细胞性贫血 C. 地中海贫血
D. 着色性干皮病 E. 血友病

12. 下列关于 DNA 损伤后切除修复说法正确的是 ( )

A. 修复机制中以切除修复最为重要
B. 切除修复包括有糖基化酶起始作用的修复
C. 切除修复中有以 Uvr ABC 进行的修复
D. 切除修复是对 DNA 损伤部位进行切除，随后进行正确合成的修复
E. 切除修复机制障碍可能导致着色性干皮病

13. 当 DNA 分子损伤时，修复方式包括 ( )

A. 光修复 B. 碱基切除修复 C. 核苷酸切除修复
D. 重组修复 E. SOS 修复

14. 下列能催化 3′,5′-磷酸二酯键生成的酶包括 ( )

A. DNA 聚合酶 B. 拓扑异构酶 C. 逆转录酶
D. DNA 连接酶 E. 引物酶

15. DNA 聚合酶Ⅰ具有的酶活性包括 ( )

A. 5′→3′外切酶活性 B. 3′→5′外切酶活性 C. 5′→3′聚合酶活性
D. 3′→5′聚合酶活性 E. 核酸内切酶活性

16. DNA 复制需要下列哪些成分参与 ( )

A. DNA 模板 B. DNA 指导的 DNA 聚合酶

C. 四种核糖核苷三磷酸　D. RNA引物
E. DNA连接酶

17. 将细菌培养在含有放射性物质的培养液中,使双链都带有标记,然后使之在不含标记物的培养液中生长三代,其结果是　(　　)
A. 第一代细菌的DNA都带有标记　B. 第二代细菌的DNA都带有标记
C. 不出现两股链都带标记的子代细菌　D. 第三代多数细菌的DNA不带有标记
E. 以上都不对

18. 逆转录酶的活性包括　(　　)
A. RNA指导的DNA聚合酶　B. DNA指导的DNA聚合酶
C. RNA酶　D. 引物酶
E. DNA连接酶

19. 端粒与端粒酶的发现,与医学上哪些疾病的发生可能有关　(　　)
A. 机体的发育　B. 细胞的衰老　C. 肿瘤的发生
D. 高血压病的发生　E. 糖尿病的发生

20. 原核生物和真核生物的DNA聚合酶　(　　)
A. 都是以dNTP作为底物　B. 都需要RNA引物
C. 都是沿5′→3′方向延长　D. 都能催化3′,5′-磷酸二酯键的生成
E. 都是多个亚基的聚合体

三、名词解释

1. 半保留复制　2. 领头链　3. 随从链
4. 冈崎片段　5. 半不连续复制　6. Klenow片段
7. 引发体　8. DNA突变

四、简答题

1. 简述DNA生物合成(复制)过程需要的生物分子。
2. 简述DNA损伤修复的类型。

【科学素养读物】

分享诺贝尔生理学和医学奖的师徒

塞韦罗·奥乔亚(Sever Ochoa,1905—1993)和他的学生阿瑟·科恩伯格(Arthur Kornberg,1918—2007)一起进行了大量实验,并因为分别发现了RNA聚合酶(奥乔亚)和DNA聚合酶(科恩伯格)共同分享了1959年诺贝尔生理学或医学奖。

奥乔亚是一位西班牙裔美籍生物化学家,他的父亲是一位律师,他是家中最小的男孩。1921年奥乔亚在马拉加大学完成了本科的学业。1929年,在马德里大学获得了医学学位。奥乔亚对从事临床诊疗工作毫无兴趣,因此一毕业就立即开始了作为研究员的职业生涯,曾先后在西班牙、德国、英国和美国等国家的研究所作研究员。1945年,奥乔亚成为纽约大学

生物化学系的教职员。1956年加入美国国籍成为美国公民。

奥乔亚1930年在欧洲作研究员时就已经开始研究酶化学，1940年在美国定居后更是一直继续他的研究。奥乔亚和科恩伯格用醋酸菌研究ATP的磷酸化时，从细菌中分离得到一种多核苷酸磷酸化酶，随即他们提纯出高纯度的核苷磷酸化酶。1955年，奥乔亚发现多核苷酸磷酸化酶可以利用磷酸核苷酸为作用物，将核苷酸连接成与天然核糖核酸相似的多核苷酸分子(即RNA聚合酶)。1956年，奥乔亚与加利福尼亚大学的一位滤过性病原体学家温德尔·梅雷迪思·斯坦利合作，利用他的发现使用RNA在试管中创造出了一种人造病毒。1959年，奥乔亚又从醋酸菌中提纯精制了以核苷三磷酸为基质的RNA聚合酶，这是生物化学史上核酸分子首次在体外成功合成。通过与其他美国生物化学家合作，奥乔亚帮助破译了RNA中的密码。奥乔亚的研究成果清楚解释了病毒的性质、细胞繁殖、蛋白质合成和生命延续等问题。

科恩伯格1918年3月3日出生于美国纽约。科恩伯格从小就显示出超人的智力。在读中学的时候，连跳两级，进入林肯高中就读后，科恩伯格比其他同学早一年完成学业。1941年，23岁的科恩伯格在罗彻斯特医学院获医学博士学位后又在1960年和1962年获法学博士和科学博士学位。

在医院实习医生期间，科恩伯格利用深夜收集数据、分析数据，研究有时连健康年轻人也会出现的轻度黄疸症，并将研究数据发表在1942年的《临床研究期刊》上。相关成果吸引了美国国立卫生研究院(NIH)院长戴尔博士的注意，他立刻把当时正在海军服役的科恩伯格征调回美国国立卫生研究院生理部营养学分部工作。1947年，他开始组建NIH酶学与新陈代谢分部，并担任主任。1953年至1959年，科恩伯格应聘华盛顿大学医学院微生物学系任教授。1959年，他组建了斯坦福大学医学院生物化学系并一直担任教授职务。

科恩伯格从1953年起就开始实行运用类似他的老师奥乔亚合成RNA时采用的方法，开始在体外试管内进行合成DNA的实验。经过反复实验，他与助手们终于在1956年用实验证明DNA的复制并且从常见于消化道的大肠杆菌中分离并提纯了DNA聚合酶。1956年发表的著名论文《脱氧核糖核酸的酶促合成》是对这个研究过程的集中体现。DNA聚合酶可忠实地复制任何来自微生物、植物或动物的DNA。1957年，他又成功合成了人造DNA分子。科恩伯格合成DNA的成功，使人类首次掌握了遗传物质基础的制造方法，为改变基因、控制生物体的遗传性能，进而为治疗遗传性疾病和癌症开辟了道路。1967年12月14日，科恩伯格和古利亚成为最早在体外合成具有全部感染活性的病毒DNA的科学家。科恩伯格一生中发现了30多种酶，他钟情于酶，在对DNA的研究中写道:"DNA本身是无生命的，它的语言冰冷而威严。真正赋予细胞生命和个性的是酶。它们控制着整个机体，哪怕仅仅一个酶的功能异常都可能致命。"由于一直对酶钟爱有加，他于1989年出了一本自传，名字就叫做《酶之情人：一名生物化学家的探索》。

1974年，奥乔亚从纽约大学退休。1985年他回到了祖国西班牙，并被任命为马德里分子生物研究所的荣誉主任。科恩伯格是美国科学院院士、英国皇家学会会员。半个多世纪以来，他一直活跃于生物化学研究领域，并于1965年当选为美国生物化学学会主席。他们的研究成果对分子遗传学、基因克隆、基因测序、基因诊断以及基因组计划等现代遗传学的各个重大问题都起到了至关重要的作用。

(李春洋)

第十一章　RNA的生物合成

【教学目标】

第一节　原核生物转录的模板和酶

掌握：转录的概念、转录与复制的异同点、转录的模板、有意义链、无意义链、不对称转录的基本概念。

熟悉：DNA 指导的 RNA 聚合酶。

第二节　原核生物的转录过程

掌握：转录起始阶段、转录链的延长、转录链的终止概念。

熟悉：转录起始阶段、转录链的延长、转录链的终止过程。

第三节　真核生物 RNA 的生物合成

掌握：转录起始阶段、转录链的延长、转录链的终止概念。

熟悉：转录起始阶段、转录链的延长、转录链的终止过程。

第四节　真核生物 RNA 的加工

掌握：真核生物 mRNA 的转录后加工，帽子，尾巴，剪接；真核生物 tRNA 的转录后加工，剪切，3′-端加上 CCA—OH，稀有碱基的形成。

熟悉：真核生物 mRNA、rRNA 的转录后加工具体过程。

了解：真核生物 rRNA 的转录后加工。

【考评测试】

一、单项选择题

1. 原核生物 DNA 指导的 RNA 聚合酶由数个亚基组成，其核心酶的组成是　（　　）

A. $\alpha_2\beta\sigma$　　B. $\alpha_2\beta\beta'\sigma$　　C. $\alpha_2\beta'$　　D. $\alpha_2\beta\beta'$　　E. $\alpha_2\beta$

2. DNA 上某段碱基顺序为 5′-ACTAGTCAG-3′，转录后 mRNA 上相应的碱基顺序为　（　　）

A. 5′-TGATCAGTC-3′　　B. 5′-UGAUCAGUC-3′

C. 5′-CUGACUAGU-3′　　D. 5′-CTGACTAGT-3′

E. 5′-CAGCUGACU-3′

3. 催化真核细胞 tRNA 转录的酶是　（　　）

A. RNA 聚合酶Ⅰ　　B. DNA 聚合酶Ⅱ　　C. RNA 聚合酶Ⅲ

D. RNA复制酶　　E. 以上都不是

4. 下列关于DNA指导RNA合成的叙述中，错误的是　（　）

A. 只有在DNA存在时，RNA聚合酶才能催化生成磷酸二酯键

B. 转录过程中RNA聚合酶需要引物

C. RNA链的合成方向是5′→3′

D. 大多数情况下只有一股DNA链作为RNA的模板

E. 合成的RNA链没有环状的

5. 起始细菌基因转录的DNA结合蛋白称为　（　）

A. 增强子　　B. 启动子　　C. 阻遏物

D. σ因子　　E. ρ因子

6. DNA双链中，指导合成RNA的那条链称作　（　）

A. 编码链　　B. 非编码链　　C. 模板链

D. 非模板链　　E. 以上都不是

7. 以下关于转录终止子的叙述，正确的是　（　）

A. 由终止因子RF参与完成终止

B. DNA链上的终止信号含GC富集区和AA富集区

C. 终止信号含GC富集区和AT富集区

D. 终止信号需ρ因子辅助识别

E. 终止信号需σ因子辅助识别

8. 以下对mRNA的转录后加工的描述，错误的是　（　）

A. mRNA前体需在5′-端加m7GpppNmp的帽子

B. mRNA前体需进行剪接作用

C. mRNA前体需在3′-端加多聚U的尾

D. mRNA前体需进行甲基化修饰

E. 某些mRNA前体需要进行编辑加工

9. 原核生物mRNA转录后需要加工过程的是　（　）

A. 5′-端加帽子　　B. 3′-端加尾　　C. 剪接

D. RNA编辑　　E. 无加工过程

10. 以下反应属于RNA编辑的是　（　）

A. 转录后碱基的甲基化

B. 转录后产物的剪接

C. 转录后产物的剪切

D. 转录产物中核苷酸残基的插入、删除和取代

E. 以上都不对

11. 下列关于启动子的描述正确的是　（　）

A. mRNA开始被翻译的那段DNA序列

B. 开始转录生成mRNA的那段DNA序列

C. RNA聚合酶最初与DNA结合的那段DNA序列

D. 阻遏蛋白结合的DNA部位

E. 调节基因结合的部位

12. ρ因子的功能是 ( )

A. 于启动区域处结合阻遏物　B. 增加 RNA 合成速率
C. 释放结合在启动子上的 RNA 聚合酶　D. 参与转录的终止过程
E. 允许特定转录的启动过程

13. RNA 病毒含有的酶是 ( )

A. 逆转录酶　B. 端粒酶　C. 末端转移酶
D. RNA 聚合酶　E. DNA 连接酶

14. RNA 生物合成时所需要的原料是 ( )

A. dNTP　B. NTP　C. dNDP
D. NDP　E. 以上都不对

15. 四膜虫的 rRNA 前体具有催化活性,又称作 ( )

A. 核酶　B. RNA 酶Ⅲ　C. 甲基转移酶
D. 逆转录酶　E. 核苷酸基转移酶

16. tRNA 的转录后加工是指 ( )

A. 切除部分 RNA 片段　B. 3′-末端加—CCA
C. 3′-末端加 poly A 尾　D. 5′-末端糖基化
E. 30S 的 tRNA 经 RNA 酶Ⅲ催化切开

17. 下列关于σ因子的描述,正确的是 ( )

A. RNA 聚合酶的亚基,负责识别 DNA 模板上转录 RNA 的特殊起始点
B. DNA 聚合酶的亚基,能沿 5′→3′及 3′→5′方向双向合成
C. 核糖体 50S 亚基,催化肽键形成
D. 核糖体 30S 亚基,与 mRNA 结合
E. 它是 50S 和 30S 亚基组成 70S 核蛋白体的桥梁

18. 某 DNA 片段,它的顺序为 3′-ATTCAG-5′,则生成的 RNA 序列是 ( )

A. 5′-GACUUA-3′　B. 5′-AUUCAG-3′　C. 5′-UAAGUC-3′
D. 5′-CTGAAT-3′　E. 5′-ATTCAG-3′

19. 原核生物 RNA 聚合酶中促进磷酸二酯键生成的亚基是 ( )

A. RNA 聚合酶α亚基　B. RNA 聚合酶β亚基　C. RNA 聚合酶β′亚基
D. RNA 聚合酶σ亚基　E. 以上都不是

20. 真核生物 RNA 聚合酶Ⅱ在核内转录的产物是 ( )

A. hnRNA　B. 线粒体 RNA
C. U6snRNA 前体、5S-rRNA 前体　D. 5.8S、28S-rRNA 前体
E. S-rRNA

21. 有关 hnRNA 的剪接说法不正确的是 ( )

A. 切除内含子,连接外显子　B. 剪接过程是二次转酯反应
C. 外显子与剪接体连接,形成套索 RNA　D. 剪接体结合内含子的边界序列
E. 剪接体由小分子核糖核蛋白组成

22. RNA 聚合酶全酶识别启动子的位置在 ( )

A. 转录起始点上游　B. 转录起始点下游　C. 结构基因转录区内
D. 不能转录的间隔区内　E. 以上都不对

23. 外显子是指　(　　)
A. 不被翻译的编码序列　B. 不被转录的编码序列
C. 被翻译的编码序列　D. 被转录的编码序列
E. 被转录的非编码序列

24. 内含子是指　(　　)
A. 不被翻译的编码序列　B. 不被转录的编码序列
C. 被翻译的编码序列　D. 被转录的编码序列
E. 被转录的非编码序列

25. 转录过程需要的酶是　(　　)
A. DDDP　B. DDRP　C. RDRP
D. RDDP　E. 以上都不是

26. 对原核生物启动子的叙述正确的是　(　　)
A. DNA 聚合酶辨认结合的区域　B. 位于转录起始点下游
C. 含有 Hogness 盒　D. 为 40～60 碱基对的 RNA 片段
E. －10 区有共同的 TATAAT 序列

27. RNA 的生物合成包括哪三个阶段　(　　)
A. 起始、延长和终止　B. 先形成引发体,再进行链的延长,直至终止
C. 进位、成肽和转位　D. 剪接、修饰和终止
E. 注册、转位和转肽

28. RNA 聚合酶中与模板结合的亚基是　(　　)
A. RNA 聚合酶 α 亚基　B. RNA 聚合酶 β 亚基
C. RNA 聚合酶 β' 亚基　D. RNA 聚合酶 σ 亚基
E. 以上都不是

29. Pribnow 盒是指　(　　)
A. AAUAAA　B. TAAGGC　C. TATAAT
D. TTGACA　E. AATAAA

30. 参与 RNA 聚合酶Ⅱ转录的转录因子中,能结合 TATA 盒的是　(　　)
A. TFⅡA　B. TFⅡB　C. TFⅡD
D. TFⅡE　E. TFⅡF

31. TFⅡA 的功能是　(　　)
A. 稳定 TFⅡD 的结合　B. ATP 酶的活性　C. 促进 RNApolⅡ的结合
D. 辨认 TATA 盒　E. 解螺旋酶的活性

32. AATAAA 核苷酸序列是　(　　)
A. 限制性内切酶的识别序列　B. 原核生物启动子的辨认序列
C. 真核生物转录加尾修饰点　D. 两个连续的密码,其中一个是终止密码
E. Pribnow 盒

33. 下列哪种碱基配对最不稳定　(　　)

A. rG/dC　　B. dA/rU　　C. rA/dT
D. A/T　　E. G/C

34. 抗结核药物利福平能特异地结合抑制　(　　)
A. RNA 聚合酶Ⅰ　　B. RNA 聚合酶Ⅱ　　C. RNA 聚合酶Ⅲ
D. RNA 聚合酶 α 亚基　　E. RNA 聚合酶 β 亚基

35. 真核生物 mRNA 转录终止　(　　)
A. 需要 Rho 因子　　B. 需要形成锤头形状　　C. 需要释放因子 RR
D. 与加尾修饰同时进行　　E. 需要信号肽

36. 45S-rRNA 是　(　　)
A. 核糖体大亚基的 rRNA　　B. 核糖体小亚基的 rRNA
C. 除 5S-rRNA 外其余 rRNA 的前身　　D. 除 5.8S-rRNA 外其余 rRNA 的前身
E. 由不同转录产物拼接而成

37. 原核生物 RNA 聚合酶 σ 亚基在转录延长时　(　　)
A. 随全酶在模板上移动
B. 作为终止因子在转录终止时再起作用
C. 在转录延长时构象发生改变
D. 转录延长时脱落
E. 较松弛地结合在模板上

38. 在电子显微镜下观察到原核生物转录过程的羽毛状图形,说明　(　　)
A. 模板一直打开形成单链
B. 转录产物 RNA 与模板 DNA 形成很长的杂化双链
C. 可见复制叉
D. 多聚核糖体生成必须在转录完成后才出现
E. 转录未终止即开始翻译

39. 比较转录与复制的过程,下列叙述正确的是　(　　)
A. 原料都是 dNTP　　B. 都在细胞核内进行
C. 合成产物均需剪接加工　　D. 与模板链的碱基配对均为 A-T
E. 合成开始均需要引物

40. 下列关于真核细胞核蛋白体的描述中,错误的是　(　　)
A. 由 4 种不同的 rRNA 分子及 70～80 种蛋白质组成
B. rRNA 约占总量的 65%
C. 核蛋白体分大小亚基,小亚基中有 18S-rRNA,大亚基中有 28S、5.8S 及 5S-rRNA
D. 5.8S-rRNA 来自独立的转录系统
E. 转录生成的 45S 前体经加工过程生成三种 rRNA

二、多项选择题

1. 转录过程需要下列哪些成分参与　(　　)
A. dNTP　　B. RNA 指导的 DNA 聚合酶

C. DNA 指导的 RNA 聚合酶　D. DNA 模板
E. Mg^{2+}

2. 真核细胞 RNA 聚合酶的特点是　(　　)
A. 有 3 类聚合酶,合成各不相同的 RNA　B. 反应方向为 5′→3′
C. 不同的酶对 α-鹅膏蕈碱的敏感性不同　D. 需 Mg^{2+} 存在
E. 需要引物

3. tRNA 的前体加工包括　(　　)
A. 剪切 5′和 3′-末端的多余核苷酸　B. 去除内含子
C. 3′-末端加—CCA　D. 碱基修饰
E. 尿嘧啶核苷→假尿嘧啶核苷

4. 真核生物 mRNA 的特点为　(　　)
A. 转录后需要加工　B. 单顺反子　C. 有帽子结构
D. 有 poly A 尾　E. 在细胞核内合成

5. 原核生物转录的终止涉及　(　　)
A. ρ 因子　B. RNA 聚合酶识别 DNA 上的终止信号
C. 在 DNA 模板上有终止信号　D. σ 因子识别 DNA 的终止信号
E. DNA 聚合酶

6. 原核细胞 RNA 聚合酶的抑制剂是　(　　)
A. 四环素　B. 青霉素　C. 放线菌素 D
D. 利福霉素　E. 红霉素

7. tRNA 能够辨认下列哪些分子的特异结构　(　　)
A. mRNA 的密码子　B. TATA 盒　C. 转录因子
D. 氨基酸　E. 启动子

8. 在 HbS(镰刀状红细胞性贫血)患者体内,会出现异常核酸的是　(　　)
A. hnRNA　B. mRNA　C. DNA
D. rRNA　E. snRNA

9. DNA 是双链,转录中与 mRNA 互补的一条链是　(　　)
A. 编码链　B. 有意义链　C. 模板链
D. Crick 链　E. Watson 链

10. 下列和转录终止相关的是　(　　)
A. 茎环结构　B. mRNA 的帽子结构　C. Rho 因子
D. mRNA 的加尾修饰　E. 终止密码 UAA、UGA、UAG

11. 真核生物 RNA 聚合酶 Ⅰ 催化合成下列哪些 RNA　(　　)
A. 5S-rRNA　B. 5. 8S-rRNA　C. 18S-rRNA
D. 28S-rRNA　E. 23S-rRNA

12. 原核生物 DNA 指导的 RNA 聚合酶由数个亚基组成,其中参与转录全过程的是　(　　)
A. α 亚基　B. β 亚基　C. β′亚基
D. σ 亚基　E. 以上均是

13. 关于Rho因子，下列叙述正确的是　(　　)
A. 由相同亚基组成的六聚体蛋白质　B. 对poly C的结合力最强
C. 对poly dC/dG的结合力较弱　D. 具有ATP酶活性
E. 具有解螺旋酶活性
14. 顺式作用元件包括　(　　)
A. 启动子　B. 增强子　C. TATA盒
D. 转录因子　E. GC盒
15. 参与RNA聚合酶Ⅱ转录的转录因子中，TFⅡH具有哪些活性　(　　)
A. 解旋酶　B. 解链酶　C. 激酶
D. ATP酶　E. 聚合酶
16. 下列有关依赖因子转录终止的描述中，正确的是　(　　)
A. 与RNA分子中poly C的结合能力最强
B. 有GTP酶活性
C. 有解螺旋酶活性
D. 因子与转录产物结合后构象改变
E. 因子与转录产物结合后RNA聚合酶构象改变
17. 有关启动子的描述不正确的是　(　　)
A. mRNA开始被翻译的那段DNA序列
B. 开始转录mRNA的那段DNA序列
C. RNA聚合酶开始与DNA结合的那段DNA序列
D. 阻抑蛋白结合的那段DNA序列
E. DNA聚合酶开始与DNA结合的那段DNA序列
18. 在电子显微镜下原核生物的转录现象呈羽毛状图形，说明　(　　)
A. 在同一模板链上，有多个转录同时进行
B. 转录产物与模板形成很长的杂化双链
C. 越靠近模板的5′-端，转录产物越短
D. 越靠近模板的3′-端，转录产物越长
E. 转录未终止，翻译已经开始进行
19. 原核生物转录起始复合物包括　(　　)
A. RNA聚合酶全酶　B. DNA模板链　C. RNA聚合酶核心酶
D. 转录产物RNA链　E. pppGpN—OH 3′
20. 复制和转录的共同点是　(　　)
A. 都是酶促的核苷酸聚合过程　B. 都以DNA链作为模板
C. 都需要依赖DNA的聚合酶　D. 聚合过程都形成磷酸二酯键
E. 都遵循碱基配对规律

三、名词解释

1. 不对称转录　2. 模板链　3. 编码链
4. 羧基末端结构域　5. 顺式作用元件　6. 反式作用因子

7. 杂化核 RNA(hnRNA)　　8. 外显子　　9. 内含子
10. 剪接

四、简答题

1. 简述复制与转录的不同点。
2. 简述真核生物 RNA 聚合酶的分类及其转录产物。
3. 简述真核生物 mRNA 的转录后加工。

【科学素养读物】

夏普、罗伯茨与断裂基因

自 1933 年起，全世界的生物学家，甚至整个科学界，每年夏季都会不由自主地将目光聚焦在美国纽约长岛北岸的冷泉港。冷泉港是一处著名的避暑胜地，同时也是世界定量生物学会议的举办地。在一年一度的世界定量生物学会议上，众多来自全美乃至全世界的生物学家会将他们的研究论文发表，并对此展开广泛的讨论，其中不乏一些后来获得诺贝尔生理学或医学奖、诺贝尔化学奖得主。例如，比德尔的"一基因一酶"假说、沃森和克里克的 DNA 双螺旋结构模型、麦克林托克的"可移动遗传因子"等，其正式研究论文都是首先在冷泉港定量生物学讨论会上报告的。

1977 年注定又是一个不同凡响的年份，在这一年的冷泉港定量生物学会议上，菲利·夏普(Philli Sharp)、瑞查德·罗伯茨(Richard Roberts)分别发表了两项关于腺病毒 2 基因组的研究报告。罗伯茨领导的研究小组和夏普领导的研究小组通过各自独立的研究，提出"基因的编码序列在 DNA 分子上是不连续的"，也就是后来的"断裂基因"学说。

随着分子生物学研究的不断发展，到 20 世纪 70 年代末期，关于生物体基因表达的方式已经基本研究清楚了。虽然在 1976 年大肠杆菌 MS_2 噬菌体(一种 RNA 噬菌体)以及 1977 年大肠杆菌 ΦX174 噬菌体(一种 DNA 噬菌体)的全核苷酸序列测定的结果表明这两种噬菌体各个基因之间在核酸分子上可能有不编码的间隔序列，但是对于"生物体基因的转录产物——mRNA，是一种自 5′-端到 3′-端连续不断的线性分子，而且 mRNA 是从 DNA 分子上相应的一段连续不断的序列转录下来的"这个观点，却几乎没有任何人表示过丝毫的怀疑。

罗伯茨领导的研究小组对于"断裂基因"的发现有一些偶然，是在研究腺病毒 2 各个基因在病毒 DNA 上的起止点位置时发现的。罗伯茨研究小组和夏普研究小组选择的研究对象——腺病毒 2 是一种感染人呼吸系统细胞的病毒。当时生物学家们对病毒感染真核细胞的过程已经基本清楚，腺病毒 2 这类 DNA 病毒感染真核细胞后，在病毒 DNA 复制之前，就已经开始利用真核细胞的转录系统开始其 mRNA 的转录，这部分转录产物被称为早期 mRNA，同时把在病毒 DNA 复制之后的转录产物称为晚期 mRNA。罗伯茨小组的研究人员先用特定的限制性核酸内切酶把腺病毒 2 基因组 DNA 切割成一定长度和一定序列的"限制性片段"，然后以早期 mRNA 和晚期 mRNA 分别同这些限制性片段作 DNA-RNA 分子杂交，试图通过这种方法来测定各个 mRNA 分子，也就是各个基因在病毒 DNA 上的起止点。然而，令他们没有想到的是：腺病毒 2 的晚期 mRNA 的 5′-端竟能与两个不相邻的限制性片段杂交。这似乎说明腺病毒2晚期基因的转录产物即晚期mRNA是自5′-端到3′-端连续不断的分子，是从DNA上不相连续的片段转录下来的。也就是说，基因内部与基因之间一样也有间隔序列，基因的编码序列是被不编码的间隔序列隔成一段一段的。夏普小组的研究报告与罗伯茨小组的研究报告类似。后来把具有这种结构特色的基因称为断裂基因。

罗伯茨小组和夏普小组的研究报告一经发表，即震惊了整个冷泉港，在全世界的生物化学与分子生物学领域引起了巨大的反响。病毒的基因是断裂基因，病毒感染真核细胞后，其基本的生命过程即病毒基因组的复制、转录、翻译都是利用宿主细胞即真核细胞的酶系，那么，真核基因会不会也是断裂基因呢？法国斯特拉斯堡的全国科学研究中心真核生物分子遗传学研究室主任香邦教授和博士后布雷思纳克很快证实卵清蛋白基因也是断裂基因。1977年下半年到1978年初，其他一些实验室也接连报告了一批真核基因是断裂基因，包括兔β珠蛋白基因、小鼠免疫球蛋白基因、酵母tRNA基因、果蝇rRNA基因，等等。随着断裂基因的报告越来越多，最终使人们认识到断裂基因是真核基因普遍的特征性结构。以人类为例，迄今已查清的人基因中，除干扰素基因等极个别的例外，全部都是断裂基因。断裂基因中的编码序列，即出现于mRNA中的相应DNA序列，称为外显子；断裂基因中的间插序列，即不出现于mRNA中的相应DNA序列，称为内含子。

1993年，罗伯茨和夏普因发现断裂基因而共同获得诺贝尔生理学或医学奖。香邦与布雷思纳克仅仅是因为没有能够解释所发现的事实，所以虽然发现的时间比罗伯茨和夏普早几个月却与诺贝尔奖失之交臂。香邦与布雷思纳克在断裂基因的发现和深入研究所作出的贡献是巨大的。在证实真核生物基因也是断裂基因后，香邦和布雷思纳克研究了“如何确保断裂基因的剪接的精确性”。通过分析当时已发现的90个内含子，他们发现每个内含子转录物都是从GU(DNA上为GT)开始，以AG结束，无一例外，从而提出了香邦—布雷思纳克法则，即“GT—AG”法则。

（李春洋）

第十二章　蛋白质的生物合成

【教学目标】

第一节　蛋白质生物合成体系

掌握：翻译的概念；mRNA 的功能；遗传密码的概念；核蛋白体是肽链合成的“装配机”，tRNA 是氨基酸的“搬运工具”。

熟悉：mRNA 与遗传密码的关系、特点；tRNA 三叶草结构、氨基酸臂、反密码环的功能；氨基酸的活化和转运。

了解：两类核蛋白体的分布、功能；大小亚基的功能；给位、受位；氨酰-tRNA 合成及其酶的性质、功能、催化的机理。

第二节　氨基酸的活化

熟悉：氨基酸的活化和转运；真核生物起始氨基酰-tRNA。

了解：二氨基酰-tRNA 合成及其酶的性质、功能、催化的机理。

第三节　肽链的生物合成过程

掌握：原核生物肽链合成的起始、延长、终止的基本概念。

熟悉：原核生物肽链合成过程中的进位、转肽、脱落、移位、肽链延伸方向、终止信号、终止因子、大小亚基分离、核蛋白体循环、多聚核蛋白体循环。

了解：原核细胞起始复合物的形成；真核细胞起始复合物的形成；肽链合成消耗的 ATP 数。

第四节　蛋白质翻译后修饰和靶向运输

掌握：一级结构的修饰、高级结构的修饰。

熟悉：去除 N-端的蛋氨酸、侧链修饰，水解修剪；二硫键的形成、连接辅基、亚基聚合。

了解：个别特殊修饰。

第五节　蛋白质生物合成的干扰和抑制

掌握：抗生素对蛋白质生物合成的抑制作用机理。

熟悉：干扰蛋白质生物合成的生物活性物质机理。

了解：具体抗生素、干扰蛋白质的作用过程。

【考评测试】

一、单项选择题

1. 翻译的模板是 ( )
   A. 28S-rRNA B. 23S-rRNA C. mRNA
   D. hnRNA E. tRNA
2. 氨基酸的一个密码子含有________核苷酸 ( )
   A. 5 个 B. 4 个 C. 3 个 D. 2 个 E. 1 个
3. 三联体密码适合于 ( )
   A. 动物界 B. 植物界 C. 生物界
   D. 微生物 E. 人类
4. 蛋白质合成的起始密码是 ( )
   A. AUA B. AUG C. AGU D. UAG E. UGA
5. 甲硫氨酸的密码子是 ( )
   A. AUG B. GUA C. UAA D. UAG E. UGA
6. 遗传密码的摆动性是指 ( )
   A. 一种氨基酸可以有几种密码子
   B. 密码子的第 1 个碱基与反密码子的第 3 个碱基不严格配对
   C. 一种密码可以代表不同的氨基酸
   D. 密码与反密码可以任意配对
   E. 密码子的第 3 个碱基与反密码子的第 1 个碱基不严格配对
7. 遗传密码的简并性是指 ( )
   A. 一种密码可编码多种氨基酸
   B. 三联体密码可多一个或少一个碱基
   C. 多种密码子编码一种氨基酸
   D. 一种密码只能编码一种氨基酸
   E. 一种氨基酸只能由一种密码子编码
8. 下列哪一种物质不参与蛋白质的合成 ( )
   A. hnRNA B. mRNA C. tRNA
   D. 核糖体 E. 氨酰-tRNA 合成酶
9. 蛋白质生物合成中多肽的氨基酸排列顺序取决于 ( )
   A. 相应 tRNA 的专一性 B. 相应氨酰-tRNA 合成酶的专一性
   C. 相应 mRNA 中核苷酸排列顺序 D. 相应 tRNA 上的反密码子
   E. 相应 hnRNA 中核苷酸顺序
10. 生物体编码 20 种氨基酸的密码子个数是 ( )
    A. 20 B. 24 C. 34 D. 61 E. 64
11. 下列哪种物质不直接参与蛋白质的生物合成过程 ( )
    A. mRNA B. Mg^{2+} C. GTP D. ATP E. CTP

12. AUG 三联密码一定是 （ ）
A. 蛋白质合成的终止信号 B. 线粒体蛋白质合成启动信号
C. 启动 tRNA 的反密码 D. 编码蛋氨酸或甲酰蛋氨酸
E. 蛋白质合成的启动信号

13. 终止密码子 5′-端的第一个核苷酸是 （ ）
A. U B. G C. C D. T E. A

14. tRNA 分子中与氨基酸结合的部位是 （ ）
A. 反密码环 B. 3′-末端的 CCA—OH C. DHU 环
D. TψC 环 E. 稀有碱基密集部

15. 反密码子是指 （ ）
A. DNA 中的遗传信息 B. tRNA 中的某些部分
C. mRNA 中的某些部分 D. rRNA 中的某些部分
E. 密码子的相应氨基酸

16. 密码 AUG 的对应反密码子是 （ ）
A. TAC B. UAC C. ATG D. CAT E. CAU

17. 氨基酸活化的特异性取决于 （ ）
A. mRNA B. tRNA C. 转肽酶
D. 核蛋白体 E. 氨酰-tRNA 合成酶

18. 氨酰-tRNA 合成酶的特点是 （ ）
A. 仅对氨基酸有特异性 B. 仅对 tRNA 有特异性
C. 对氨基酸和 tRNA 都有特异性 D. 对 GTP 有特异性
E. 对 ATP 有特异性

19. tRNA 与氨基酸相连的核苷酸是 （ ）
A. U B. T C. G D. C E. A

20. 参与蛋白质合成的氨基酸必须活化，其活化部位是 （ ）
A. α-羧基 B. α-氨基 C. α-羧基与 α-氨基同时活化
D. 其他基团 E. 整个分子

21. 氨基酸活化需要消耗 （ ）
A. 1 个 ATP B. 2 个 ATP C. 3 个 ATP
D. 4 个 ATP E. 5 个 ATP

22. 氨基酸是通过下列哪种化学键与 tRNA 结合的 （ ）
A. 糖苷键 B. 酯键 C. 酰胺键
D. 磷酸酯键 E. 二硫键

23. 在原核细胞中，使核糖体大小亚基分离的起始因子是 （ ）
A. IF-1 B. IF-2 C. IF-3
D. eIF-1 E. eIF-2

24. 在原核生物的翻译过程中，SD 序列决定 （ ）
A. 翻译的起始 B. 大亚基识别 mRNA
C. 多肽链的合成方向 D. 翻译的终止

E. 小亚基识别 mRNA

25. Met-tRNA 与 40S 小亚基结合需要　(　　)

A. eIF-1　B. eIF-2　C. eIF-3

D. eIF-4　E. eIF-5

26. 大肠杆菌中多肽链合成时，其氨基末端都是下列哪个氨基酸残基　(　　)

A. 甲硫氨酸　B. 丝氨酸　C. N-甲酰甲硫氨酸

D. N-甲酰丝氨酸　E. 谷氨酸

27. 肽链延长阶段分别由下列哪三个步骤组成　(　　)

A. 进位—转肽—移位　B. 进位—移位—转肽　C. 转肽—进位—移位

D. 移位—进位—转肽　E. 转肽—移位—进位

28. 核糖体循环是指　(　　)

A. 翻译过程的起始阶段　B. 48S 起始复合物形成阶段

C. 翻译过程的肽链延长阶段　D. 80S 复合物的解聚阶段

E. 翻译过程的终止阶段

29. 原核生物蛋白质生物合成中肽链延长所需的能量来源于　(　　)

A. ATP　B. GTP　C. TTP　D. UTP　E. CTP

30. 下列何种物质不直接参与多肽链的延长　(　　)

A. 转肽酶　B. GTP　C. EF-Tu

D. ATP　E. mRNA

31. 蛋白质生物合成时转肽酶活性存在于　(　　)

A. EF-Tu　B. EF-G　C. IF-3

D. 核蛋白体大亚基　E. 核蛋白体小亚基

32. 转肽酶的作用是　(　　)

A. 促进“P”位上肽酰-tRNA 中的肽酰基转移至“A”位

B. 促使“A”位上的氨酰-tRNA 的氨酰基转移至“P”位

C. 使胞液中的游离氨基酸形成肽链

D. 水解肽键

E. 连接两条多肽链

33. 蛋白质生物合成时，每增加一个氨基酸残基，就要消耗　(　　)

A. 2 个 ATP　B. 3 个 ATP　C. 4 个 ATP

D. 5 个 ATP　E. 6 个 ATP

34. 下列加工过程不属于翻译后一级结构修饰的是　(　　)

A. 去除 N-末端甲酰基或 N-蛋氨酸　B. 内含肽的切除

C. 氨基酸的甲酰化和乙酰化修饰　D. 蛋白质折叠

E. 多蛋白的水解加工

35. 哺乳动物细胞中蛋白质合成的主要部位是　(　　)

A. 细胞核　B. 核仁　C. 溶酶体

D. 高尔基复合体　E. 粗面内质网

36. 能出现在蛋白质分子中的下列氨基酸，没有遗传密码的是　(　　)

A. 酪氨酸　B. 苯丙氨酸　C. 异亮氨酸
D. 羟脯氨酸　E. 亮氨酸

37. 关于信号肽的描述不正确的是 (　　)
A. 通常位于分泌蛋白的氨基端　B. 其羧基端多为小分子氨基酸
C. 氨基末端常为蛋氨酸　D. 可引导分泌蛋白连接到内质网
E. 信号肽中间含有较多亲水氨基酸

38. 信号肽的作用是 (　　)
A. 保护 N-端的蛋氨酸残基　B. 保护蛋白质不被水解
C. 维持蛋白质的空间构象　D. 引导多肽链靶向输送
E. 传递蛋白质之间的信息

39. 可识别分泌蛋白新生肽链 N-端的物质是 (　　)
A. 转肽酶　B. 信号肽识别颗粒　C. GTP 酶
D. RNA 酶　E. mRNA 的 poly A 尾

40. 白喉毒素抑制真核细胞翻译的机制是 (　　)
A. 促进 eEF-2 水解
B. 使 eEF-2 与 ATP 反应,进行磷酸化修饰
C. 使 eEF-2 与 NAD^+ 反应,生成 eEF-2 腺苷二磷酸核糖
D. 使磷酸化的 eEF-2 去磷酸
E. 抑制 eEF-2 与 GTP 结合

41. 干扰素能抑制蛋白质的合成,这是因为 (　　)
A. 促进 eIF-2 水解
B. 使 eIF-2 与 ATP 反应,进行磷酸化修饰
C. 使 eIF-2 与 NAD^+ 反应,生成 eIF-2 腺苷二磷酸核糖
D. 使磷酸化的 eIF-2 去磷酸
E. 抑制 eIF-2 与 GTP 结合

42. 真核生物中蛋白质生物合成的特异抑制剂是 (　　)
A. 嘌呤霉素　B. 氯霉素　C. 利福霉素
D. 红霉素　E. 四环素

二、多项选择题

1. 与蛋白质生物合成有关的酶有 (　　)
A. 氨酰-tRNA 合成酶　B. 转位酶　C. 转肽酶
D. 转氨酶　E. 羧化酶

2. 下列有关遗传密码的叙述中,正确的是 (　　)
A. 20 种氨基酸共有 64 个密码子　B. 碱基缺失、插入可致框移突变
C. AUG 是起始密码　D. UGG 是终止密码
E. 一个氨基酸可有多达 6 个密码子

3. 关于遗传密码叙述正确的是 (　　)
A. 低等生物和人类共用一套密码

B. 不编码任何氨基酸的密码子有 4 个
C. 密码和反密码辨认时不严格的配对称为简并性
D. UAA、UAG、UGA 是终止密码
C. 点突变(错配)可引起框移突变

4. 下列哪些成分是原核生物翻译起始阶段所需要的　(　　)
A. 甲酰蛋氨酸-tRNA　B. 40S 亚基和 60S 亚基
C. 起始因子(IF-1,IF-2 和 IF-3)　D. GTP
E. RF

5. 原核生物中,蛋白质合成起始因子 IF-2 的特点是　(　　)
A. 有 GTP 酶活性　B. 促进核蛋白体小亚基与 mRNA 结合
C. 促进核蛋白体小亚基与 tRNA 结合　D. 促进核蛋白体大、小亚基解离
E. 促进肽链合成的终止

6. 蛋白质生物合成的肽链延长阶段需要　(　　)
A. GTP　B. 转肽酶　C. 甲酰蛋氨酸-tRNA
D. EF-Tu　E. mRNA

7. 翻译的终止阶段包括　(　　)
A. ATP 水解　B. 核蛋白体大、小亚基解离
C. 转肽酶出现酯酶活性　D. "A 位"出现终止信号
E. GTP 水解

8. 转肽酶的功能有　(　　)
A. 识别密码子　B. 水解肽酰-tRNA,释放肽链
C. 识别起始信号　D. 催化肽键的形成
E. 识别终止信号

9. 肽链中每延长一个氨基酸需要经过下列哪些代谢步骤　(　　)
A. 进位　B. 转肽　C. 移位
D. 氨基酸活化与转运　E. 起始

10. 原核细胞中的蛋白质合成特点是　(　　)
A. 边转录边翻译　B. mRNA 5′-端有帽子结构
C. 有三种释放因子　D. 起始 tRNA 为 fMet-tRNA
E. 核糖体为 80S

11. 翻译过程需要消耗能量(ATP 或 GTP)的反应有　(　　)
A. 氨基酸和 tRNA 结合　B. 氨酰-tRNA 进入核糖体
C. 肽酰-tRNA 从 A 位移到 P 位　D. 核糖体大、小亚基结合
E. 肽键生成

12. 无密码子的氨基酸是　(　　)
A. 精氨酸　B. 胍氨酸　C. 羟脯氨酸
D. 鸟氨酸　E. 羟赖氨酸

13. 下列哪些抗生素能与细菌核蛋白体小亚基结合　(　　)
A. 红霉素　B. 链霉素　C. 四环素

D. 氯霉素　　E. 放线菌酮

14. 干扰素的作用是 (　　)

A. 诱导蛋白激酶,使 eIF-2 磷酸化失活　　B. 间接诱导核酸内切酶

C. 抗病毒　　D. 激活免疫系统

E. 抑制转肽酶

15. 1953 年生物化学的重大突破有 (　　)

A. Nirenber 确立遗传密码　　B. Kornbeg 发现 DNA 聚合酶

C. Watson, Crick 确立双螺旋结构　　D. Sanger 测出胰岛素一级结构

E. Meselson-Stabl 证实半保留复制

三、名词解释

1. 密码子　　2. 多顺反子　　3. 密码子简并性
4. 密码子摆动性　　5. SD 序列　　6. 多聚核蛋白体
7. 信号肽　　8. 靶向输送

四、简答题

1. 试述参与蛋白质生物合成的物质及其作用。
2. 什么是遗传密码? 简述其基本特点。
3. 简述原核生物翻译起始复合物形成过程。
4. 简述真核生物翻译起始复合物形成过程。

【科学素养读物】

信号学说

1999 年的诺贝尔生理学或医学奖被单独授予美国洛克菲勒大学的德裔生物学家 Günter Blobel,因为他发现了蛋白质具有内在的信号,可以控制它们在细胞中的运输和定位。那么,布洛贝尔究竟是如何取得这一发现的呢?

关于细胞内的多肽链是如何穿越生物膜进入属于自己的亚细胞空间或被分泌到细胞外的问题,一直吸引着生物化学家们的注意。20 世纪五六十年代的一些研究结果表明,分泌蛋白是在与膜结合的核蛋白体上合成并完成跨膜转移的,但没能解释分泌蛋白需要在与膜结合的核蛋白体上合成而细胞液蛋白不需要的现象。

直到 1971 年,Günter Blobel 和 David Sabatini 提出了一种假说,对上述现象作出了他们的解释:① 分泌蛋白的 mRNA 的 5′-端起始密码子之后含有一段特殊的密码子;② 这些密码子编码特殊的氨基酸序列;③ 这种特殊的氨基酸序列引导多肽链的跨膜转移。

布洛贝尔提出蛋白质信号假说时,学术界对这项理论虽感兴趣,但大多抱持怀疑态度:因为蛋白质可以轻易进出细胞膜,在很多人眼里这是个习以为常的现象。许多科学家对这种基础分子的生物性质的研究不感兴趣,甚至认为这样的领域是个冷门,但布洛贝尔却觉得,能够查明细胞工作机制的快乐,就像小孩子带着好奇和新发现的心醉神迷那样激励人心。

事实上，他的研究绝非只是冷门的基础而已，了解蛋白质如何在细胞内运送有助于研发治疗遗传疾病的药物并解释遗传疾病的分子机制，人类许多遗传疾病都是因为这些蛋白的化学信号在体内传送过程中出了差错所导致。这些疾病包括造成幼年肾结石的原发性高草酸盐尿症、家族性高胆固醇血症及蛋白质纤维囊肿等。布洛贝尔的研究不仅有助于深入了解人类基因，也有助于药物研发，让疾病治疗所需的特殊蛋白只对有接受体的细胞起作用；也等于更有效地利用了细胞的“蛋白质工厂”，制造对抗疾病的药物。此外，许多药物都是以蛋白形式制造的，如胰岛素、生长激素、干扰素和红血球生成素等。而且科学家对蛋白质传送到细胞不同部位的种种认识，有助于使新药物朝细胞内特定缺陷部位集中。科学家能重新“设计”细胞，对未来的细胞治疗和基因疗法意义重大。

而后，1975 年，Blobel 和 Dobberstein 相继获得一系列实验证据来支持他们的最初的假说，并在此基础上做了一些修改，正式命名为信号假说。1980 年，Blobel 根据对细胞内其他一些细胞器蛋白跨膜转移的研究结果认为：定向并输送到不同细胞器的新生蛋白也含有内在的信号序列，这些特殊的信号序列由原来的蛋白质基因编码，它们可能存在于多肽链的两端，也可能存在于多肽链的内部。

蛋白质高度选择性地跨膜定位和靶向输送对于细胞特别是真核细胞的功能的正常行使至关重要。为了维持各种不同细胞器的个性，相关的蛋白质必须准确地到达属于自己的“领地”。信号假说不仅正确地解释了分泌蛋白是如何通过内质网最后被分泌出细胞，更为探索其他需要跨膜转移的蛋白质的定向运输机制提供了正确的方向。

（雷康福）

第十三章　基因表达调控

【教学目标】

第一节　基因表达调控的基本概念

掌握：基因表达及其调控的概念，管家基因的概念。

熟悉：基因表达的方式，组成性表达、诱导和阻遏表达。

了解：基因表达的时间性及空间性；基因表达调控的生物学意义：适应环境、维持生长和增殖、维持个体发育与分化。

第二节　基因表达调控的基本原理

掌握：基因表达调控的基本原理，基因表达的多级调控，基因转录激活调节的基本要素。

熟悉：顺式、反式的概念。

第三节　原核基因表达调节

掌握：原核基因转录调节特点；乳糖操纵子调控模式，操纵子的结构与功能，乳糖操纵子的结构，阻遏蛋白的负性调节，CAP(分解代谢物基因激活蛋白)的正性调节、协调调节。

熟悉：其他转录调节机制，可诱导的正调控，转录衰减，基因重组。

了解：SOS 反应。

第四节　真核基因表达调节

掌握：真核基因组结构特点；真核基因表达调控特点；真核基因转录激活调节的基本要素及其作用机理。

熟悉：顺式作用元件(启动子、增强子、沉默子)；反式作用因子(转录因子的结构及其分类)。

了解：mRNA 转录激活及其调节。

【考评测试】

一、单项选择题

1. 下列哪项是基因表达调控的基本控制点　　(　　)

   A. 基因结构的活化　　B. 转录的起始　　C. 转录后加工

   D. 翻译后加工　　E. 翻译的起始

2. 下列关于启动子的叙述中，正确的是　　(　　)

   A. 翻译起始时，核蛋白体结合的 mRNA 序列

B. 开始转录生成 mRNA 的 DNA 序列
C. 转录开始时，RNA 聚合酶结合的 DNA 序列
D. 与阻遏蛋白结合的 DNA 序列
E. 产生阻遏蛋白的 DNA 序列

3. 下列关于顺式作用元件的叙述错误的是　(　　)
A. DNA 特定序列　B. 转录因子
C. 增强子是顺式作用元件　D. 对基因转录起调节作用
E. 可与反式作用因子特异结合

4. 在乳糖操纵子的表达中，乳糖的作用是　(　　)
A. 作为辅阻遏物与阻遏蛋白结合
B. 作为阻遏物与操纵基因结合
C. 作为诱导物与阻遏蛋白结合，使其变构，失去结合 DNA 的能力
D. 与启动基因结合，促进转录
E. 与操纵基因结合，促进转录

5. cAMP 对转录的调控作用是　(　　)
A. cAMP 转变为 CAP　B. CAP 转变为 cAMP
C. cAMP 与 CAP 形成复合物　D. cAMP 为第二信使，与转录无关
E. cAMP 可直接结合在启动基因促进转录

6. 下列属于顺式作用元件的是　(　　)
A. 启动子　B. 结构基因　C. RNA 聚合酶
D. 转录因子Ⅰ　E. 转录因子Ⅱ

7. 下列哪项不是真核基因组的结构特点　(　　)
A. 真核基因组结构庞大
B. 真核基因是不连续的
C. 真核基因转录产物为多顺反子
D. 真核基因组重复序列含量丰富
E. 约 80%～90%的哺乳类基因组可能没有直接的遗传学功能

8. 关于“基因表达”的概念叙述错误的是　(　　)
A. 其过程总是经历基因转录及翻译的过程
B. 某些基因表达产物是蛋白质分子
C. 某些基因表达经历基因转录及翻译等过程
D. 某些基因表达产物是 RNA 分子
E. 某些基因表达产物不是蛋白质分子

9. 下列情况不属于基因表达阶段特异性的是　(　　)
A. 一个基因在分化的骨骼肌细胞表达，在未分化的心肌细胞不表达
B. 一个基因在胚胎发育过程不表达，出生后表达
C. 一个基因在胚胎发育过程表达，出生后不表达
D. 一个基因在分化的骨骼肌细胞表达，在未分化的骨骼肌细胞不表达
E. 一个基因在分化的骨骼肌细胞不表达，在未分化的骨骼肌细胞表达

10. 反式作用因子是指 ( )
A. 对自身基因具有激活功能的调节蛋白
B. 对另一基因具有激活功能的调节蛋白
C. 具有激活功能的调节蛋白
D. 具有抑制功能的调节蛋白
E. 对另一基因具有功能的调节蛋白
11. Lac 阻遏蛋白结合乳糖操纵子(元)的 ( )
A. CAP 结合位点 B. O 序列 C. P 序列
D. Z 基因 E. I 基因
12. cAMP 与 CAP 结合,CAP 介导正性调节发生在 ( )
A. 有葡萄糖及 cAMP 浓度极高时 B. 没有葡萄糖及 cAMP 较低时
C. 没有葡萄糖及 cAMP 较高时 D. 有葡萄糖及 cAMP 较低时
E. 有葡萄糖及 cAMP 较高时
13. 基本转录因子中直接识别、结合 TATA 盒的是 ( )
A. TFⅡA B. TFⅡB C. TFⅡC
D. TFⅡD E. TFⅡE
14. 色氨酸操纵子(元)调节过程涉及 ( )
A. 转录水平调节 B. 转录延长调节 C. 转录激活调节
D. 翻译水平调节 E. 转录/翻译调节
15. RNA 诱导的沉默复合物(RISC)中不包括 ( )
A. siRNA B. mRNA C. rRNA
D. 核酸酶 E. 蛋白酶
16. 关于管家基因叙述错误的是 ( )
A. 在生物个体的几乎各生长阶段持续表达
B. 在生物个体的几乎所有细胞中持续表达
C. 在生物个体全生命过程的几乎所有细胞中表达
D. 在生物个体的某一生长阶段持续表达
E. 在一个物种的几乎所有个体中持续表达
17. TFⅡH 具有 ( )
A. ATP 酶活性 B. 解旋酶活性 C. 拓扑异构酶活性
D. 转移磷酸基团的活性 E. TATA 盒结合活性
18. 活性基因染色质结构的变化不包括 ( )
A. 出现正性超螺旋 B. CpG 去甲基化 C. 组蛋白乙酰化
D. 形成茎环结构 E. 对核酸酶敏感
19. 关于增强子叙述正确的是 ( )
A. 远离转录起始点的转录调控元件
B. 真核生物细胞核内的组蛋白
C. 原核生物的启动序列在真核生物中称为增强子
D. 一些较短的 DNA 重复序列

E. 结构基因的 DNA 序列

20. 真核生物 RNA 聚合酶Ⅱ,由转录因子________识别启动 ( )

A. σ 因子 B. TFⅠ C. TFⅡ

D. TFⅢ E. TATA 盒

21. 当乳糖操纵子需要被强烈诱导时,必须要有________存在,________缺乏 ( )

A. 乳糖、葡萄糖 B. 葡萄糖、乳糖 C. 阿拉伯糖、乳糖

D. 阿拉伯糖、葡萄糖 E. 葡萄糖、阿拉伯糖

二、多项选择题

1. 顺式作用元件包括 ( )

A. 启动子 B. 增强子 C. 沉默子

D. 转录因子 E. 操纵子

2. 转录因子 DNA 结合域常见形式有 ( )

A. 发夹结构 B. 锌指结构

C. 碱性亮氨酸拉链 D. 碱性螺旋—环—螺旋结构

E. 顺式作用元件

3. 操纵子学说是原核生物基因调控的重要方式。下列操纵子中主要为负调控方式的是 ( )

A. 乳糖操纵子 B. 色氨酸操纵子 C. 阿拉伯糖操纵子

D. cAMP 结合蛋白 E. 葡萄糖操纵子

4. 一个操纵子必须含有 ( )

A. 一个编码基因 B. 数个编码基因 C. 一个启动序列

D. 数个启动序列 E. 一个操纵序列

5. 属于基因表达终产物的是 ( )

A. tRNA B. mRNA C. rRNA

D. 蛋白质 E. 多肽链

6. 基因表达调控的意义是 ( )

A. 适应环境、维持生存 B. 维持细胞生长、分裂 C. 调节细胞发育、分化

D. 维持个体生长、发育 E. 调节组织、器官的形成

7. 下述蛋白质基因表达具有组织特异性的是 ( )

A. 磷酸甘油醛脱氢酶 B. 胰岛素 C. 血红蛋白

D. 丙酮酸脱氢酶 E. HMG-CoA 裂解酶

8. 通常组成最简单的启动子的元件有 ( )

A. TATA 盒 B. GC 盒 C. CAAT 盒

D. 转录起始点 E. RBS 序列

9. 在乳糖操纵子机制中起正性调节的因素是 ( )

A. 阻遏蛋白去阻遏 B. cAMP 水平升高 C. 葡萄糖水平升高

D. cAMP 水平降低 E. 葡萄糖水平降低

三、名词解释

1. 管家基因　　2. 启动子　　3. 基因表达
4. 多顺反子　　5. 锌指结构　　6. RNA 干扰
7. 操纵子　　8. 顺式作用元件　　9. 反式作用因子

四、简答题

1. 结合乳糖操纵子(元)结构,说明其工作原理。
2. 比较原核生物和真核生物转录调控的不同。

【科学素养读物】

遗传密码的破译

遗传密码的破译是 20 世纪 60 年代分子生物学最辉煌的成就,其先后经历了 20 世纪 50 年代的数学推理阶段和 1961—1965 年的实验研究阶段。

1953 年,沃森和克里克提出 DNA 的双螺旋结构模型后,科学研究证明了遗传信息的流动方向:DNA→mRNA→蛋白质。也就是说,蛋白质由 mRNA 指导合成,遗传密码应该在 mRNA 上。1954 年,物理学家 George Gamov 根据在 DNA 中存在 4 种核苷酸,在蛋白质中存在 20 种氨基酸的对应关系,做出如下数学推理:如果每一个核苷酸为一个氨基酸编码,只能决定四种氨基酸($4^1=4$);如果每两个核苷酸为一个氨基酸编码,可决定 16 种氨基酸($4^2=16$)。上述两种情况编码的氨基酸数少于 20 种氨基酸,显然是不可能的。那么如果三个核苷酸为一个氨基酸编码,可编码 64 种氨基酸($4^3=64$);若四个核苷酸编码一个氨基酸,可编码 256 种氨基酸($4^4=256$),以此类推。Gamov 认为只有 $4^3=64$ 这种关系是理想的,因为在有四种核苷酸条件下,64 是能满足于 20 种氨基酸编码的最小数。而 $4^4=256$ 以上,虽能保证 20 种氨基酸编码,但不符合生物体在亿万年进化过程中形成和遵循的经济原则。

破译密码的实验研究先后由三个实验逐步发展了四种破译方法,最终于 1965 年完成。

1. 在体外无细胞蛋白质合成体系中加入人工合成的 poly U 开创了破译遗传密码的先河

1961 年,美国 NIH 的 Nirenberg 和 Mathaei,完成了 poly U 作为模板进行肽链的合成。当他们把翻译产物分离、纯化和做序列分析后,发现合成的肽链中的氨基酸残基全部是苯丙氨酸,即 poly Phe,于是第一次确认了 UUU 是 Phe 的密码子。随后,他们又以 poly A 和 poly C为模板,证明其可分别指导合成 poly Lys 和 poly Pro,即确定了 AAA 是 Lys 的密码子,CCC 是 Pro 的密码子。但是类似的实验不能证明 GGG 是何种氨基酸的密码子,因为 poly G产生牢固的氢键结合,形成三股螺旋,而不与核糖体结合。

2. 混合共聚物实验对密码子中碱基组成的测定

1963 年,Speyer 和 Ochoa 等发展了用两个碱基的共聚物破译密码的方法。例如,以 A 和 C 为原料,合成 poly AC。poly AC 含有 8 种不同的密码子:CCC、CCA、CAA、AAA、AAC、ACC、ACA 和 CAC。各种密码子占的比例随着 A 和 C 的不同而不同,例如当 A 和 C

的比例等于 5∶1 时，AAA∶AAC 的比例＝5×5×5∶5×5×1＝125∶25。以此类推，实验显示 AC 共聚物作模板翻译出的肽链由 6 种氨基酸组成，它们是 Asp、His、Thr、Pro、Glu 和 Lys，其中 Pro 和 Lys 的密码子已证明分别是 CCC 和 AAA。根据共聚物成分不同的比例和翻译产物中氨基酸比例亦不同的关系，Speyer 等确定了 Asp、Glu 和 Thr 的密码子含 2A1C；His 的密码子含 1A2C；Thr 的密码子也可以含 1A2C；Pro 为 3C 或 1A2C；Lys 为 3A。但上述方法不能确定 A 和 C 的排列方式，而只能显示密码子中碱基组成及组成比例。此外，通过反复改变共聚物成分比例的方法亦十分麻烦和费时。

3. aa-tRNA 与确定的密码子结合

1964 年，Nirenberg 和 Leder 建立了破译密码的新方法，即 tRNA 与确定密码子结合实验。原理是：在缺乏蛋白质合成所需因子的条件下，特异氨基酰-tRNA 也能与核糖体-mRNA 复合物结合。例如，当 poly U 与核糖体混合时，仅有 Phe-tRNA 与之结合；相应地，Pro-tRNA 特异地与 poly C 结合。还有 GUU 可促进 Val-tRNA 结合，UUG 促进 Leu-tRNA 结合等。虽然所有 64 个密码子都可按设想的序列合成，但并不是全部密码子均能以这种方法决定，因为有一些三核苷酸序列与核糖体结合并不像 UUU 或 GUU 等那样有效，以致不能确定它们是否能为特异的氨基酸编码。

4. 用重复共聚物破译密码

同时，Nishimura、Jones 和 Khorana 等人应用有机化学和酶学技术，制备了已知的核苷酸重复序列。蛋白质在核糖体上的合成可以在这些有规律的共聚物的任一点开始，并把特异的氨基酸掺入肽链。例如，重复序列 CUCUCUCUCU…是多肽 Leu-Ser-Leu-Ser…或者是多肽 Ser-Leu-Ser…的信使分子，使用共聚物构成三核苷酸为单位的重复顺序，如（AAG）n，可合成三种类型的多肽：poly Lys、poly Arg 和 poly Glu，即 AAG 是 Lys 的密码子，AGA 是 Arg 的密码子，GAA 是 Glu 的密码子。又如（AUC）n 序列是 poly Ile、poly Ser 和 poly His 的模板。

如此，至 1965 年科学家们破译了所有氨基酸的密码子。1968 年 Robert W. Holley、Har G. Khorana、Marshall Nirenbeng 因为研究遗传信息的破译及其在蛋白质合成中的作用，阐明蛋白质生物合成中遗传密码及其功能获得了诺贝尔生理学或医学奖。

（王建光）

第十四章　基因重组与基因工程

【教学目标】

第一节　DNA 重组和基因转移

掌握：转化及转导作用。

熟悉：基因重组的概念、过程和意义。

了解：接合作用；转座作用。

第二节　重组 DNA 技术

掌握：重组 DNA 技术相关概念；限制性核酸内切酶的概念；重组 DNA 技术基本原理及操作步骤(分、切、接、转、筛)；载体的特点及质粒的概念。

熟悉：目的基因的获得途径；重组体的筛选方法。

了解：重组 DNA 技术与医学的关系；原核表达体系与真核表达体系的异同。

第三节　重组 DNA 技术与医学的关系

了解：重组 DNA 技术在医学上的应用。

【考评测试】

一、单项选择题

1. 下列哪种方法往往被用于转移重组 DNA 到大肠杆菌中去　(　　)
   A. $CaCl_2$ 转化　B. 磷酸钙转染　C. 脂质体
   D. 基因枪　E. DEAE-葡聚糖转染
2. 质粒带有抗氨苄青霉素和抗四环素基因，目的基因插入抗四环素基因之中。请问，将质粒导入细菌后，细菌能够在下列哪种培养基上生长　(　　)
   A. 青霉素　B. 氨苄青霉素　C. 四环素
   D. 氯霉素　E. 红霉素
3. 转化过程中，宿主细胞需要被处理和诱导，形成哪种细胞才能接纳重组 DNA　(　　)
   A. 感受态细胞　B. 原核细胞　C. 真核细胞
   D. 冰冻细胞　E. 破裂细胞
4. 从 mRNA 合成 cDNA 使用的酶是　(　　)
   A. 限制性内切酶　B. 连接酶　C. DNA 聚合酶
   D. S1 核酸酶　E. 反转录酶
5. 下列关于限制性内切核酸酶作用的描述中，正确的是　(　　)

A. 在对称序列处切开单链 DNA　　B. DNA 两链的切点一定不在同一位点
C. 酶切部位一定位于识别序列处　　D. 酶辨认的碱基一般为 8～12 个
E. 酶切后产生的 DNA 片段多半具有黏性互补末端

6. 限制性核酸内切酶识别的顺序通常是　（　）
A. 基因的操纵序列　B. 启动子序列　C. SD 序列
D. 回文结构　E. 长末端重复序列

7. cDNA 文库包括该种生物细胞中　（　）
A. 某些蛋白质的结构基因　B. 所有蛋白质的结构基因
C. 所有结构基因　D. 结构基因与不表达的调控区
E. 内含子和调控区

8. 常用质粒载体的特点是　（　）
A. 为线性双链 DNA 分子　B. 为环形单链 DNA 分子
C. 具有自我复制能力　D. 含有同一限制性内切酶的多个切点
E. 缺乏表达外源基因的能力

9. 基因工程的操作程序可简单地概括为　（　）
A. 载体和目的基因的分离
B. 分、切、接、转、筛、表达
C. 将重组体导入宿主细胞，筛出阳性细胞株
D. 将载体和目的基因连接成重组体
E. 限制性内切酶的应用

10. 下列 DNA 序列属于回文结构的是　（　）

A. ATGCCG TACGGC	B. GGCCGG CCGGCC	C. CTAGGG GATCCC
D. GAATTC CTTAAG	E. TCTGAC AGACTG	

11. 下列关于建立 cDNA 文库的叙述中，错误的是　（　）
A. 从特定组织或细胞中提取 mRNA
B. 将特定细胞的 DNA 用限制性内切核酸酶切割后，克隆到噬菌体或质粒中
C. 用逆转录酶合成 mRNA 的对应单股 DNA
D. 用 DNA 聚合酶以双股 DNA 为模板合成双链 DNA
E. 加 S-腺苷甲硫氨酸(SAM)，以使新生的 DNA 双链甲基化

12. 完整的 DNA 克隆技术包括：① 目的基因的获得；② 基因载体的选择与构建；③ 目的基因与载体的连接；④ 筛选并无性繁殖含重组分子的受体；⑤ 重组 DNA 分子导入受体。正确顺序为　（　）
A. ①,②,③,④,⑤　B. ②,①,③,④,⑤　C. ②,①,③,⑤,④
D. ④,⑤,①,②,③　E. ①,②,③,⑤,④

13. 在分子生物学领域，重组 DNA 技术又称　（　）
A. 蛋白质工程　B. 酶工程　C. 细胞工程
D. 基因工程　E. DNA 工程

14. 重组 DNA 技术常用的限制性核酸内切酶为 ( )
A. Ⅰ类酶 B. Ⅱ类酶 C. Ⅲ类酶
D. Ⅳ类酶 E. Ⅴ类酶
15. 已知人乳腺来源的某长度为 1.5kb 的基因序列,获取该目的基因最方便的方法是 ( )
A. 化学合成法 B. 基因组文库法 C. cDNA 文库法
D. 聚合酶链反应 E. 差异显示法
16. α-互补筛选法属于 ( )
A. 抗药性标志筛选 B. 酶联免疫筛选 C. 标志补救筛选
D. 原位杂交筛选 E. Southern 杂交筛选
17. 真核表达载体不含有 ( )
A. 选择标记 B. 启动子 C. 转录翻译终止信号
D. mRNA 加 poly A 信号 E. 包涵体
18. 用来鉴定 DNA 的技术是 ( )
A. Northern 印迹杂交 B. Western 印迹杂交 C. Southern 印迹杂交
D. 离子交换层析 E. SDS-PAGE
19. 关于聚合酶链反应(PCR)的叙述错误的是 ( )
A. 体外获得目的 DNA 广泛采用的一种方法
B. 需要设计出合适的引物
C. 催化反应的酶一般是依赖 RNA 的 DNA 聚合酶
D. 类似于 DNA 的天然复制过程
E. PCR 由变性—退火—延伸三个基本反应步骤构成
20. 在已知序列的情况下获得目的 DNA 最常用的是 ( )
A. 筛选 cDNA 文库 B. 筛选基因组文库 C. 化学合成法
D. 聚合酶链式反应 E. DNA 合成仪合成
21. 直接针对目的 DNA 进行筛选的方法是 ( )
A. 氨苄青霉素抗药性 B. 青霉素抗药性 C. 分子杂交
D. 分子筛 E. 电泳
22. 表达人类蛋白质的最理想的细胞体系是 ( )
A. 酵母表达体系 B. 原核表达体系
C. *E. coli* 表达体系 D. 昆虫表达体系
E. 哺乳类细胞表达体系
23. 某限制性内切核酸酶按 GGG ▼ CGCCC 方式切割产生的末端突出部分含 ( )
A. 1 个核苷酸 B. 2 个核苷酸 C. 3 个核苷酸
D. 4 个核苷酸 E. 5 个核苷酸
24. 某限制性内切核酸酶切割 5′…GGGGGG ▼ AATTCC…3′序列后产生 ( )
A. 5′-突出末端 B. 5′或 3′-突出末端 C. 5′及 3′-突出末端
D. 3′-突出末端 E. 平末端

二、多项选择题

1. 下列哪些可以构建载体　(　　)
   A. 质粒　B. 噬菌体　C. 病毒
   D. 酵母人工染色体　E. 哺乳动物人工染色体
2. 基因工程 DNA 重组中至少要有下列哪些酶参加　(　　)
   A. 限制性内切酶　B. 连接酶　C. DNA 聚合酶
   D. S1 核酸酶　E. 反转录酶
3. 下列哪些为聚合酶链式反应的步骤　(　　)
   A. 变性　B. 退火　C. 延伸
   D. 速冻　E. 热休克
4. 常见的抗药性筛选有　(　　)
   A. 抗青霉素　B. 抗氨苄青霉素　C. 抗四环素
   D. 抗氯霉素　E. 抗红霉素
5. 目的基因的制备可以通过　(　　)
   A. 化学人工合成　B. 基因文库　C. cDNA 文库
   D. PCR　E. 空质粒
6. 理想的载体应该具备哪些特征　(　　)
   A. 能够自我复制
   B. 载体 DNA 和宿主细胞的染色体 DNA 易分开
   C. 可以装载较大相对分子质量的目的基因
   D. 具有多个单一限制性内切酶酶切位点
   E. 含有一个或多个筛选标记
7. 用原核生物表达真核生物的基因存在的问题是　(　　)
   A. 缺乏翻译后加工机制　B. 包涵体去除困难
   C. 缺乏翻译后修饰　D. 蛋白产物不能形成高级结构
   E. 缺乏转录后加工机制
8. 原位杂交包括　(　　)
   A. 转膜杂交　B. 斑点杂交
   C. 菌落杂交或噬菌体杂交　D. 直接对染色体或组织的杂交
   E. Northern 杂交
9. 常用载体有　(　　)
   A. 质粒　B. 噬菌体　C. 病毒 DNA
   D. 大肠杆菌基因组 DNA　E. YAC
10. 一般说来,限制性内切核酸酶　(　　)
    A. 只识别一种核苷酸序列
    B. 其识别不受 DNA 来源的限制
    C. 不同生物的 DNA 经同一限制性酶切割后产生相同末端
    D. 对双链 DNA 和单链 DNA 一视同仁

E. 识别的序列为8～16个碱基

11. 经限制性内切核酸酶切割后的DNA可产生以下哪些情况 ( )

A. 产生带有5′-磷酸基的伸出股　　B. 黏性末端

C. 钝末端(平头)　　D. 产生带有3′-OH的伸出股

E. 单链DNA

12. 下列哪些方法可应用于重组体的筛选 ( )

A. 抗药性标记筛选　　B. 营养突变株筛选　　C. α-互补筛选

D. 原位杂交筛选　　E. 免疫化学方法筛选

三、名词解释

1. 基因工程　　2. 质粒　　3. 载体

4. 限制性内切酶　　5. 聚合酶链式反应　　6. cDNA文库

四、简答题

1. 简述基因工程的基本原理和一般过程。
2. 如何获取目的基因?
3. 简述PCR的基本工作原理及其应用。

【科学素养读物】

限制性内切酶的发现与发展

20世纪60年代,人们提出限制性内切酶和限制酶的概念。

1968年,首次从*E. coli K*中分离到限制酶,它有特定的识别位点但没有特定的切割位点,其中切割位点离识别位点达1000bp以上。

1970年,美国约翰·霍布金斯大学的H. Smith偶然发现,流感嗜血杆菌(Haemophilusinfluenzae)能迅速降解外源的噬菌体DNA,其细胞提取液可降解*E. coli* DNA,但不能降解自身DNA,从而找到HindⅡ限制性内切酶。这些酶可在特定位点切开DNA,产生可体外连接的基因片段。研究者很快发现内切酶是研究基因组成、功能及表达非常有用的工具,EcoRⅠ是应用最广泛的限制性内切酶。

当限制性内切酶的应用在20世纪70年代流传开来的时候,以NEB为代表的许多公司开始寻找更多的限制性内切酶。除了某些病毒以外,限制性内切酶只在原核生物中被发现。限制性内切酶的形式多样,从大小上来说,它们可以小到如PvuⅡ(157个氨基酸),也可以比1250个氨基酸的CjeⅠ更大。在已纯化分类的3000种限制性内切酶中,已发现了超过250种的特异识别序列。

20世纪80年代,NEB开始克隆并表达限制性内切酶。克隆技术由于将限制性内切酶的表达与原有细胞环境分离开来,避免了原细胞中其他内切酶的污染,从而提高了酶的纯度。此外,克隆技术提高了限制性内切酶的产量,简化了纯化过程,使得生产成本显著降低;克隆的基因很容易进行测序分析,表达出的蛋白也能进行X射线结晶分析,这使得我们对于克隆产物更加确定。

根据酶的亚单位组成、识别序列的种类和是否需要辅助因子，限制与修饰系统至少可以分为如下四类：

Ⅰ型（typeⅠ）：限制与修饰系统的种类很少，只占1%，如EcoK和EcoB。其限制酶和甲基化酶（即R亚基和M亚基）各作为一个亚基存在于酶分子中，另外还有负责识别DNA序列的S亚基，分别由*hsdR*、*hsdM*和*hsdS*基因编码，属于同一操纵子（转录单位）。EcoK编码基因的结构为R_2M_2S。EcoB编码基因的结构为$R_2M_4S_2$。但是EcoB酶和EcoK酶的切割位点在识别位点1000bp以外，且无特异性。

Ⅲ型（typeⅢ）：限制与修饰系统的种类更少，所占比例不到1%，如EcoP1和EcoP15。它们的识别位点分别是AGACC和CAGCAG，切割位点则在下游24～26bp处。

Ⅱ型（typeⅡ）：限制与修饰系统所占的比例最大，达93%。Ⅱ型酶相对来说最简单，它们识别回文对称序列，在回文序列内部或附近切割DNA，产生带3′-羟基和5′-磷酸基团的DNA产物，需Mg^{2+}的存在才能发挥活性，相应的修饰酶只需SAM。识别序列主要为4～6bp，或更长且呈二重对称的特殊序列，但有少数酶识别更长的序列或简并序列，切割位置因酶而异，有些是隔开的。

Ⅱs型（typeⅡs）：限制与修饰系统，占5%，与Ⅱ型具有相似的辅因子要求，但识别位点是非对称，也是非间断的，长度为4～7bp，切割位点可能在识别位点一侧的20bp范围内。

Ⅱ型限制酶一般是同源二聚体，由两个彼此按相反方向结合在一起的相同亚单位组成，每个亚单位作用在DNA链的两个互补位点上。修饰酶是单体，修饰作用一般由两个甲基转移酶来完成，分别作用于其中一条链，但甲基化的碱基在两条链上是不同的。

在Ⅱ型限制酶中还有一类特殊的类型，该酶只切割双链DNA中的一条链，造成一个切口，这类限制酶也称切口酶，如N. BstNBI。

1978年，Werner Arber（瑞士）、Daniel Nathans（美）和Hmiltor O. Smith（美）因为发现限制性内切酶以及在分子遗传学方面的应用而获得诺贝尔生理学或医学奖。

（王建光）

第十五章　细胞信号转导

【教学目标】

第一节　细胞信号转导概述

掌握：第一信使。

熟悉：化学通讯方式；受体的特点。

第二节　细胞内信号转导相关分子

掌握：信息物质(第二信使)；G 蛋白的结构及作用机制。

熟悉：细胞间信息物质；细胞内信息物质。

了解：具体举例。

第三节　各种受体介导的细胞内基本信号转导通路

掌握：膜受体介导的信息传递：cAMP-蛋白激酶途径、Ca^{2+}-依赖性蛋白激酶途径；胞内受体介导的信息传递：类固醇激素作用方式、甲状腺激素作用方式。

熟悉：受体活性的调节；cGMP-蛋白激酶途径、酪氨酶蛋白激酶途径。

了解：受体的分类、一般结构及功能。膜受体：环状受体、七个跨膜、单个跨膜；胞内受体：高度可变区、DNA 结合区、激素结合区、铰链区；核因子 κB 途径。

第四节　细胞信号转导与医学

了解：由于细胞信号转导异常导致的疾病。

【考评测试】

一、单项选择题

1. 蛋白激酶的作用是磷酸化蛋白。以下不属于激酶的是　(　　)

   A. PKA　B. PKC　C. CaMK　D. PLC　E. MAPK

2. G 蛋白能被细菌毒素作用发生 ADP-核苷化，Gs 只能被________催化　(　　)

   A. 霍乱毒素　B. 百日咳毒素　C. 白喉毒素
   D. 青霉素　E. 链霉素

3. G 蛋白和________结合时，处于活性状态　(　　)

   A. GDP　B. GTP　C. ADP　D. ATP　E. CTP

4. 可催化 cAMP 合成的酶是　(　　)

   A. 腺苷酸环化酶　B. 蛋白激酶 A　C. cGMP 磷酸二酯酶

D. 磷脂酶 C　　E. 蛋白酪氨酸激酶

5. ________作用肌醇磷酸酯，产生 1,4,5-三磷酸肌醇(IP_3)和甘油二酯(DG)　(　)

A. 腺苷酸环化酶　　B. 蛋白激酶 A　　C. cGMP 磷酸二酯酶

D. 磷脂酶 C　　E. 蛋白酪氨酸激酶

6. ________与其受体结合后，将钙离子从内质网中释放出来　(　)

A. 一氧化氮　　B. G 蛋白　　C. 1,4,5-三磷酸肌醇(IP_3)

D. 甘油二酯(DG)　　E. cGMP

7. 酪氨酸激酶受体介导的细胞信号传导中，激动剂与受体结合之后，往往导致受体聚合，形成________受体。聚合现象是酪氨酸激酶受体的固有特性　(　)

A. 二聚体　　B. 三聚体　　C. 四聚体

D. 五聚体　　E. 六聚体

8. 关于 G 蛋白的叙述不正确的是　(　)

A. G 蛋白可与 GDP 或 GTP 结合

B. G 蛋白由 α、β、γ 亚基构成

C. 激素—受体复合体能激活 G 蛋白

D. G 蛋白的 α、β、γ 亚基结合在一起时才具有活性

E. G 蛋白有 GTP 酶活性

9. 胞内受体的化学性质为　(　)

A. DNA 结合蛋白　　B. G 蛋白　　C. 糖蛋白

D. 脂蛋白　　E. 糖脂

10. 下列关于配体和受体相互作用的叙述中，错误的是　(　)

A. 可逆的　　B. 可饱和　　C. 高度亲和力

D. 高度专一性　　E. 效应与配体的浓度成正比

11. 百日咳毒素的作用机理是　(　)

A. Gαi 被 ADP-核糖基化　　B. Gαs 被 ADP-核糖基化

C. Gαo 被 ADP-核糖基化　　D. Gαp 被 ADP-核糖基化

E. Gαr 被 ADP-核糖基化

12. G 蛋白偶联受体的结构特点是　(　)

A. N-端在胞内，C-端在胞外　　B. C-端常有糖基化

C. 中段有 7 个跨膜的 α 螺旋结构　　D. 胞外的第二和第三个环能结合 G 蛋白

E. 胞外的第二和第三个环之间能形成二硫键

13. 关于蛋白激酶 A，正确的是　(　)

A. 激活蛋白激酶 A 活性是通过磷酸化其调节亚基

B. 蛋白磷酸酶可以抑制其活性

C. 催化亚基的二聚体是酶的非活性形式

D. 磷酸二酯酶可以使其活性降低

E. 霍乱毒素最终能使 PKA 活化而百日咳毒素最终使 PKA 抑制

14. 有关 CaM 的描述错误的是　(　)

A. 它是一种单体蛋白

B. 有 4 个 Ca^{2+} 的结合位点
C. Ca^{2+} 结合后，能激活 Ca^{2+} 激酶
D. Ca^{2+}-CaM 激酶能磷酸化许多蛋白质的酪氨酸残基
E. Ca^{2+}-CaM 激酶的底物谱非常广泛

15. 下列哪种激素的受体属于胞内受体 ( )
A. 肾上腺素 B. 甲状腺素 C. 胰岛素
D. 促肾上腺素皮质激素 E. 胰高血糖素

16. 蛋白激酶 A 与蛋白激酶 C 的共同之处是 ( )
A. 酶分子由 4 个亚基组成 B. 调节亚基富含半胱氨酸
C. 调节亚基有 cAMP 的结合位点 D. 均有 10 种同工酶
E. 催化蛋白质的丝氨酸或苏氨酸残基磷酸化

17. 下列哪项不是受体与配体结合的特点 ( )
A. 高度专一性 B. 高度亲和力 C. 可饱和性
D. 不可逆性 E. 非共价键结合

18. 心钠素通过下列哪种信号传导途径发挥调节作用 ( )
A. cAMP 蛋白激酶途径 B. cGMP 蛋白激酶途径
C. Ca^{2+}-CaM 激酶途径 D. 受体型 TPK-Ras-WAPK 途径
E. JAKs-STAT 途径

19. cGMP 能激活 ( )
A. 磷脂酶 C B. 蛋白激酶 A C. 蛋白激酶 G
D. 酪氨酸蛋白激酶 E. 蛋白激酶 C

20. 以 IP_3 和 DG 为第二信使的双信号途径是 ( )
A. cAMP 蛋白激酶途径 B. Ca^{2+}-磷脂依赖性蛋白激酶途径
C. cGMP 蛋白激酶途径 D. 酪氨酸蛋白激酶途径
E. 核因子 κB 途径

21. 下列哪组氨基酸容易发生磷酸化与脱磷酸 ( )
A. Gly、Ser、Val B. Thr、Ser、Tyr C. Ala、Ile、Leu
D. Phe、Thr、Val E. Tyr、Val、Gly

二、多项选择题

1. 被称为第二信使的是 ( )
A. cAMP B. G 蛋白 C. 1,4,5-三磷酸肌醇(IP_3)
D. 甘油二酯(DG) E. cGMP

2. 以下哪些酶可以使蛋白磷酸化 ( )
A. 腺苷酸环化酶 B. 蛋白激酶 A C. cGMP 磷酸二酯酶
D. 磷脂酶 C E. 蛋白酪氨酸激酶

3. 细胞因子可通过下列哪些分泌方式发挥生物学作用 ( )
A. 内分泌 B. 外分泌 C. 旁分泌
D. 突触分泌 E. 自分泌

4. 受体与配体结合的特点包括 ( )

A. 高度专一性 B. 高度亲和力 C. 可饱和性

D. 可逆性 E. 特定的作用模式

5. 胞液内 Ca^{2+} 浓度升高可由于 ( )

A. 电压依赖性钙通道开放 B. 受体依赖性钙通道开放

C. IP_3 作用于内质网 D. 膜钙泵活性增强

E. 膜钙泵活性下降

6. PKA 的特点是 ( )

A. 由调节亚基(R)与催化亚基(C)构成二聚体

B. C 亚基有 cAMP 结合位点

C. 催化亚基与调节亚基分离时表现活性

D. 每分子酶蛋白可结合 4 分子 cAMP

E. 催化亚基与调节亚基通过共价键结合

7. 作用酪氨酸激酶受体的细胞外因子有 ( )

A. 上皮生长因子 B. 血小板生长因子 C. 胰岛素

D. 神经生长因子 E. 乙酰胆碱

8. 信号传导可以通过转录因子向细胞核内传递,以下属于转录因子的是 ( )

A. CREB B. AP-1 C. c-fos

D. IP_3 E. cAMP

9. Ca^{2+} 介导的信号传导效应有 ( )

A. 调节钙调蛋白依赖性蛋白激酶 B. 调节蛋白磷酸酶

C. 调节腺苷酸环化酶 D. 调节即早基因表达

E. 调节延迟反应基因表达

10. 激活型 G 蛋白被激活后可直接激活 ( )

A. 腺苷酸环化酶 B. 鸟苷酸环化酶 C. 蛋白激酶 A

D. 蛋白激酶 G E. 磷脂酰肌醇特异性磷脂酶 C

11. 在信号传递过程中,不产生第二信使的是 ( )

A. 雌二醇 B. 甲状腺素 C. 肾上腺素

D. 维甲酸 E. 活性维生素 D_3

12. 常见的调节受体活性的机制包括 ( )

A. 磷酸化作用 B. 脱磷酸化作用 C. 膜磷脂代谢

D. 酶促水解 E. G 蛋白的调节

13. 磷脂酰肌醇特异性磷脂酶 C 可使磷脂酰肌醇 4,5-二磷酸水解产生 ( )

A. cAMP B. cGMP C. DG D. IP_3 E. TG

14. 下列各项中符合 G 蛋白特性的是 ( )

A. G 蛋白是鸟苷酸结合蛋白 B. 各种 G 蛋白的差别主要在 α 亚基

C. α 亚基本身具有 GTP 酶活性 D. 三聚体 G 蛋白具有 ATP 酶活性

E. 二聚体 G 蛋白是抑制型 G 蛋白

15. 有关蛋白磷酸酶的叙述,正确的是 ( )

A. 与蛋白激酶相对应,该酶在信息传递过程中亦发挥十分重要的作用
B. 蛋白激酶种类繁多,而蛋白磷酸酶只有一种
C. 能催化丝氨酸/苏氨酸磷酸化磷蛋白脱磷酸
D. 能催化酪氨酸磷酸化磷蛋白脱磷酸
E. 能使磷酸化的糖类脱磷酸

16. PKC 的活化需要 ( )

A. Ca^{2-}　B. DG　C. 磷脂酰丝氨酸
D. 佛波酯　E. 磷脂酰肌醇

三、名词解释

1. G 蛋白　2. 蛋白激酶　3. 第二信使

四、简答题

1. 以肾上腺素为例,扼要说明作用于膜受体的激素信号转导过程。
2. 简述几种主要的第二信使及其在细胞信息传递中的作用。

【科学素养读物】

奇妙的小分子——一氧化氮(NO)

氮氧化物,化学式为 NO,相对分子质量为 30,氮的化合价为+2。无色气体,难溶于水,而且不与水发生反应。常温下 NO 很容易氧化为二氧化氮,也能与卤素反应生成卤化亚硝酰(NOX),如 $2NO+Cl_2$ ══$2NOCl$,NO 有未成对的电子,但仅在液态或固态时才呈蓝色。NO 分子在固态时会缔合成松弛的双聚分子$(NO)_2$。工业制备是在铂网催化剂上用空气将氨氧化的方法;实验室中则用金属铜与稀硝酸反应。

近来发现一氧化氮(nitricoxide,NO)广泛分布于生物体内各组织,特别是神经组织中。它是一种新型生物信使分子,1992 年被美国 *Science* 杂志评选为明星分子。NO 是一种极不稳定的生物自由基,分子小,结构简单,常温下为气体,微溶于水,具有脂溶性,可快速透过生物膜扩散,生物半衰期只有 3～5s,其生成依赖于一氧化氮合成酶(nitricoxide synthase,NOS),并在心、脑血管调节,神经、免疫调节等方面有着十分重要的生物学作用,因此,受到人们的普遍重视。

1. NO 生物活性的发现

1980 年,美国科学家 Furchaout 在一项研究中发现了一种小分子物质,这种物质具有使血管平滑肌松弛的作用,后来被命名为血管内皮细胞舒张因子(endothelium-derived relaxing factor, EDRF),它是一种不稳定的生物自由基。经研究,EDRF 被确认为是 NO。众所周知,硝酸甘油是治疗心绞痛的药物,多年来人们一直希望从分子水平上弄清楚其治疗机理。近年的研究发现,硝酸甘油和其他有机硝酸盐本身并无活性,它们在体内首先被转化为 NO,刺激血管平滑肌内 cGMP 形成而使血管扩张,这种作用恰好同 EDRF 具有相似性。1987 年,Moncada 等在观察 EDRF 对血管平滑肌舒张作用的同时,用化学方法测定了内皮细胞释放

的物质为 NO,并根据其含量,解释了其对血管平滑肌舒张的程度。1988 年,Polmer 等人证明,L-精氨酸(L-Arg)是血管内皮细胞合成 NO 的前体,从而确立了哺乳动物体内可以合成 NO 的概念。

2. NO 的生物学作用

(1) 在心血管系统中,NO 在维持血管张力的恒定和调节血压的稳定性中起着重要作用。NO 在心血管系统中发挥作用的可能机制是通过提高细胞中鸟苷酸环化酶(guanylate cyclase,GC)的活性,促进 GTP 环化产生 cGMP,使细胞内 cGMP 水平增高,继而激活蛋白激酶 G 对心肌肌钙蛋白 I 的磷酸化作用加强,肌钙蛋白 c 对 Ca^{2+} 的亲和性下降,肌细胞膜上 K^+ 通道活性也下降,从而导致血管舒张,降低全身平均动脉血压。

(2) 对免疫系统的作用的研究结果表明,NO 可以产生于人体内多种细胞。如当体内肉毒素或 T 细胞激活巨噬细胞和多核白细胞时,能产生大量的诱导型 NOS 和超氧化物阴离子自由基,从而合成大量的 NO 和 H_2O_2。NO 可以通过抑制靶细胞线粒体中的三羧酸循环、电子传递和细胞 DNA 合成等途径,发挥杀伤靶细胞的效应。这在杀伤入侵的细菌、真菌等微生物和肿瘤细胞、有机异物及炎症损伤方面起着十分重要的作用。免疫反应所产生的 NO 对邻近组织和能够产生 NOS 的细胞也有毒性作用。

(3) 在神经系统中的作用,研究认为,NO 通过扩散,作用于相邻的周围神经元如突触前神经末梢和星状胶质细胞,再激活 GC,从而提高 cGMP 水平而产生生理效应。如 NO 可诱导与学习、记忆有关的长时程增强效应(long-term potentiation,LTP),并在其 LTP 中起逆信使作用。

在外周神经系统中,NO 被认为是非胆碱能、非肾上腺素能神经的递质或介质,参与痛觉传入与感觉传递过程。

另据报道,NO 在胃肠神经介导胃肠平滑肌松弛中起着重要的中介作用,在胃肠间神经丛中,NOS 和血管活性肠肽共存并能引起非肾上腺素能非胆碱能(non adrenergic-non-cholinerrgic,NANC)舒张。NO 作为 NANC 神经元递质,在泌尿生殖系统中起着重要作用,成为排尿节制等生理功能的调节物质,这为药物治疗泌尿生殖系统疾病提供了理论依据。

现已证明,在人体内广泛存在着以 NO 为递质的神经系统,它与肾上腺素能、胆碱神经能和肽类神经一样重要。若其功能异常就可能引起一系列疾病。

1998 年,Robert F. Furchgott、Louis J. Ignarro 和 Ferid Murad 因为发现 NO 在心血管系统中作为信号分子而获得诺贝尔生理学或医学奖。

(王建光)

第十六章 血液的生物化学

【教学目标】

第一节 血浆蛋白

掌握：血浆蛋白质的分类与性质；血浆蛋白质的功能。

熟悉：血浆蛋白质的含量。

第二节 血细胞物质代谢

掌握：成熟红细胞的代谢特点：2,3-二磷酸甘油酸旁路、磷酸戊糖旁路及其生理意义；血红蛋白的合成：原料、场所、大致过程及关键酶。

熟悉：血红素生物合成的调节。

了解：红细胞的脂类代谢，白细胞的代谢。

【考评测试】

一、单项选择题

1. 正常血浆的总蛋白质含量为 （　　）

   A. 70～75g/L(7～7.5g/dL)　　B. 40～50g/L(4～5g/dL)
   C. 20～30g/L(2～3g/dL)　　D. 25～35g/L(2.5～3.5g/dL)
   E. 80～100g/L(8～10g/dL)

2. 我国正常人血浆白蛋白/球蛋白的比值是 （　　）

   A. 0.8～1.0　　B. 1.5～2.5　　C. 1.8～2.0
   D. 1.2～1.6　　E. 1.3～1.4

3. 下列叙述正确的是 （　　）

   A. 血浆蛋白在血液中大多带负电荷　　B. 血浆成分中，血浆蛋白含量最多
   C. 临床可随时采血做任何生化分析　　D. 尿素和肌酸都是核酸代谢的产物
   E. 清蛋白是大相对分子质量蛋白质

4. 将血浆蛋白置于 pH 8.6 缓冲液中，在醋酸纤维薄膜上电泳时，可出现几条蛋白质区带 （　　）

   A. 四条　　B. 五条　　C. 六条　　D. 三条　　E. 二条

5. 当将镰刀状贫血病人的血放入 pH 8.6 的缓冲液的电场中进行电泳时，HbS 位置是在 （　　）

   A. HbA 的前面　　B. HbA 的后面　　C. 原点
   D. 向负极移动　　E. HbA 的区带重叠

6. 下列哪项不是血浆蛋白的功能 ( )
   A. 维持血浆胶体渗透压 B. 参与调节血浆 pH 值 C. 运输多种物质
   D. 免疫保护作用 E. 以上都不是
7. 血浆白蛋白基本可与下列各种配体结合起运输功能,但例外的是 ( )
   A. Ca^{2+} B. 血红蛋白亚基 C. 谷胱甘肽
   D. 长链饱和脂肪酸 E. 胆红素和双香豆素
8. 血浆胶体渗透压的大小决定于 ( )
   A. 血浆清蛋白的浓度 B. 血浆球蛋白的浓度
   C. 血浆葡萄糖的浓度 D. 血浆脂类的含量
   E. 血浆中 Na^{+}、Cl^{-} 等无机离子的含量
9. 对成熟红细胞来说,下列哪项说法是正确的 ( )
   A. 具有分裂增殖的能力 B. 存在 RNA 和核蛋白体
   C. 具有催化磷酸戊糖途径的全部酶系 D. DNA 不能复制,但可转录
   E. 除存在于血液中外,还大量见于造血器官
10. 成熟红细胞内磷酸戊糖途径所生成的 NADPH 最主要的生理功能是 ( )
    A. 合成膜上胆固醇 B. 促进脂肪合成
    C. 提供能量 D. 使 MHb(Fe^{3+})还原
    E. 维持还原型谷胱甘肽(GSH)的正常水平
11. 成熟红细胞的能量主要由糖的哪种代谢途径产生 ( )
    A. 糖酵解 B. 糖元分解 C. 糖异生
    D. 糖的有氧氧化 E. 磷酸戊糖途径
12. 红细胞中 GSH 的主要生理功能是 ( )
    A. 葡萄糖的载体 B. 促进糖的氧化
    C. Na^{+},K^{+}-ATP 酶的辅基 D. 氧化供能
    E. 保护酶与蛋白质不被氧化
13. 正常成人血红蛋白 A(HbA)是由下列哪些多肽链亚基组成的 ( )
    A. $\alpha_2\beta_2$ B. $\alpha_2\gamma_2$ C. $\alpha_2\delta_2$ D. $\alpha_2\varepsilon_2$ E. $\zeta_2\gamma_2$
14. 关于 2,3-二磷酸甘油酸,正确的是 ( )
    A. 主要是由 3-磷酸甘油酸生成
    B. 分子在生理条件下带有 6 个负电荷
    C. 能与血红蛋白的 α-亚基通过盐键结合
    D. 血红蛋白与它结合后,氧饱和曲线向右移
    E. 平原地区生活的人红细胞的含量比在高原地区生活的人高
15. 2,3-BPG 降低 Hb 对 O_2 的亲和力是由于 ( )
    A. 2,3-BPG 与 Hb 的两条 β 链成盐键
    B. 2,3-BPG 与 Hb 的两条 α 链成盐键
    C. 2,3-BPG 与 Hb 的任意一条链成盐键
    D. 2,3-BPG 使脱氧 Hb 对称中心的空穴变小
    E. 2,3-BPG 使脱氧 Hb 分子稳定于 R 态构象

16. 血红素的合成部位是在造血器官细胞的 （ ）
A. 线粒体 B. 胞浆 C. 内质网
D. 微粒体 E. 线粒体与胞浆

17. 合成血红素原料主要是 （ ）
A. Fe^{3+} ＋ 甘氨酸 ＋ 琥珀酸 B. 乙酰 CoA
C. 琥珀酰 CoA ＋ 甘氨酸 ＋ Fe^{2+} D. 琥珀酸 ＋ 甘氨酸 ＋ Fe^{2+}
E. 葡萄糖

18. 在生理条件下合成血红素的限速步骤是合成 （ ）
A. 胆色素原 B. 线状四吡咯 C. 原卟啉 Ⅸ
D. 尿卟啉原 Ⅲ E. δ-氨基-γ-酮戊酸的合成

19. ALA 合成酶的辅酶是 （ ）
A. B_2 B. 磷酸吡哆醛 C. 生物素
D. NAD^+ E. FAD

20. ALA 合成酶 （ ）
A. 受血红素的变构抑制 B. 受高铁血红素的变构激活
C. 受血红蛋白的变构激活 D. 受睾丸素 5-β 还原物的阻遏
E. EPO 促进其活性

21. 下列哪种蛋白质不含铁 （ ）
A. 细胞色素 P_{450} B. 细胞色素 C C. 肌红蛋白
D. 球蛋白 E. 过氧化酶

二、不定项选择题

1. 血浆清蛋白的功能有 （ ）
A. 维持血浆胶体渗透压 B. 维持血浆的正常 pH 值
C. 运输某些物质，尤其是脂溶性物质 D. 营养作用
E. 抗凝作用

2. 下列哪些酶主要在血浆中发挥催化作用 （ ）
A. 铜蓝蛋白 B. 脂蛋白脂肪酶 C. CPK
D. 乳酸脱氢酶 E. 卵磷脂胆固醇脂酰转移酶

3. 下列血浆蛋白质中，属于运载体蛋白的是 （ ）
A. 白蛋白 B. 运铁蛋白 C. 载脂蛋白
D. 甲状腺素结合蛋白 E. 铜蓝蛋白

4. 成熟红细胞糖的代谢途径有 （ ）
A. 糖酵解 B. 磷酸戊糖途径 C. 糖醛酸循环
D. 糖有氧氧化 E. 糖异生

5. 关于 2,3-二磷酸甘油酸的叙述正确的有 （ ）
A. 在红细胞中含量很多 B. 调节血红蛋白的携氧功能
C. 稳定血红蛋白结构 D. 其分子中含有一个高能磷酸键
E. 肝脏中特有

6. 红细胞中 2,3-BPG 具有哪些功能　(　　)
   A. 调节红细胞中的糖酵解　B. 作为主要负离子与正离子平衡
   C. 它是一种缓冲剂,促进氧的释放　D. 主要在于调节 Hb 与 O_2 的亲和力
   E. 维持酸碱平衡
7. 红细胞的代谢特点是具有 2,3-BPG 支路,原因是红细胞内含有两种特殊的酶,它们是　(　　)
   A. BPG 变位酶　B. 6-磷酸葡萄糖脱氢酶　C. 2,3-BPG 磷酸酶
   D. 1,3-BPG 氧化酶　E. PFK
8. 红细胞中使高铁血红蛋白还原的物质有　(　　)
   A. NADH　B. NADPH　C. 维生素 C
   D. 谷胱甘肽　E. 超氧离子
9. 使氧解离曲线右移的因素为　(　　)
   A. pH 值升高　B. pH 值降低　C. CO_2 分压降低
   D. CO_2 分压升高　E. 温度升高
10. 哺乳类动物的甘氨酸是下列哪种化合物的合成前体　(　　)
   A. 亚铁血红素　B. 肌酸　C. 鸟嘌呤
   D. 胸腺嘧啶　E. 苯丙氨酸
11. 反馈抑制 ALA 合成酶的物质有　(　　)
   A. Fe^{2+}　B. 促红细胞生成物　C. 琥珀酰辅酶 A
   D. 血红素　E. O_2

三、名词解释

1. 2,3-BPG 支路　2. NPN　3. A/G 比值
4. ALA 合酶　5. 卟啉症

四、简答题

1. 简述血浆中蛋白质的种类及各种重要的生理功能。
2. 简述血红素在体内是如何合成的。
3. 简述血红素合成的调节机制。

【科学素养读物】

中国生物化学家——吴宪

【生平简介】

吴宪(Wu Hsien),中国现代生物化学家及营养学家。1893 年 11 月 24 日生于福建省福州市,1959 年 8 月 8 日卒于美国马萨诸塞州的波士顿城,终生保持中国为其唯一的国籍。

吴宪早年考入北京清华留美预备学校,1912 年赴美入麻省理工学院攻读造船工程。后改学化学,1916 年获理学士学位后留校任助教。1917 年被哈佛大学医学院生物化学系奥

托·福林教授录取为研究生，1919 年以《一种血液分析系统》论文而获博士学位。1920 年回国，任北京协和医学院生物化学系助教，1924 年为主任，1928 年为教授。1935—1937 年为该院执行院长职务的三人领导小组成员之一。1946 年任中央卫生实验院北平分院院长兼营养研究所所长。1947 年应联合国教科文组织的邀请，去英国出席第 17 届国际生理学会议。后被美国哥伦比亚大学聘为客座教授及研究员。1949 年应聘为亚拉巴马大学客座教授。1952 年秋因心脏病发辞世。

吴宪于 1921—1927 年任中国科学名词编审委员会化学组委员，1926 年参与组织中国生理学会，并任第七届中国生理学会会长(1934)。1926—1941 年任《中国生理学杂志》(英文版)编委会常务编委。1936—1938 年任中华医学会营养委员会主席。他在美国曾参加多种有关生物科学及化学的学会，并任联合国粮农组织营养顾问委员会常务委员及热能需要量委员会委员。曾被选为德国自然科学院名誉院士及美国亚拉巴马州科学院院士。

【科学贡献】

吴宪对于国际生物化学和中国科学事业的贡献是卓著的，由此赢得了在国际学术界的声望和在中国科学界的地位。美国学者里尔顿·安德森(J. Reardon-Anderson)将他誉为“中国化学的巨人”，并评价道：“毫无疑问，吴宪是 20 世纪前半叶中国最伟大的化学家，或者说是最伟大的科学家。当他在 1919 年发表他的第一项研究时，在中国还没有任何一类的化学研究。”到 1949 年，“化学研究已发展到全国时，对这一事业，没有人比吴宪贡献得更多。”作为一名科学大师，吴宪的贡献主要体现在两方面，即学术研究和发展中国科学事业。

一、学术研究

吴宪一生发表研究论文 163 篇，专著 3 种。他的研究领域主要包括：临床生物化学、气体与电解质的平衡、蛋白质化学、营养学、免疫化学以及氨基酸代谢等方面，此外，还涉及性激素、抗生素等方面。以下主要介绍他在临床生化方面的成就。

1919 年吴宪完成了博士论文《一种血液分析系统》(*A System of Blood Analysis*)，这是奠定吴宪在生物化学界地位的一篇主要论著。文章以福林与吴宪共同署名发表后，立即引起了生化与临床化学界的重视，被认为“引发了一场血液化学方面的革命”。吴宪获得博士学位后，又随福林从事为期一年的博士后研究，此间进一步完成了一系列血液化学分析的研究，这些研究发表后成了血液化学的经典著作(它的名字以“福林—吴”的形式而广为生化界所知)。其中，他独自完成了血糖定量分析的改进方法，此方法用血量少，操作简便，数据准确，大大优于当时常规的本尼迪克特(S. Benedict)法。这一系列工作，为现代临床血液化学分析提供了重要的分析手段，具有历史性的创新意义，在国际上长时间被广泛采用。其中关于血糖测定的方法被国际上沿用长达 70 年，为此他被誉为国际血液分析的权威。之后学术界认为，如果没有吴宪改进的血糖测定法，后来的胰岛素发现会大受阻碍。在 20 世纪 20 年代以前，测验血中的非蛋白氮组分对病人来说是个沉重的负担，例如仅一次尿酸测定就需耗血 25mL，而“福林—吴”的新方法只需 10mL 就足以进行包括尿素、肌氨酸、肌氨酸酐、尿酸和糖的测定(其中只需一滴血就能测定血糖)。除了血液外，他还对尿、唾液和脑脊液持续进行了多年的分析和探索。

二、对中国科学事业的贡献

吴宪不仅在科学上追求真知，而且把发展中国科学事业视为自己的义务。他始终具有不断发展的战略眼光：他重视学术交流，重视实验室建设和学生实验课的设置，编写实验讲义，并在多年实践基础上与周启源(1903—1986年)合著了《生物化学实验》一书(吴宪用英文写成，由周启源译成中文)，于1941年由中华医学会编辑委员会出版，向全国医校推广使用，以促进其他医学院校生化实验的进步。他对生物化学的分支与教学也有创新，首次提出了“物理的生物化学”(Physical Biochemistry，现称生物物理化学)。1926年，他在协和医学院协助林可胜成立了中国生理学会。

作为科学大师，吴宪的工作意义不仅仅在于发展科学本身，正如安德森在《变化的研究》一书中指出：“吴宪国际声望建立得既早而且还由他后来的工作持续着，这使他得到参加国际会议的邀请，成为西方科学团体的成员，并在各种知名科学家的名单中。经常的旅行和同外国科学家之间的密切合作，帮助他成为两种文化之间的桥梁。”

(沈年汉)

第十七章　肝的生物化学

【教学目标】

第一节　肝在物质代谢中的作用

掌握：肝脏在糖、脂类、蛋白质、氨基酸、激素、维生素代谢中的作用。
了解：病理例子：饥饿、脂肪肝、肝硬化、高血氨等。

第二节　肝的生物转化作用

掌握：生物转化作用的概念及生理意义。
熟悉：肝脏中非营养性物质的来源；生物转化反应的主要类型及酶系。
了解：影响生物转化的因素。

第三节　胆汁与胆汁酸的代谢

掌握：胆汁酸种类、生理功能及其肠肝循环。
熟悉：胆汁酸的代谢过程。
了解：胆汁酸的化学性质与结构。

第四节　胆色素的代谢与黄疸

掌握：胆红素概念及来源；胆红素的生成与转运；胆红素在肝内的转变；胆红素在肠道中的转变和胆色素的肠肝循环。
熟悉：未结合胆红素与结合胆红素的区别。
了解：血清胆红素与黄疸；常用的肝功能检验。

【考评测试】

一、单项选择题

1. 饥饿时肝脏中物质代谢不会出现的是　（　　）
   A. 糖原分解增多　B. 蛋白质分解增强　C. 酮体生成增多
   D. 糖异生作用增强　E. 酮体生成减少
2. 肝脏对糖代谢最主要的作用是　（　　）
   A. 肝糖原的分解作用　B. 肝糖原的合成作用　C. 维持血糖浓度的恒定
   D. 将糖转变为脂肪　E. 糖异生作用
3. 肝脏自身的能量主要来自　（　　）
   A. 葡萄糖　B. 脂肪酸　C. 氨基酸　D. 酮体　E. 乳酸

4. 肝脏在脂类代谢中没有的功能是　（　）
A. 生成酮体　B. 利用酮体　C. 使胆固醇转变成胆汁酸
D. 合成脂蛋白　E. 合成胆固醇
5. 正常人肝脏合成的血浆蛋白质最多的是　（　）
A. 球蛋白　B. 白蛋白　C. 纤维蛋白原
D. 凝血酶原　E. 脂蛋白
6. 肝是生成尿素的唯一器官，这是由于肝细胞含有　（　）
A. 谷氨酸脱氢酶　B. 谷丙转氨酶　C. CPS-Ⅱ
D. 精氨酸酶　E. 谷草转氨酶
7. 肠道脂溶性维生素的吸收率主要取决于　（　）
A. 食物中脂溶性维生素与水溶性维生素的比例
B. 食物蛋白质含量
C. 胆汁分泌量、体内脂溶性维生素贮量
D. 肠道 pH 值
E. 食物中的脂溶性维生素含量
8. 下列有关生物转化作用的论述，正确的是　（　）
A. 使物质的水溶性减少
B. 又可称为解毒反应
C. 多数物质先经过结合反应，再进行氧化反应
D. 结合反应最常见的是葡萄糖醛酸结合
E. 结合反应是第一相反应
9. 生物转化过程的重要生理意义是　（　）
A. 使毒物的活性降低　B. 使药物失效
C. 使生物活性物质灭活　D. 使某些药物药效更强或毒性增加
E. 使非营养物质极性增加，利于排泄
10. 下列物质中，不在肝脏进行生物转化的是　（　）
A. 胆红素　B. NH_3　C. 酮体
D. 糖皮质激素　E. 苯巴比妥
11. 生物转化中参与氧化反应最重要的酶是　（　）
A. 加单氧酶　B. 加双氧酶　C. 水解酶
D. 胺氧化酶　E. 醇脱氢酶
12. 下列关于混合功能氧化酶的叙述中，错误的是　（　）
A. 混合功能氧化酶有高度特异性
B. 主要催化羟化反应
C. 还原型细胞色素 P_{450} 是在 450nm 波长处有特殊吸收峰
D. 除细胞色素 P_{450} 外，还有 NADPH 细胞色素 P_{450} 还原酶
E. 存在于微粒体中参与生物转化作用
13. 最普遍进行的生物转化第二相反应是代谢物与下列哪种物质的结合　（　）
A. 硫酸　B. 来源于胞液的尿苷二磷酸-α-葡萄糖醛酸

C. 谷胱甘肽　　D. 乙酰基

E. 甲基

14. 肝脏进行生物转化时活性硫酸供体是　（　）

A. H_2SO_4　　B. PAPS(3′-磷酸腺苷-5′-磷酸硫酸)

C. 半胱氨酸　　D. 牛磺酸

E. 胱氨酸

15. 长期服用苯巴比妥类安眠药者,易产生耐受性的原因是　（　）

A. 肝细胞内加单氧酶活性增高 4～5 倍,因而生物转化加快

B. 肝细胞内加双氧酶活性增高 4～5 倍,因而生物转化加快

C. 肝细胞内产生其他氧化它的酶

D. 从肾脏排出加快

E. 与肝细胞摄取量增加有关

16. 下列关于胆汁酸与胆固醇代谢的叙述中,错误的是　（　）

A. 在肝细胞内胆固醇转变为胆汁酸

B. 合成胆汁酸的前体是胆固醇酯

C. 肠道吸收胆固醇增加则胆汁酸合成量也增加

D. 胆固醇的消化、吸收与排泄均受胆汁酸盐的影响

E. 7-α 羟化酶受胆汁酸的反馈调节

17. 胆固醇转变为胆汁酸过程中的限速酶是　（　）

A. 1-α 羧化酶　　B. 26-α 羟化酶　　C. 7-α 羟化酶

D. 脱氢酶　　E. 异构酶

18. 下列胆汁酸中,属于次级游离胆汁酸的是　（　）

A. 牛磺胆酸　　B. 甘氨胆酸　　C. 脱氧胆酸

D. 牛磺鹅脱氧胆酸　　E. 甘氨鹅脱氧胆酸

19. 下列物质中,不属于初级胆汁酸的是　（　）

A. 胆酸　　B. 脱氧胆酸　　C. 鹅脱氧胆酸

D. 牛磺胆酸　　E. 甘氨胆酸

20. 下列物质中,能促进胆汁酸合成的是　（　）

A. 胰岛素　　B. 甲状腺素　　C. 石胆酸

D. 葡萄糖　　E. 酮体

21. 胆囊中只有限量胆汁酸,其之所以能发挥最大限度乳化食物中脂肪的作用的原因是　（　）

A. 饭后胆汁酸立即一次全部倾入小肠　　B. 饭后胆汁酸缓慢地分泌到小肠

C. 饭后可进行一次胆汁酸肠肝循环　　D. 饭后可进行 2～4 次胆汁酸肠肝循环

E. 饭后肝内立即加速胆汁酸的生成,以满足乳化脂肪的需要

22. 胆红素主要来自于　（　）

A. 血红蛋白分解　　B. 肌红蛋白分解　　C. 过氧化物酶分解

D. 过氧化氢酶分解　　E. 细胞色素分解

23. 下列化合物中不属于胆色素的是　（　）

A. 胆绿素　B. 血红素　C. 胆红素
D. 胆素原　E. 胆素

24. 血红素加氧酶主要分布于肝、脾、骨髓中网状内皮细胞的　(　　)
A. 线粒体内　B. 微粒体内　C. 溶酶体内
D. 质膜上　E. 胞液内

25. 胆绿素还原酶活性需辅助因子　(　　)
A. $NADH + H^+$　B. NAD^+　C. O
D. $NADPH + H^+$　E. $NADP^+$

26. 血浆胆红素的主要运输形式是　(　　)
A. 胆红素—Y 蛋白　B. 胆红素—球蛋白　C. 胆红素—白蛋白
D. 胆红素—Z 蛋白　E. 游离胆红素

27. 胆红素与血浆蛋白质结合的作用是　(　　)
A. 增加其溶解度,便于在血中运输,限制它自由地进入细胞,以免引起细胞中毒
B. 使它易于进入细胞内贮存
C. 便于随胆汁排出体外
D. 增加其溶解度,便于随尿液排出体外
E. 便于经肠道排泄

28. 复用苯巴比妥类药物可降低血清游离胆红素浓度,其机理是　(　　)
A. 刺激肝细胞 Y 蛋白合成与诱导葡萄糖醛酸基转移酶的合成
B. 药物增加了它的水溶性,有利于游离胆红素从尿液中排出
C. 刺激 Z 蛋白合成
D. 药物将游离胆红素分解
E. 药物与游离胆红素结合,抑制了它的肠肝循环

29. 关于未结合胆红素在肝内的转变,下列说法正确的是　(　　)
A. 不经转变直接由胆道排出
B. 正常情况下主要与 1 分子葡萄糖醛酸形成复合物
C. 胆红素主要与葡萄糖醛酸结合
D. 葡萄糖醛酸的半缩醛羟基与胆红素上羟基形成苷
E. 胆红素主要与硫酸结合

30. 肝内胆红素的代谢产物最多的是　(　　)
A. 双葡萄糖醛酸胆红素酯　B. 单葡萄糖醛酸胆红素酯　C. 胆红素硫酸酯
D. 氨酸结合物　E. 甲基结合物

31. 血中哪一种胆红素增加会在尿中出现　(　　)
A. 未结合胆红素　B. 结合胆红素　C. 肝前胆红素
D. 间接反应胆红素　E. 与清蛋白结合的胆红素

32. 胆红素葡萄糖醛酸酯的生成需要下列哪种酶的催化　(　　)
A. 葡萄糖醛酸基结合酶　B. 葡萄糖醛酸基转移酶
C. 葡萄糖醛酸基生成酶　D. 葡萄糖醛酸基酯化酶
E. 葡萄糖醛酸基脱氢酶

33. 影响胆红素在肝细胞内的代谢因素不包括 ( )
A. Y 蛋白缺乏 B. UDPGA 来源不足
C. 葡萄糖醛酸基转移酶缺乏 D. 血中清蛋白浓度
E. 血中球蛋白浓度

34. 胆红素因为与下列哪种物质结合而被称为结合胆红素 ( )
A. 清蛋白 B. α_1-球蛋白 C. Y 蛋白
D. Z 蛋白 E. 葡萄糖醛酸

35. 粪胆素原重吸收入肝后的转归是 ( )
A. 大部分以原型再排至胆道,少量成为血液循环中的尿胆素原随尿排出
B. 全部以原型再排至胆道
C. 大部分转化成尿胆素原
D. 全部转化成尿胆素原
E. 全部入血液循环以原型从尿中排出

36. 正常人血清胆红素总浓度不超过 ( )
A. 5mg% B. 2mg% C. 1mg% D. 0.5mg% E. 0.1mg%

37. 溶血性黄疸时下列哪一项不存在 ( )
A. 血中游离胆红素增加 B. 粪胆素原增加 C. 尿胆素原增加
D. 尿中出现胆红素 E. 粪便颜色加深

38. 阻塞性黄疸的特点是 ( )
A. 结合胆红素逆流入血 B. 血清胆素原剧增
C. 血清未结合胆红素升高 D. 粪胆素原大量生成
E. 血清游离胆红素增加,间接反应阳性

39. 肝细胞性黄疸患者不可能出现下述哪种情况 ( )
A. 尿胆红素阳性
B. 尿胆素原轻度增加或正常
C. 血清范登堡试验直接反应阳性、间接反应加强
D. 血清中未结合胆红素增加
E. 血清结合胆红素减少

40. 下列哪项会导致尿胆素原排泄减少 ( )
A. 肠梗阻 B. 溶血 C. 碱中毒
D. 胆道梗阻 E. 肝细胞性黄疸

二、多项选择题

1. 肝细胞在脂类代谢中的主要作用是 ( )
A. 分泌胆汁酸有利于脂类的消化与吸收
B. 合成极低密度脂蛋白并将它输送到肝外组织利用
C. 饥饿时可将肝贮脂氧化供能
D. 利用糖及氨基酸合成脂肪
E. 合成胆固醇和磷脂

2. 肝脏在蛋白质和氨基酸代谢中的作用主要有　(　　)
A. 合成血浆蛋白　B. 合成抗体蛋白　C. 合成尿素
D. 水解尿素　E. 生成铵盐

3. 下列物质中有哪些只为肝脏特有合成　(　　)
A. 酮体　B. 血浆蛋白质　C. 尿素
D. 糖原　E. 胆固醇

4. 肝硬化时的机体代谢改变为　(　　)
A. 低白蛋白血症　B. 部分患者有轻度黄疸
C. 脂蛋白电泳谱异常　D. 凝血功能障碍
E. BCAA/AAA 比值下降

5. 肝脏在维生素代谢中的作用是　(　　)
A. 促进脂溶性维生素吸收　B. 储存维生素 A、D、E、K
C. 储存维生素 C、B_6　D. 使维生素 PP 合成 NAD^+
E. 使泛酸转变为辅酶

6. 肝脏生物转化能使体内的代谢物及异物发生的主要改变是　(　　)
A. 彻底氧化供能　B. 增强其极性及水溶性以利从肾脏排出
C. 转化成建造细胞的原料　D. 使生物活性改变
E. 起解毒或增强毒性的作用

7. 在肝脏中降解灭活的激素有　(　　)
A. 胰岛素　B. 肾上腺皮质激素　C. 肾上腺素
D. 性激素　E. 去甲肾上腺素

8. 参与肝脏生物转化的反应是　(　　)
A. 氧化反应　B. 还原反应　C. 水解反应
D. 转氨基反应　E. 结合反应

9. 在肠道中，初级结合胆汁酸转变为次级游离胆汁酸需通过　(　　)
A. 水解反应　B. 羟化反应　C. 脱羟反应
D. 结合反应　E. 还原反应

10. 影响机体生物转化能力的因素是　(　　)
A. 性别　B. 年龄　C. 疾病
D. 诱导物　E. 以上都是

11. 甲状腺激素对胆固醇代谢的调节作用是　(　　)
A. 促进乙酰-CoA 合成胆固醇　B. 降低血胆固醇
C. 促进胆固醇转变为胆汁酸　D. 胆固醇转变为肾上腺皮质激素
E. 升高血胆固醇

12. 体内通常用来结合游离胆汁酸的化合物包括　(　　)
A. 甘氨酸　B. 葡萄糖醛酸　C. 牛磺酸
D. 硫酸　E. 乙酰辅酶

13. 下列胆汁酸中，属于次级结合胆汁酸的是　(　　)
A. 石胆酸　B. 牛磺脱氧胆酸　C. 甘氨鹅脱氧胆酸

D. 甘氨脱氧胆酸　　E. 鹅脱氧胆酸

14. 下列哪些物质可转变成胆红素　（　）
A. 血红蛋白分解　　B. 肌红蛋白分解　　C. 过氧化物酶分解
D. 过氧化氢酶分解　　E. 细胞色素分解

15. 下列关于血红素分解代谢的叙述中，正确的是　（　）
A. 离丙酸基侧链最远的次甲基桥断裂　　B. 铁脱下后大多数经尿排出
C. NADPH 是还原剂　　D. 胆绿素氧化成胆红素
E. 胆绿素还原成胆红素

16. 未结合胆红素又称　（　）
A. 游离胆红素　　B. 血液中的胆红素　　C. 间接胆红素
D. 肝脏中的胆红素　　E. 直接胆红素

17. 未结合胆红素的特点为　（　）
A. 胆红素丙酸侧链的羧基可参与分子内氢键的形成
B. 与清蛋白结合不易通过生物膜
C. 不易在尿中出现
D. 不加尿素就能与重氮试剂呈阳性反应
E. 加尿素后能与重氮试剂呈阳性反应

18. 下列哪种物质和胆红素竞争性地与清蛋白结合　（　）
A. 磺胺类　　B. NH_4^+　　C. 胆汁酸
D. 脂肪酸　　E. 水杨酸

19. 下列有关胆红素与葡萄糖醛酸结合的说法中，正确的是　（　）
A. 只能生成胆红素葡萄糖醛酸单酯
B. 可生成胆红素葡萄糖醛酸双酯和单酯
C. 每分子胆红素可结合三分子葡萄糖醛酸
D. 以胆红素葡萄糖醛酸双酯为主
E. 只能生成胆红素葡萄糖醛酸双酯

20. 临床以服用苯巴比妥类药物来降低血清未结合胆红素的生化机理是　（　）
A. 它刺激肝细胞合成更多的 Y 与 Z 载体蛋白
B. 它降低血浆白蛋白，使运输形式的游离胆红素减少
C. 诱导葡萄糖醛酸基转移酶
D. 使 UDP-葡萄糖醛酸供应增加
E. 促进肝细胞膜合成特异性载体

21. 胆素原族化合物包括以下哪些　（　）
A. 中胆素原　　B. 粪胆素原　　C. 尿胆素原
D. 粪胆素　　E. 尿胆素

22. 肠道中的粪胆素原的去向是　（　）
A. 少量被重吸收入血进行肠肝循环
B. 大部分粪胆素原重吸收入血进行肠肝循环
C. 大部分粪胆素原排出体外生成粪胆素

D. 全部粪胆素原被重吸收入血，进行肠肝循环，有少量成为尿胆素原
E. 少量粪胆素原排出体外生成粪胆素

23. 患阻塞性黄疸时病人血和尿中胆色素的改变为　(　)
A. 血总胆红素升高　B. 血游离胆红素升高　C. 尿胆红素呈阳性
D. 尿胆原升高　E. 血结合胆红素升高

24. 肝细胞性黄疸时，实验室检查可能见到　(　)
A. 血清结合胆红素升高　B. 血清未结合胆红素升高
C. 尿中尿胆素原升高　D. 尿中出现胆红素
E. 血清 van den Bergh 试验呈双相反应

三、名词解释

1. 生物转化　2. 初级胆汁酸　3. 次级胆汁酸
4. 结合胆红素　5. 胆色素　6. 胆素原的肠肝循环
7. 胆汁酸的肠肝循环　8. 黄疸

四、简答题

1. 简述肝脏在物质代谢中的作用。
2. 何谓生物转化作用？生物转化反应的类型有哪些？
3. 何谓胆汁酸的肠肝循环？有何生理意义？
4. 胆固醇与胆汁酸之间的代谢关系是什么？
5. 肝在胆红素代谢中有何作用？
6. 简述胆红素的来源与去路。
7. 结合胆红素与未结合胆红素有什么区别？对临床诊断有何用途？

【科学素养读物】

中国生物化学家——汪猷

【生平简介】

汪猷，浙江杭州人。1921 年考入浙江省立甲种工业学校（浙江大学前身之一），就读于应用化学系。1931 年毕业于金陵大学工业化学系。毕业后由学校推荐到北平协和医学院作研究生后转作研究员，师从我国著名生物化学家吴宪，研究性激素的生物化学。1935 年赴德国慕尼黑大学化学研究所，在著名化学家、诺贝尔奖获得者维兰德（H. Wieland）指导下当研究生。1937 年获德国慕尼黑大学博士学位。1939 年春，汪猷离开德国转赴英国。在伦敦密特瑟克斯医学院考陶尔生化研究所陶慈（E. C. Dodds）的研究室任客籍研究员，从事雌性激素类似物的化学合成研究。1939 年 8 月回国。在协和医学院先后任讲师、助教等职。1955 年选聘为中国科学院院士（学部委员）。1984 年当选为法国科学院外籍院士。

【科学贡献】

一、学术研究

在半个多世纪的研究生涯中，汪猷始终站在有机化学发展的前沿，在生命基础物质的研

究以及其他天然产物化学的研究方面取得多项成就，为我国有机化学的发展作出贡献。

汪猷早期从事十四乙酰藏红素的全合成以及性激素、抗生素和碳水化合物化学等研究。他是中国抗生素研究的奠基人之一，系统研究了链霉素和金霉素的分离、提纯以及结构和合成化学。参加了人工合成胰岛素的研究。在淀粉化学方面，创制了新型血浆代用品。他所建立的石油发酵研究组，当时在国际上居于前列，做出多项成果。参加并参与领导酵母丙氨酸转移核糖核酸全合成工作。参加和领导了天花粉蛋白化学结构和应用研究、模拟酶的研究和青蒿素的生物合成化学研究。负责完成了对高感光度高空侦察片中片基和增感染料剖析的军工任务。模拟酸化学的研究等等。汪猷的学术成就在国内外学术界享有很高的声誉，受到了国家的多项嘉奖。

二、对中国科学事业的贡献

汪猷是我国有机化学家的杰出代表。这不仅由于他在有机化学研究工作中取得重大成就，还由于几十年来他为国家培养、组织了一支训练有素、学有所成，能承担重大科研课题的队伍，建设了有机化学研究基地。改革开放以来，汪猷积极为研究所的业务骨干的出国进修、留学创造条件。他根据研究所的专业设置方向、学科发展趋向，有计划有重点地派遣科研人员，让他们到国外学习先进的科学技术，回国报效祖国。汪猷受中国化学会委托担任《化学学报》主编达 24 年。他为中国与国际学术界的交流和友谊做了许多有益的工作。他被聘为国际著名的有机化学杂志《四面体》、《四面体通讯》的顾问编委（1982—1997），《四面体计算机化学》和《四面体不对称合成》的顾问编委（1989—1997）以及《核酸研究》编委（1982—1997）。1987 年 11 月，慕尼黑大学按德国传统为获得博士学位 50 年并取得突出成就的汪猷举行了重发博士学位文凭的隆重仪式。这是一种极高的荣誉。1990 年在他 80 岁时，《四面体》以其第 46 卷第 9 期作为献给汪猷 80 寿辰的专刊，辑录了海内外著名有机化学家专门为他撰写的学术论文，其中包括美、法、英、德、日、瑞士、中国香港等地著名有机化学家，这是国际化学界对汪猷的学术成就所给予的殊荣。

（沈年汉）

第十八章　维生素

【教学目标】

第一节　脂溶性维生素

掌握：脂溶性维生素 A、D 在体内的活性形式，脂溶性维生素 A、D、E、K 的主要生化功能，脂溶性维生素 A、D、K 的缺乏病。

熟悉：脂溶性维生素 A、D、E、K 的来源。

了解：脂溶性维生素 A、D、E、K 的化学结构和性质，脂溶性维生素 A、D 的中毒。

第二节　水溶性维生素

掌握：水溶性维生素 B 族、C 在体内的活性形式，构成辅酶的种类，主要生化功能；水溶性维生素 B_1、B_2、PP、叶酸、B_{12}、C 的缺乏病。

了解：水溶性维生素 B 族、C 的化学结构、性质及来源。

【考评测试】

一、单项选择题

1. 下列有关维生素的叙述中，错误的是　　(　　)
   A. 维持正常功能所必需　　B. 体内能量的来源
   C. 在许多动物体内不能合成　　D. 体内需要量少，但必须由食物供给
   E. 它们的化学结构彼此各不相同
2. 下列哪一种维生素不能由肠道细菌合成　　(　　)
   A. 维生素 K　　B. 维生素 B_{12}　　C. 叶酸
   D. 生物素　　E. 维生素 C
3. 构成视紫红质的维生素 A 活性形式是　　(　　)
   A. 9-顺视黄醛　　B. 11-顺视黄醛　　C. 13-顺视黄醛
   D. 15-顺视黄醛　　E. 17-顺视黄醛
4. 日光或紫外线照射可使　　(　　)
   A. 7-脱氢胆固醇转变成维生素 D_3　　B. 维生素 A_1 生成
   C. 7 脱氢胆固醇转变成维生素 D_2　　D. 维生素 A_2 生成
   E. 维生素 E 活化
5. 维生素 D 的活性形式是　　(　　)
   A. 1,24-$(OH)_2$-D_3　　B. 1-(OH)-D_3　　C. 1,25-$(OH)_2$-D_3
   D. 1,26-$(OH)_2$-D_3　　E. 24-(OH)-D_3

6. 维生素 E 是 （ ）
A. 脂肪酸 B. 丙基硫尿嘧啶类似物 C. 生育酚
D. 苯醌 E. 前列腺素
7. 维生素 K 是下列哪种酶的辅酶 （ ）
A. 丙酮酸羧化酶 B. 草酰乙酸脱羧酶 C. 谷氨酸 γ-羧化酶
D. 天冬氨酸 γ-羧化酶 E. 转氨酶
8. 丙酮酸脱氢酶体系中不含有下列哪种辅助因子 （ ）
A. 磷酸吡哆醛 B. 焦磷酸硫胺素 C. 硫辛酸
D. 黄素腺嘌呤二核苷酸 E. 辅酶 A
9. 脚气病是由于缺乏下列哪种物质所致 （ ）
A. 胆碱 B. 乙醇胺 C. 硫胺素
D. 丝氨酸 E. 丙酮
10. 脱羧作用需要的辅酶是 （ ）
A. 生物素 B. 5′-脱氧腺苷钴胺素 C. 磷酸吡哆醛
D. 抗坏血酸 E. 焦磷酸硫胺素
11. 下列哪种酶的辅基含有核黄素 （ ）
A. 乳酸脱氢酶 B. 苹果酸脱氢酶
C. 6-磷酸葡萄糖酸脱氢酶 D. β-羟丁酸脱氢酶
E. α-酮戊二酸脱氢酶体系
12. 维生素 B_2 是下列哪种酶辅基的组成成分 （ ）
A. NAD^+ B. $NADP^+$ C. 吡哆醛 D. TPP E. FAD
13. NAD^+ 在酶促反应中转移 （ ）
A. 氨基 B. 氢原子 C. 氧原子 D. 羧基 E. 甲基
14. 维生素 PP 组成的辅酶不参与 （ ）
A. 糖的氧化 B. 脂肪酸的氧化 C. 氨基酸转氨基
D. 丙酮酸脱氢 E. 加单氧酶的酶促反应
15. 在 NAD^+ 或 $NADP^+$ 中含有哪种维生素 （ ）
A. 尼克酸 B. 尼克酰胺 C. 吡哆醇
D. 吡哆醛 E. 吡哆胺
16. 磷酸吡哆醛参与 （ ）
A. 脱氨基作用 B. 羧化作用 C. 酰胺化作用
D. 转甲基作用 E. 转氨基作用
17. 维生素 B_6 是在下列哪种代谢中发挥作用 （ ）
A. 脂肪代谢 B. 糖代谢 C. 氨基酸代谢
D. 无机盐代谢 E. 水代谢
18. 某些氨基酸脱羧的辅酶是 （ ）
A. 焦磷酸硫胺素 B. 磷酸吡哆醛
C. 黄素腺嘌呤二核苷酸 D. 尼克酰胺腺嘌呤二核苷酸
E. 生物素

19. 泛酸是下列哪种生化反应中酶所需辅酶成分 ( )
A. 脱羧作用 B. 乙酰化作用 C. 脱氢作用
D. 还原作用 E. 氧化作用

20. 泛酸是下列哪种酶辅酶的组成成分 ( )
A. FMN B. NAD^+ C. $NADP^+$
D. TPP E. CoASH

21. 生物素的生化作用是 ( )
A. 转移酰基 B. 转移 CO_2 C. 转移 CO
D. 转移氨基 E. 转移巯基

22. 在叶酸分子中,参与一碳单位转移的原子是 ( )
A. N_5、N_6 B. N_7、N_8 C. N_9、N_{10}
D. N_5、N_{10} E. N_9、N_8

23. FH_4 是哪种酶的辅酶 ( )
A. 一碳单位转移酶 B. 转酰基酶 C. 脱羧酶
D. 转酮基酶 E. 转氨酶

24. 含有金属元素的维生素是 ( )
A. 维生素 B_1 B. 维生素 B_2 C. 维生素 B_6
D. 维生素 B_{12} E. 叶酸

25. 与红细胞分化成熟有关的维生素是 ( )
A. 维生素 B_1 和叶酸 B. 维生素 B_1 和遍多酸 C. 维生素 B_{12} 和叶酸
D. 维生素 B_{12} 和遍多酸 E. 遍多酸和叶酸

26. 与前胶原赖氨酸和脯氨酸残基羟化有关的维生素是 ( )
A. 生育酚 B. 抗坏血酸 C. 尼克酰胺
D. 核黄素 E. 生物素

27. 维生素 C 的化学本质是一种 ( )
A. 含有两个羧基的有机酸
B. 含有一个羧基的有机酸
C. 含有六碳原子、两个烯醇式羟基的化合物
D. 含有六个碳原子及一个羟基的化合物
E. 含有八个碳的有机酸

28. 典型的坏血病是由于缺乏下列哪种维生素所引起的 ( )
A. 硫胺素 B. 核黄素 C. 泛酸
D. 抗坏血酸 E. 维生素

29. 水溶性维生素常是辅酶或辅基的组成部分,如 ( )
A. 辅酶 A 含尼克酰胺 B. FAD 含吡哆醛 C. NAD^+ 含尼克酰胺
D. 脱羧辅酶含生物素 E. TPP 含维生素 B_2

30. 下列辅酶或辅基中不含 B 族维生素的是 ( )
A. NAD^+ B. CoA C. CoQ
D. $NADP^+$ E. FMN

31. 下列化合物中，不含维生素的是 ( )
A. CoA-SH B. TPP C. $NADP^+$ D. UDPG E. FAD
32. 下列化合物中，不含腺苷酸组分的是 ( )
A. CoA B. FMN C. FAD D. NAD^+ E. $NADP^+$
33. 下列维生素中，与能量代谢无关的是 ( )
A. 硫胺素 B. 核黄素 C. 抗坏血酸 D. 尼克酰胺 E. 遍多酸

二、不定项选择题

1. 维生素 B_1 参与下列哪些生化过程 ( )
A. 氨基酸脱羧反应 B. α-酮酸的氧化脱羧反应 C. 酮体生成
D. 抑制胆碱酯酶活性 E. 转酰基作用
2. 下列关于维生素 B_1 化学性质、本质或代谢的叙述中，正确的是 ( )
A. 在酸性溶液中不易被破坏 B. 分子中含有硫和氨
C. 分子中含有一个嘧啶环 D. 分子中含有一个噻唑环
E. 在体内转变成焦磷酸硫胺素
3. 下列哪些物质参与丙酮酸脱氢酶系 ( )
A. CoQ B. TPP C. 硫辛酸
D. FAD E. CoA
4. 由泛酸组成的辅酶参与下列哪种生化反应 ( )
A. 脱羧反应 B. 羧化反应 C. 脱氢反应
D. 转酰基作用 E. 转氨基作用
5. 缺乏叶酸时可影响 ( )
A. 核苷酸的合成 B. 蛋白质的合成 C. 磷脂的合成
D. 脂蛋白的合成 E. 糖蛋白的合成
6. 体内参与叶酸转变成四氢叶酸的辅助因子有 ( )
A. 维生素 C B. 维生素 B_{12} C. NADPH
D. 泛酸 E. 维生素 PP
7. 能促进红细胞发育和成熟的维生素是 ( )
A. 维生素 B_6 B. 维生素 B_{12} C. 维生素 PP
D. 叶酸 E. 维生素 C
8. 有生理活性的抗坏血酸是 ( )
A. D-抗坏血酸 B. L-抗坏血酸 C. D,L-抗坏血酸
D. L-脱氢抗坏血酸 E. D-脱氢抗坏血酸
9. 以下提法中，正确的是 ( )
A. 胶原合成需维生素 C 参与
B. 维生素 C 能使胶原蛋白肽链上的脯氨酸及赖氨酸残基羟化
C. 脯氨酸及赖氨酸残基羟化需 Fe^{2+}、O 及 α-酮戊二酸参与
D. 维生素 C 使 Fe^{2+} 不被氧化
E. 维生素 C 被氧化后转变成脱氢抗坏血酸

10. 现临床上发现有维生素过多症的维生素是　（　）
　A. 维生素 B_1　B. 维生素 D　C. 维生素 C
　D. 维生素 A　E. 维生素 B_{12}
11. 属于水溶性维生素的有　（　）
　A. 维生素 K　B. 维生素 B 族　C. 泛醌
　D. 维生素 C　E. α-生育酚
12. 下列哪些维生素或辅酶含环状分子结构　（　）
　A. 烟酸　B. 四氢叶酸　C. 维生素 D_3
　D. 泛酸　E. 生物素
13. 下列哪些维生素可以由人肠内细菌合成后吸收提供　（　）
　A. 维生素 K　B. 生物素　C. 尼克酸
　D. 维生素 D　E. 维生素 B_{12}

三、名词解释

1. 维生素　2. 维生素 A 原　3. 活性维生素 D_3
4. 夜盲症　5. 坏血病　6. 巨幼红细胞贫血

四、简答题

1. 说明当维生素 A 缺乏时为什么会患夜盲症。
2. 为什么缺乏维生素 B_1 会引起脚气病？
3. 说明维生素 B_1、B_2、PP、B_6、泛酸、叶酸等所构成的辅酶及其在代谢中的作用。
4. 试述维生素 C 的生化作用及缺乏症。

【科学素养读物】

中国生物化学家——王应睐

【生平简介】

王应睐，1907 年 11 月 13 日出生于福建省金门县。1925—1926 年，在福建协和大学学习。1926—1929 年，金陵大学毕业。1929—1931 年，任金陵大学助教。1933—1934 年，燕京大学研究院研究生。1936—1937 年，任金陵大学讲师。1938—1945 年，英国剑桥大学进修，1941 年获生物化学博士学位。1945 年，第二次世界大战结束后毅然回国。1945—1948 年，任中央大学教授。1948—1949 年，任"中央研究院"医学研究所筹备处研究员。1950—1958 年，任中国科学院生理生化研究所研究员兼副所长。1958—1984 年，任中国科学院生物化学研究所（后改称上海生物化学研究所）研究员兼所长。1978—1983 年，任中国科学院上海分院和上海科学院院长。1984—2001 年，任中国科学院上海生物化学研究所研究员兼名誉所长。

【科学贡献】

一、学术研究

1938 年王应睐到英国剑桥大学攻读博士研究生，在 L. J. 海里斯博士指导下从事维生素研究。这是20世纪30年代生物化学领域中最前沿的一个方向。为了更好地了解维生素在新陈代谢中的作用以及维生素本身的新陈代谢，就需要有一个方便、准确、微量与专一的测定方法。王应睐选择了这方面作为自己的研究目标。他所建立的维生素B_1的硫色素荧光测定法，能够简便准确地测定食品以及尿液等生物样品中的维生素B_1含量，对于缺少精密仪器的实验室提供了极大的便利。在这个阶段，王应睐还建立了其他B族维生素的测定法以及维生素C的电位滴定法。后者可以准确地测定在有颜色的组织抽提液中维生素C的含量。由于王应睐的成绩卓然，他在研究生毕业时获得了免试的待遇，并于1941年得到生化博士学位。

1941年，王应睐受聘于剑桥大学Dunn营养实验室，继续从事维生素研究。他和Moore在国际上首先发现合成的纯维生素A过量时有毒性，随后在英国生物化学杂志上发表了题为《维生素A过多症》一文，引起了各国学者的广泛重视。

1943年，王应睐到剑桥大学Mokteno研究所，在国际著名生化学家D.凯林教授领导下工作，对血红蛋白的研究取得了突出的成果。

新中国成立后，王应睐对琥珀酸脱氢酶的分离纯化，辅基鉴定以及辅基与酶朊连接方式进行了系统的研究，取得了重要的成果，解决了20余年未获澄清的酶的性质问题，并对辅基与酶朊的独特连接方式作了深入阐明。这项工作居当时酶学研究的世界领先水平。1955年在布鲁塞尔举行的第三届国际生化大会上，王应睐宣读了这一研究的论文，受到极高的评价。1978年获全国科学大会重大成果奖。

此外，王应睐从1958年至1984年任中国科学院上海生物化学研究所所长。在此期间，他曾作为协作组组长完成两项杰出的、具有开创性的成果：一项是1965年人工合成胰岛素；另一项是1981年人工合成酵母丙氨酸转移核糖核酸。

1988年2月，在美国佛罗里达州迈阿密生物技术冬季讨论会上，王应睐被授予"特殊成就奖"。这是为了表彰他领导中国科学家在人工合成生物高分子方面所取得的成就而特设的一项奖励。在授奖仪式上，会议主席、迈阿密大学生化系主任韦伦教授向王应睐颁发了一块奖盾，上面镌刻着：王应睐从1958年至1984年任中国科学院上海生物化学研究所所长。

二、对中国科学事业的贡献

王应睐在建立生化研究队伍、发现和培养各种人才上做了大量工作。第二次世界大战后，国际上酶学、蛋白质、核酸和中间代谢的研究迅速发展，成为生物化学学科的生长点。王应睐认为，中国生化研究必须紧紧围绕这门学科的生长点来带动全局，才能使我国的生化研究尽快改变落后面貌。1953—1958年中国科学院生理生化研究所就以蛋白质、酶、代谢(包括核酸和维生素代谢)为主开展生物化学研究工作，并且打下了良好的基础，其中不少工作取得了很好的成果。

作为全国生化研究的带头单位，生物化学研究所不仅人才辈出，而且成果累累。这是和王应睐出色的科研组织工作分不开的。其中，代表我国基础科学研究成就的两项重大成果——在世界上首次人工合成结晶牛胰岛素和人工合成酵母丙氨酸转移核糖核酸，都是以生物化学所为主力跟有关单位共同协作完成的。王应睐为培植这两项成果倾注了大量心血。

(沈年汉)

第十九章　癌基因、抑癌基因与生长因子

【教学目标】

第一节　癌基因

掌握：癌基因的基本概念。
熟悉：癌基因的活化机制及癌基因编码的信号分子。
了解：癌基因的结构。

第二节　抑癌基因

掌握：抑癌基因的基本概念。
熟悉：*p*53 和 *Rb* 两种抑癌基因的作用机制。
了解：抑癌基因的作用机制。

第三节　生长因子

掌握：几种常见生长因子的名称。
熟悉：生长因子的作用机制，即参与信号传递。
了解：生长因子与疾病的关系。

【考评测试】

一、单项选择题

1. 关于细胞癌基因说法正确的是　(　　)
   A. 只在肿瘤细胞中出现　B. 正常细胞在加入化学致癌物后才会出现
   C. 正常人细胞也能检测到原癌基因　D. 细胞经过转化才出现
   E. 正常人感染了致癌病毒才出现
2. 下列哪项不是原癌基因表达的产物　(　　)
   A. 生长因子　B. 蛋白激酶　C. 生长因子受体
   D. GTP 结合蛋白　E. Rb 蛋白
3. 下列哪项不是原癌基因激活的机制　(　　)
   A. 基因突变　B. 基因重排　C. 基因扩增
   D. 基因插入　E. 生长因子与 DNA 结合
4. 下列基因中，不属于癌基因的是　(　　)
   A. *erbB*　B. *src*　C. *raf*　D. *fas*　E. *Rb*
5. 下列物质中，不属于生长因子的是　(　　)

A. EGF　　B. IGF_3　　C. NGF　　D. PDGF　　E. eIF

6. 关于癌基因的叙述，错误的是　(　　)

A. 细胞增殖的正调节基因　　B. 可诱导细胞凋亡

C. 能在体外引起细胞转化　　D. 能在体内诱发肿瘤

E. 包括病毒癌基因和细胞癌基因

7. 最早发现的抑癌基因是　(　　)

A. *p53*　　B. *Rb*　　C. *HER-2*　　D. *APC*　　E. *NF1*

8. 编码 P21 蛋白的原癌基因是　(　　)

A. *myc*　　B. *ras*　　C. *sis*　　D. *src*　　E. *myb*

二、名词解释

1. 细胞癌基因(原癌基因)　　2. 病毒癌基因

【科学素养读物】

神秘的 EGF(表皮生长因子)

表皮生长因子(epidermal growth factor，EGF)是一种广泛存在于人体皮肤细胞内的小分子蛋白，是由 53 个氨基酸组成的活性多肽，其相对分子质量为 6216 道尔顿，分子结构中有三对二硫键决定着它的生物活性。1999 年，EGF 的研究成果被世界最具权威性的学术名刊——美国《科学》杂志评为当年十大科学成就之首。因其可以延缓皮肤衰老被科学界誉为"美丽因子"。

EGF 怎样使皮肤变得年轻呢?

人体细胞的正常分化过程为：干细胞→新生细胞→成熟细胞→衰老细胞。在 EGF 的作用下，表皮细胞的分化、增殖速度加快；同时已经分化成熟的细胞也在 EGF 的作用下分化成干细胞，干细胞又不断分化出新生细胞。在 EGF 的这两种作用下，不但细胞总的数量增多，而且新细胞在皮肤中所占的比例逐渐大于衰老细胞的比例，从而使皮肤变得年轻。同时在人体皮肤内，EGF 通过一系列细胞因子的磷酸化将生物信息传导至细胞内，增强糖酵解，激活细胞外透明质酸、糖蛋白等大分子合成，激活 DNA 合成，激活 RNA 转录和蛋白质合成，从而促进细胞的增殖分化，维持细胞的生长。此外，EGF 还能抵御导致细胞内 DNA 断裂、变异的外来因素(如紫外线、低温、药物、激素等)的刺激，防止细胞凋亡，增强皮肤的抗干扰能力，从而有效地阻抗皮肤的衰老。

1986 年，R. L. 蒙塔尔西尼(意大利)、S. 科恩(美)因为发现神经生长因子以及上皮细胞生长因子而获得诺贝尔生理学或医学奖。

转化生长因子-β(TGF-β)

TGF-β 是属于一组新近发现的调节细胞生长和分化的生长因子。TGF-β 的命名是根据这种细胞因子能使正常的成纤维细胞的表型发生转化，即在表皮生长因子(EGF)同时存在的条件下，改变成纤维细胞壁生长特性而获得在琼脂中生长的能力，并失去生长中密度信赖的抑制作用。TGF-β与早先报道的从非洲绿猴肾上皮细胞 BSC-1 所分泌的生长抑制因子是相同的物质。

1. TGF-β的分子结构和基因

1985 年 TGF-β的基因克隆成功，并在大肠杆菌内得到表达。在哺乳动物至少发现有 TGF-β_1、TGF-β_2、TGF-β_3、TGF-$\beta_1\beta_2$ 四种亚型。在鸟类和两栖类动物中还分别存在着 TGF-β_4 和 TGF-β_5，目前对后两者的生物学作用所知甚少。

TGF-β是由两个结构相同或相近、相对分子质量为 12.5kD 的亚单位借二硫键连接而成的双体。

人 TGF-β_1、TGF-β_2 和 TGF-β_3 的基因分别定位于染色体 19q3、1q41 和 14q24，均含有 7 个外显子，核苷酸序列有高度同源性，所编码的前体分子 C-端有 9 个保守的 Cys，提示 TGF-β_1、TGF-β_2 和 TGF-β_3 基因可能来自一个共同的祖先基因。人和小鼠TGF-β_1的同源性高达 99%，表明在不同种属中 TGF-β都具有重要的生物学功能。对人 TGF-β_1 基因调控区进行研究，发现该基因 5′-端序列包含 5 个明显的调控区：1 个类增强子(enhancer-like)活性区、2 个负调控区和 2 个启动子区。

2. TGF-β的生物学作用

起初，对 TGF-β的生物学功能研究主要在炎症、组织修复和胚胎发育等方面，近年来发现 TGF-β对细胞的生长、分化和免疫功能都有重要的调节作用。TGF-β_1、β_2 和 β_3 功能相似，一般来说，TGF-β对间充质起源的细胞起刺激作用，而对上皮或神经外胚层来源的细胞起抑制作用。

(1) 抑制免疫活性细胞的增殖

① 抑制 IL-3、GM-CSF、M-CSF 所诱导小鼠造血前体细胞和 LTBMC 的集落形成，并降低巨核细胞对 IL-3T 和 CSF 的反应性。② 抑制 ConA 诱导或 ConA 与 IL-2、IL-6 联合诱导的胸腺细胞增殖。③ 抑制丝裂原、同种异体抗原刺激的 T 细胞增殖或 IL-2 依赖的 T 细胞生长。④ 抑制 SAC 刺激后 IL-2 依赖的 B 细胞增殖。

(2) 对细胞表型的调节

① 抑制 IL-2 诱导的 T 细胞 IL-2R、TfR 和 TLiSA1 活化抗原的表达，对 CD3 表达未见影响。② 抑制 IFN-γ 诱导黑素瘤细胞 MHCⅡ类抗原表达。

(3) 抑制淋巴细胞的分化

① 抑制 IL-2 和 BCDF 依赖的 B 细胞分泌 IgM，促进 B 细胞分泌 Ig 类型转换为 IgA 和 IgE。② 抑制混合淋巴细胞培养(MLC)中 CTL、NK 和 LAK 功能，这种抑制作用可被TNF-α(小鼠 MLC)或 IL-2(人 MLC)所逆转。③ 抑制 PBMC 中 NK 活性以及 NK 细胞对 TNF-α 的适应性。④ 抑制 ConA 和 IL-2、IL-6 协同诱导小鼠胸腺 MHC 非限制杀伤性细胞的活性。

(4) 抑制细胞因子的产生

抑制 PBMC 中 IFN-γ 和 TNF-α 的产生。

(王建光)

第二十章　常用分子生物学技术的原理及其应用

【教学目标】

第一节　分子杂交与印迹技术

掌握：分子杂交和印迹技术的原理。
了解：印迹技术的类别及应用。

第二节　PCR 技术的原理与应用

掌握：PCR 的工作原理、主要用途。
熟悉：PCR 实验条件。

第三节　核酸序列分析

熟悉：化学裂解法；DNA 链末端合成终止法。

【考评测试】

一、单项选择题

1. 分子杂交试验不能用于　(　　)
   A. 单链 DNA 分子之间　B. 单链 DNA 分子与 RNA 分子之间
   C. 抗原与抗体分子之间　D. 双链 DNA 与 RNA 之间
   E. RNA 与 RNA 分子之间
2. 了解某一基因在某组织细胞中的表达水平时，采用哪种方法最合适　(　　)
   A. Southern blotting　B. Northern blotting　C. Western blotting
   D. 免疫组化分析　E. Dot blotting
3. 标记 DNA 探针时目前最常用的技术是　(　　)
   A. 缺口平移　B. 随机引物标记法　C. PCR 法
   D. RT-PCR 法　E. Southern blotting
4. 下列关于 DNA 序列自动化测定的描述中，不正确的是　(　　)
   A. 荧光标记代替同位素标记　B. 激光扫描分析代替人工读序
   C. 基本原理与手工测序相同　D. 不需要引物
   E. 需要模板
5. 用于测序的 DNA 末端终止法中不需要　(　　)
   A. 四种 2′-脱氧核苷酸(dNTP)　B. 四种 2′,3′-双脱氧核苷酸(ddNTP)

C. DNA 聚合酶　　D. ^{32}P 或 ^{35}S 标记的一种 dNTP
E. DNA 连接酶

6. 不经电泳分离直接将样品点在 NC 膜上的技术是　（　）
A. Southern blotting　B. Northern blotting　C. Western blotting
D. in situ hybridization　E. Dot blotting

7. 用于自动化 PCR 仪的 DNA 聚合酶必须　（　）
A. 耐热　B. 耐压　C. 耐酸
D. 耐碱　E. 以上都具备

8. PCR 的循环次数一般是　（　）
A. 5～10 次　B. 10～15 次　C. 15～20 次
D. 20～25 次　E. 25～30 次

9. Sanger 法测序不需要　（　）
A. Klenow 小片段　B. dNTP　C. 标记 dNTP
D. ddNTP　E. 引物

10. 1996 年，英国科学家克隆 Dolly 羊所采用的技术是　（　）
A. 转基因技术　B. 核转移技术　C. 基因剔除技术
D. 肽—核酸技术　E. 反义核酸技术

11. PCR 实验的特异性主要取决于　（　）
A. DNA 聚合酶的种类　B. 反应体系中模板 DNA 的量
C. 引物序列的长度和结构　D. 四种 dNTP 的浓度
E. 循环周期的次数

12. Maxam-Gilbert 法和 Sanger 法测序的共同点是均需要　（　）
A. 引物　B. Klenow 大片段　C. ddNTP
D. 化学裂解试剂　E. 电泳后放射自显影读图

13. 经电泳分离后将蛋白质转移到 NC 膜上的技术是　（　）
A. Southern blotting　B. Northern blotting
C. Western blotting　D. in situ hybridization
E. Dot blotting

14. 反义核酸作用主要是　（　）
A. 封闭 DNA　B. 封闭 RNA　C. 降解 DNA
D. 降解 RNA　E. 封闭核糖体功能

15. 用于核酸杂交的探针至少应符合　（　）
A. 必须是双链 DNA　B. 必须是双链 RNA
C. 必须是单链 DNA　D. 必须是 100bp 以上的大分子 DNA
E. 必须是蛋白质

16. 免疫印迹技术中不适合应用的步骤是　（　）
A. 聚丙烯酰胺凝胶电泳　B. 用 NC 膜或 PVDF 膜
C. 用毛细管作用进行转移　D. 用同位素标记抗体
E. 用非同位素标记抗体

17. 某种遗传性疾病由同一个点突变(无限制性内切酶位点变化)引起,可以 ( )
A. 用 DNA 单链构象多态性分析突变 B. 用限制性片段长度多态性分析突变
C. 用 Western blotting 分析突变 D. 用电泳分析基因组 DNA
E. 用电泳分析细胞中的所有蛋白质
18. 基因治疗的基本策略不包括 ( )
A. 基因芯片 B. 基因增补 C. 基因失活
D. 基因疫苗 E. 缺陷基因精确的原位修复
19. PCR 反应过程中,模板 DNA 变性所需温度一般是 ( )
A. 95℃ B. 85℃ C. 72℃ D. 55℃ E. 45℃
20. 同位素标记探针检测 NC 膜上的 DNA 样品所采用的技术是 ( )
A. Southern blotting B. Northern blotting C. Western blotting
D. in situ hybridization E. Dot blotting

二、多项选择题

1. 下列常用于标记探针的是 ( )
A. 放射性核素 B. 生物素 C. 荧光染料
D. 地高辛标记 E. 分子信标
2. 蛋白质印迹技术中可以用以下哪种方法标记抗体 ( )
A. 碱性磷酸酶 B. ^{125}I C. α-^{32}P-dATP
D. 辣根过氧化物酶 E. ^{3}HUR
3. Western blotting 的操作包括 ( )
A. 裂解细胞制备样品 B. 聚丙烯酰胺凝胶电泳
C. 转移样品到 NC 膜上 D. 封闭无关位点
E. 标记核酸探针
4. 有关转基因技术的正确描述是 ( )
A. 将目的基因转入胚胎细胞
B. 将目的基因转入胚胎干细胞
C. 将目的基因整合入受精卵细胞核 DNA 中
D. 基因转移能在同种异体之间进行
E. 基因转移可以在异种动物间进行
5. 从动物体内除去某种基因的技术称为 ( )
A. 基因靶向灭活 B. 基因剔除 C. 基因转移
D. 基因克隆 E. 基因重排
6. PCR 技术的主要用途包括 ( )
A. 目的基因的克隆 B. 基因的体外突变
C. DNA 或 RNA 的微量分析 D. DNA 序列测定
E. 基因突变分析
7. 下列哪些是单基因决定的疾病 ( )
A. 高血压 B. 糖尿病 C. 肿瘤

D. 高脂蛋白血症　　E. β-地中海贫血

8. PCR 反应体系包括 （ ）

A. 模板 DNA　　B. Taq-DNA 聚合酶　　C. 两个特异性引物

D. 四种 dNTP　　E. 含 Mg^{2+} 的缓冲液

9. 疾病相关基因的检测方法包括 （ ）

A. 异源双链技术　　B. 定位突变　　C. 单链构象多态性分析

D. 基因剔除　　E. 氨基酸成分分析

10. 基因治疗的基本策略包括 （ ）

A. 基因芯片　　B. 基因增补　　C. 基因失活

D. 基因疫苗　　E. 缺陷基因精确的原位修复

三、名词解释

1. 探针　　2. 逆转录 PCR(RT-PCR)　　3. cDNA 文库

4. 基因诊断　　5. 基因治疗

四、简答题

1. 简述聚合酶链反应(PCR)反应体系的基本成分及基本反应步骤。

【科学素养读物】

PCR 的故事

PCR 的中文全称是聚合酶链(式)反应(polymerase chain reaction),是 20 世纪 80 年代中期由美国西特斯生物技术公司人类遗传研究室的生物化学家穆里斯(K. B. Mullis)发明的体外 DNA 扩增技术。PCR 最大的特点是能够在数小时内将微量的目的基因或一小段 DNA 扩增几十万甚至上百万倍,因而又称为无细胞分子克隆法。PCR 的原理及做法其实不难,它利用 DNA 双链复制的原理,将一条 DNA 序列不断加以复制,使其数量以几何级数方式增加,可用来做定性的分析及各式各样的应用。

穆里斯是一名生物化学家,1972 年在加州大学伯克利分校取得博士学位,特别擅长有机物的合成。1977 年,他进入旧金山加州大学医学院的药物化学实验室。1979 年,穆里斯进了湾区一家名叫“西特斯”(PE-Cetus)的私人生物技术公司任职。西特斯公司从 20 世纪 70 年代以制造维生素及抗生素为主的公司转型,进入 80 年代以基因产品为主的研发。西特斯公司聘用穆里斯,是想借重他有机化学合成的专长,负责合成寡核苷酸(短链 DNA 分子),以供实验所需。

关于 PCR 技术的发明,穆里斯是这样描述的。1983 年春天的一个晚上,27 岁的穆里斯带着女友开车前往乡间的小屋度周末。在蜿蜒的乡间公路上开着车,同时思考着用 Sanger 法做 DNA 序列分析时,是否可以在目的基因的下游互补链上增加一条引物,使得两条链的分析结果可以相互确认。问题是,如果反应过于迅速而合成了新链全长,就无法进行序列分析了。突然,穆里斯意识到:重复这一过程无疑将使位于两个引物之间的特异性序列得到扩增。穆里斯原以为这样简单的想法应该有人提出过，但搜索文献后却发现没有。1983年8月，穆里斯首次在公司里正式做了有关PCR原理的报告。从1983年9月起，穆里斯陆续进行了一些实验着手证明这个构想的可行性。换过几个DNA模板，也尝试不同的加热、降温周期，结果都不够稳定，顶多只在电泳凝胶上形成一条若有若无的线条，未能说服旁人PCR发挥了增幅的功效。1984年11月，穆里斯的技术员首次取得可信的结果，证明了PCR的可行性。1985年12月20日，《科学》周刊上发表了西特斯公司技术员Saiki关于PCR应用的一篇论文。1987年初，穆里斯关于PCR理论的论文发表在《酶学方法》上。经冷泉港实验室的沃森（DNA双螺旋结构的发现人之一）推荐，穆里斯在1986年5月举行的"人类分子生物学"专题研讨会中，报告了PCR的原理及实际应用结果。

PCR操作过程中需要反复加热与降温的步骤，而前一次循环所使用的大肠杆菌DNA聚合酶在高温下就变性了，因此在每一次冷热循环之后，都要加入新鲜的聚合酶。这个做法不但繁琐，并且昂贵。1986年春，穆里斯首度提出使用耐高温酶的想法。经过文献搜索，在1976年的《细菌学杂志》上找到了相关的内容。一位来自台湾的年轻科学家钱嘉韵从黄石公园的热泉里发现的嗜热菌中成功分离出该细菌耐高温的Taq DNA聚合酶。1986年6月，Saiki首次将按着钱嘉韵等人发表的步骤分离出纯化的Taq DNA聚合酶应用于PCR，效果好得惊人。Taq DNA聚合酶不但大大简化了PCR工作，同时专一性及活性都比之前使用的酶更强，背景杂讯也几乎都消除了。自此，PCR取得了完全的成功。

PCR技术的产生是基础科学研究的一项重大成果，主要的发明人穆里斯个人的贡献是巨大的，他也因此获得了1993年的诺贝尔化学奖。但PCR技术并不是穆里斯个人的成就，它是在之前一系列成果的基础上发展出来的一项新技术。例如，Arthur Kornberg于1955年首次发现DNA聚合酶，并于1958年首次纯化成功；1955—1970年间，科学家发现了DNA退火及引物沿5′→3′方向延伸的热动力学过程；Kjell Kleppe博士首次完成PCR试验，并提出了体外进行DNA复制的可能性；1971年Har Gobind Khorana首次提出扩增合成DNA的观点，并详尽地阐述PCR的理论等。

（李春洋）

模拟测试题

第一套

一、单项选择题(每题 1 分,共 50 分)

1. 维系蛋白质分子中的 α-螺旋的化学键是 (　　)
   A. 肽键　B. 氢键　C. 离子键
   D. 疏水键　E. 二硫键
2. 临床上用酒精消毒灭菌是利用蛋白质的哪种理化性质 (　　)
   A. 沉淀作用　B. 高分子性质　C. 变性作用
   D. 两性作用　E. 等电点
3. 在形成嘌呤核苷酸时,嘌呤碱基与戊糖的 N-糖苷键是通过 (　　)
   A. 嘌呤碱的 N-9 与戊糖的 C-1′连接
   B. 嘌呤碱的 N-7 与戊糖的 C-1′连接
   C. 嘌呤碱的 N-9 与戊糖的 C-2′或 C-3′连接
   D. 嘌呤碱的 N-9 与戊糖的 C-5′连接
   E. 嘌呤碱的 N-3 与戊糖的 C-1′连接
4. 酶对它所催化反应的作用机制是 (　　)
   A. 使反应活化能增加　B. 使反应活化能降低　C. 使产物量增加
   D. 降低反应的自由能　E. 受理化因素影响
5. 当[S]$=4K_m$ 时,酶促反应与 V_{max}之比是 (　　)
   A. 1∶5　B. 2∶5　C. 3∶5　D. 4∶5　E. 1∶1
6. 酶的竞争性抑制剂的特点是 (　　)
   A. 当底物浓度增加时,抑制作用不减弱
   B. 抑制剂的结构与底物不相似
   C. 抑制剂和酶的活性中心的结合部位相结合
   D. 当抑制剂的浓度增加时,酶变性失活
   E. K_i 是酶和抑制剂结合成酶抑制剂复合物的平衡常数
7. 具有转移一碳单位功能的是 (　　)
   A. 叶酸　B. 四氢叶酸　C. 蝶酸
   D. 对氨基苯甲酸　E. 谷氨酸
8. 下列哪组酶是糖酵解的关键酶 (　　)
   A. 己糖激酶、6-磷酸果糖激酶 2、丙酮酸激酶
   B. 己糖激酶、磷酸甘油酸变位酶、丙酮酸激酶

C. 6-磷酸果糖激酶 1、醛缩酶、丙酮酸激酶
D. 己糖激酶、丙酮酸激酶、醛缩酶
E. 己糖激酶、6-磷酸果糖激酶 1、丙酮酸激酶

9. 骨骼肌中每摩尔葡萄糖在有氧及无氧条件下彻底氧化净生成 ATP 的比值是（ ）
A. 2∶1 B. 6∶1 C. 15∶1 D. 18∶1 E. 16∶1

10. 位于糖酵解、糖异生、磷酸戊糖、糖原合成、糖原分解各条代谢途径交汇点的化合物是（ ）
A. 1-磷酸葡萄糖 B. 6-磷酸果糖 C. 1,6-二磷酸果糖
D. 3-磷酸甘油醛 E. 6-磷酸葡萄糖

11. 各种细胞色素在呼吸链中的排列顺序是（ ）
A. $c \to b \to c_1 \to aa_3 \to O_2$ B. $c \to c_1 \to b \to aa_3 \to O_2$ C. $c_1 \to c \to b \to aa_3 \to O_2$
D. $b \to c_1 \to c \to aa_3 \to O_2$ E. $b \to c \to c_1 \to aa_3 \to O_2$

12. 下列哪种载脂蛋白可激活 LPL（脂蛋白脂肪酶）（ ）
A. apoAⅠ B. apoAⅡ C. apoCⅠ
D. apoCⅡ E. apoB

13. 目前认为有防止动脉粥样硬化功能的脂蛋白是（ ）
A. VLDL B. LDL C. HDL D. CM E. LPL

14. 脂肪酰 CoA 在肝脏进行 β-氧化，其酶促反应顺序为（ ）
A. 脱氢、再脱氢、加水、硫解 B. 硫解、脱氢、加水、再脱氢
C. 脱氢、加水、再脱氢、硫解 D. 脱氢、脱水、再脱氢、硫解
E. 加水、脱氢、硫解、再脱氢

15. 1 分子软脂肪酸彻底氧化为 CO_2 和 H_2O，净生成 ATP 的个数为（ ）
A. 32 B. 129 C. 106 D. 131 E. 108

16. 脂肪酸合成过程中，把乙酰基由线粒体转运到胞浆去的化合物是（ ）
A. 乙酰 CoA B. 肉毒碱 C. 乙酰乙酸
D. 柠檬酸 E. 丙二酰 CoA

17. 胆固醇生物合成过程中的限速酶是（ ）
A. 乙酰乙酸琥珀酰 CoA 转硫酶 B. HMG-CoA 合成酶
C. HMG-CoA 还原酶 D. HMG-CoA 裂解酶
E. 磷酸甲羟戊酸激酶

18. 鸟氨酸循环中，合成尿素的第二分子氨来源于（ ）
A. 游离氨 B. 谷氨酰胺 C. 天冬酰胺
D. 天冬氨酸 E. 氨基甲酰磷酸

19. 下列哪个氨基酸既是嘌呤又是嘧啶生物合成原料（ ）
A. 谷氨酸(Glu) B. 四氢叶酸(FH_4) C. 甘氨酸(Gly)
D. 天冬氨酸(Asp) E. 天冬酰胺(Asn)

20. 有关 DNA 的复制错误的是（ ）
A. DNA 的两条多核苷酸链氢键断裂，双链打开
B. 每条链均是模板

C. 需 RNA 引物参加

D. 均为不连续复制

E. 最后切去引物，连接酶连接

21. DNA 复制需要下列酶参与：① DNA 聚合酶Ⅲ，② 解链蛋白，③ DNA 聚合酶Ⅰ，④ DNA 指导的 RNA 聚合酶，⑤ DNA 连接酶。其作用的顺序是 ( )

A. ④、③、①、②、⑤ B. ②、③、④、①、⑤ C. ④、②、①、⑤、③

D. ④、②、①、③、⑤ E. ②、④、①、③、⑤

22. 真核细胞中经 RNA 聚合酶Ⅲ催化转录的产物是 ( )

A. mRNA B. hnRNA C. 18S-rRNA

D. 5.8S-rRNA E. 5S-rRNA 及 tRNA 前体

23. mRNA 的部分顺序和密码子的编号是：

140 141 142 143 144 145 146

5′…CAG CUC UAA CGG UAG AAU AGC…3′

若在第 141 号密码末端和第 142 号密码开始之间插入一个鸟嘌呤核苷酸，经翻译生成蛋白质的氨基酸数为 ( )

A. 141 B. 142 C. 144 D. 145 E. 146

24. 能促使大小亚基解离的因子是 ( )

A. IF-3 B. IF-1 C. IF-2

D. EF-Tu E. EF-Ts

25. 与 mRNA 中密码 5′…ACG…3′相对应的 tRNA 反密码是 ( )

A. 5′…UGC…3′ B. 5′…TGC…3′ C. 5′…GCA…3′

D. 5′…CGU…3′ E. 5′…CGT…3′

26. 转位酶存在于 ( )

A. 核糖体大亚基 B. 核糖体小亚基 C. EF-G

D. EF-Tu E. EF-Ts

27. 遗传密码的摆动性是指 ( )

A. 遗传密码可以互换

B. 密码的第 3 位碱基与反密码的第 1 位碱基可以不严格互补

C. 一种密码可以代表不同的氨基酸

D. 密码与反密码可以任意配对

E. 不同的氨基酸具有相同的密码

28. 肽链合成的方向是 ( )

A. 从 N-端→C-端进行

B. 从 C-端→N-端进行

C. 从中间部位向 N-端和 C-端两个方向同时进行

D. 先从 N-端→C-端合成小片段，再连接成一条多肽链

E. 没有固定的合成方向

29. 关于信号肽段正确的是 ( )

A. 都含有三个特殊区域 B. 使多聚核糖体合成

C. 使核糖体与 mRNA 附着　　D. 使核糖体与内质网上受体结合
E. 使肽从核糖体上释放

30. 对操纵子的说法正确的是 (　　)
A. 操纵子由结构基因、操纵基因和调节基因组成
B. 操纵子由启动基因、操纵基因、调节基因和结构基因组成
C. mRNA 的合成是以操纵基因为模板
D. 调节基因是 RNA 聚合酶的附着部位
E. 诱导物与调节基因结合从而促进蛋白质的合成

31. 在某一混合蛋白质溶液中，各种蛋白质的 pI 分别为 4.5，4.9，5.4，6.6 和 7.3，电泳时欲使其中四种蛋白质泳向正极，则缓冲液的 pH 值应该是 (　　)
A. 5.0　B. 4.0　C. 6.0　D. 7.0　E. 8.0

32. 下列哪种胆汁酸是次级胆汁酸 (　　)
A. 甘氨鹅脱氧胆酸　B. 甘氨胆酸　C. 牛磺鹅脱氧胆酸
D. 脱氧胆酸　E. 牛磺胆酸

33. Cori 循环是指 (　　)
A. 肌肉内葡萄糖酵解成乳酸，有氧时乳酸重新合成糖原
B. 肌肉内从丙酮酸生成丙氨酸，肝内丙氨酸重新变成丙酮酸
C. 肌肉内蛋白质降解生成丙氨酸，经血液循环至肝内异生为糖原
D. 肌肉内葡萄糖酵解成乳酸，经血液循环至肝内异生为葡萄糖供外周组织利用
E. 肌肉内蛋白质降解生成氨基酸，经转氨酶与腺苷酸脱氢酶偶联脱氨基的循环

34. 人体内的多不饱和脂肪酸指 (　　)
A. 油酸、软脂肪酸　B. 油酸、亚油酸　C. 亚油酸、亚麻酸
D. 软脂肪酸、亚油酸　E. 软脂肪酸、花生四烯酸

35. 脑细胞胞液中的 NADH 进入线粒体主要是通过 (　　)
A. 苹果酸-天冬氨酸穿梭　B. 肉碱穿梭　C. 柠檬酸-丙酮酸循环
D. α-磷酸甘油穿梭　E. 丙氨酸-葡萄糖循环

36. 下列各组氨基酸中，均属于必需氨基酸的是 (　　)
A. 色氨酸、蛋氨酸、苏氨酸　B. 赖氨酸、丝氨酸、酪氨酸
C. 亮氨酸、苯丙氨酸、组氨酸　D. 谷氨酸、半胱氨酸、缬氨酸
E. 谷氨酸、半胱氨酸、甘氨酸

37. 下列各组氨基酸中，属于生糖兼生酮氨基酸的是 (　　)
A. 亮氨酸、异亮氨酸　B. 苯丙氨酸、色氨酸　C. 亮氨酸、酪氨酸
D. 酪氨酸、赖氨酸　E. 苯丙氨酸、天冬氨酸

38. 白化病患者体内缺乏的酶是 (　　)
A. 苯丙氨酸羟化酶　B. 酪氨酸酶　C. 色氨酸吡咯酶
D. 鸟氨酸脱羧酶　E. 苯丙氨酸脱氢酶

39. 痛风症是由于某种代谢物沉积于关节、软组织等处引起的。这种代谢物是 (　　)
A. 黄嘌呤　B. 尿素　C. 尿酸
D. 碳酸盐　E. 胆固醇

40. 下列关于共价修饰调节酶的说法中,错误的是 ( )
A. 这类酶一般存在活性和无活性两种形式
B. 酶的这两种形式通过酶促的共价修饰相互转变
C. 伴有级联放大作用
D. 高等生物独有的代谢调节方式
E. 属于快速调节

41. 下列哪个代谢途径不是在胞液中完成的 ( )
A. 糖酵解 B. 糖异生 C. 糖原的合成与分解
D. 磷酸戊糖途径 E. 脂肪酸 β-氧化

42. 作用于膜受体的激素是 ( )
A. 甲状腺素 B. 醛固酮 C. 雄激素
D. 雌激素 E. 肾上腺素

43. 不对称转录是指 ( )
A. 双向复制后的转录
B. 同一 DNA 模板转录可以是 5′→3′延长,也可以是 3′→5′延长
C. 同一单链 DNA,转录时可以交替作有义链和反义链
D. 转录经翻译生成氨基酸,氨基酸含有不对称碳原子
E. 永远只以双链中的一条链为模板,另一条链不能作为模板

44. tRNA 分子中与氨基酸结合的部位是 ( )
A. 反密码环 B. 3′-末端的 CCA—OH C. DHU 环
D. TψC 环 E. 稀有碱基密集部

45. 下列关于限制性内切酶的叙述中,错误的是 ( )
A. 它能识别 DNA 特定的碱基顺序,并在特定的位点切断 DNA
B. 切割点附近的碱基顺序一般呈回文结构
C. 它能专一降解经甲基化修饰的 DNA
D. 它是重组 DNA 的重要工具酶
E. 主要从细菌中获得

46. 有关 PKA 的叙述错误的是 ( )
A. 由四个亚基组成 B. 调节亚基与催化亚基结合时有活性
C. 调节亚基有 cAMP 结合位点 D. PKA 的激活需要 Mg^{2+}
E. 有 2 个催化亚基和 2 个调节亚基

47. 下列化合物中,不含腺苷酸组分的是 ( )
A. CoA B. FMN C. FAD D. NAD^+ E. $NADP^+$

48. 关于核小体的叙述正确的是 ( )
A. 由 DNA 和非组蛋白八聚体构成
B. 由 RNA 和 H_1、H_2、H_3、H_4 各两分子构成
C. H_1、H_2A、H_2B、H_3 和 H_4 参与核小体组成
D. 由 DNA 和 H_1、H_2、H_3、H_4 各两分子构成
E. 由 RNA 和组蛋白构成

49. 下列哪种物质的转变不可逆 （ ）
A. 葡萄糖→甘油 B. 乙酰 CoA→酮体 C. β-羟丁酸→乙酰乙酸
D. 乙酰 CoA→胆固醇 E. 脂肪酸→乙酰 CoA

50. 大多数原核生物基因的调控机制是 （ ）
A. 操纵子 B. 启动子 C. 增强子
D. 沉默子 E. 衰减子

二、多项选择题(每题 1 分,共 10 分)

1. 体内蛋白质的生理功能众多,包括 （ ）
A. 催化 B. 调节 C. 保护支持
D. 运输 E. 防御

2. 下列关于真核生物 DNA 碱基的叙述中,正确的是 （ ）
A. 腺嘌呤与胸腺嘧啶含量相等 B. 嘌呤与嘧啶含量相等
C. G-C 对有 3 个氢键 D. A+T/G+C 比值等于 1
E. G-C 对有 2 个氢键

3. 关于酶的叙述正确的是 （ ）
A. 所有酶的化学本质都是蛋白质
B. 所有酶都是催化剂
C. 酶可以降低反应的活化能
D. 酶能加速反应的速度但不改变反应的平衡点
E. 酶只能催化热力学允许的反应

4. 小肠黏膜细胞对葡萄糖的吸收 （ ）
A. 需要钠离子依赖性转运体蛋白质 B. 需要胆汁酸盐
C. 顺葡萄糖浓度梯度而进行 D. 依靠钠离子浓度梯度
E. 需要葡萄糖转运体蛋白质

5. 脂肪酸 β-氧化在细胞内进行的部位是 （ ）
A. 细胞浆 B. 细胞核 C. 微粒体
D. 线粒体 E. 以上都不是

6. 呼吸链中 Cyt c 的特性是 （ ）
A. 其氧化还原电位高于 Cyt c_1 B. 其化学本质属于蛋白质
C. 它的水溶性好,易从线粒体中提取纯化 D. 其氧化还原电位低于 Cyt b
E. 以上都不是

7. 氨基酸脱氨基作用的主要方式有 （ ）
A. 氧化脱氨 B. 转氨 C. 联合脱氨
D. 水解脱氨 E. 以上都不是

8. 关于脱氧核苷酸的生成,正确的是 （ ）
A. 来自二磷酸核苷还原
B. 由核糖核苷酸还原酶催化
C. NADPH 为还原反应供氢

D. 四种核苷酸中每一种核苷酸由核苷酸还原酶中不同的同工酶催化

E. 硫氧还蛋白及硫氧还蛋白还原酶为核糖核苷酸还原酶的活性所必需

9. 关于三大营养物质代谢，正确的是 （　　）

A. 乙酰 CoA 是三大营养物质代谢的共同中间产物

B. 三大营养物质相互转变通过三羧酸循环中间产物而实现

C. 大多数氨基酸都可转变为糖，但糖只能为非必需氨基酸提供碳源

D. 糖、蛋白质都很容易转变为脂肪

E. 脂肪可转变成糖，也可转变为氨基酸

10. 原核生物和真核生物复制共同的特点是 （　　）

A. 半保留复制　　B. 高保真复制　　C. 半不连续复制

D. 双向复制　　E. 不对称复制

三、名词解释（每题 3 分，共 15 分）

1. 限制性核酸内切酶　　2. 同工酶　　3. 氧化磷酸化

4. 冈崎片段　　5. 转录衰减

四、简答题（共 25 分）

1. 写出 DNA 双螺旋结构要点。（6 分）

2. 何谓酶的竞争性抑制作用？其特点是什么？酶的竞争性抑制在医学实践中有何意义？试举例说明。（7 分）

3. 蛋白质生物合成的原料和条件有哪些？试简述三种 RNA 在蛋白质生物合成过程中的作用。（6 分）

4. 复制和转录过程有什么相似之处？又各有什么特点？（6 分）

（王建光）

第二套

一、单项选择题(每题1分,共40分)

1. 维系蛋白质一级结构的主要化学键是 ( )
A. 肽键 B. 盐键 C. 氢键
D. 疏水键 E. 二硫键
2. 用哪种物质沉淀蛋白质往往不变性 ( )
A. 丙酮 B. 三氯醋酸 C. 苦味酸
D. 酒精 E. 硫酸铵
3. 关于DNA和RNA彻底水解产物的叙述,正确的是 ( )
A. 碱基相同,戊糖相同 B. 碱基相同,戊糖不同
C. 碱基不同,戊糖相同 D. 部分碱基相同,戊糖不同
E. 部分碱基相同,戊糖相同
4. 核酸中核苷酸之间的连接方式是 ( )
A. 2′,3′-磷酸二酯键 B. 3′,5′-磷酸二酯键 C. 2′,5′-磷酸二酯键
D. 1′,5′-磷酸二酯键 E. 1′,3′-磷酸二酯键
5. 下列关于DNA双螺旋模型的叙述中,错误的是 ( )
A. 属DNA的二级结构 B. 双股链相互平行、走向相反
C. 碱基位于双螺旋外侧 D. 碱基间以非共价键相连
E. 磷酸与脱氧核糖组成了双螺旋的骨架
6. 下列关于辅助因子的叙述中,正确的是 ( )
A. 均是结构复杂的小分子有机化合物
B. 有的辅酶与酶蛋白分开存在,故其本身就有催化活性
C. 主要起携带或转移电子、原子和功能基团的作用
D. 决定酶的特异性
E. 辅基位于活性中心之外
7. 心肌梗死时,乳酸脱氢酶同工酶谱中增加最显著的是 ( )
A. LDH_1 B. LDH_2 C. LDH_3 D. LDH_4 E. LDH_5
8. 关于酶原激活的叙述,正确的是 ( )
A. 通过酶蛋白与辅助因子结合而实现
B. 其实质是活性中心的形成或暴露
C. 通过酶蛋白与别构激活剂结合而实现酶原激活
D. 其生理意义是避免活性酶过多而浪费酶蛋白
E. 酶原是由多个亚基组成
9. 使酶原激活的主要途径是 ( )
A. 化学修饰 B. 亚基的聚合与解离 C. 别构激活
D. 翻译后加工 E. 水解一个或几个特定的肽键

10. 若某种酶的行为遵循典型的米曼动力学，那么根据速度对底物浓度的双倒数作图，底物的米氏常数(K_m)可从图上确定为下列何值 (　　)
A. 曲线的转折点　B. 曲线的斜率
C. 曲线在 X 轴上截距的绝对值　D. 曲线在 X 轴上截距的绝对值的倒数
E. 曲线在 Y 轴上截距的绝对值的倒数

11. 胃蛋白酶的最适 pH 是 (　　)
A. 1.8　B. 2.8　C. 3.5　D. 4.8　E. 6.8

12. 有机磷杀虫剂是与酶活性中心的哪种功能基团结合而抑制酶活性的 (　　)
A. 半胱氨酸的巯基　B. 丝氨酸的羟基　C. 某些氨基酸的羧基
D. 氨基酸的氨基　E. 组氨酸的咪唑基

13. 竞争性抑制剂作用的动力学特点是 (　　)
A. K_m 增大，V_{max} 增大　B. K_m 增大，V_{max} 下降　C. K_m 增大，V_{max} 不变
D. K_m 降低，V_{max} 下降　E. K_m 不变，V_{max} 下降

14. 水溶性维生素常是辅酶或辅基的组成部分，如 (　　)
A. 辅酶 A 含尼克酰胺　B. FAD 含吡哆醛　C. NAD^+ 含尼克酰胺
D. 脱羧辅酶含生物素　E. TPP 含维生素 B_2

15. 在糖酵解过程中，下列哪个酶催化的反应是不可逆的 (　　)
A. 醛缩酶　B. 烯醇化酶　C. 丙酮酸激酶
D. 磷酸甘油酸激酶　E. 3-磷酸甘油醛脱氢酶

16. 成熟 RBC 的能量主要来源于 (　　)
A. 糖无氧酵解　B. 磷酸戊糖通路　C. 糖的有氧氧化
D. 脂肪酸的 β-氧化　E. 酮体的氧化作用

17. 丙酮酸脱氢酶复合体中不包括 (　　)
A. FAD　B. NAD^+　C. 生物素
D. 辅酶 A　E. 硫辛酸

18. 1 分子葡萄糖有氧氧化时共有几次底物水平磷酸化 (　　)
A. 2　B. 3　C. 4　D. 5　E. 6

19. 心肌中的葡萄糖在有氧时生成 ATP 数与在无氧时净生成 ATP 数之比是 (　　)
A. 2∶1　B. 18∶1　C. 36∶1　D. 19∶1　E. 38∶1

20. 下列哪种酶缺乏可引起蚕豆病 (　　)
A. 内酯酶　B. 磷酸戊糖异构酶　C. 磷酸戊糖差向酶
D. 转酮基酶　E. 6-磷酸葡萄糖脱氢酶

21. 关于糖原合成的叙述中，错误的是 (　　)
A. 糖原合成过程中有焦磷酸生成
B. α-1,6-葡萄糖苷酶催化形成分支
C. 从 1-磷酸葡萄糖合成糖原要消耗高能磷酸键
D. 葡萄糖的直接供体是 UDPG
E. 葡萄糖基加在糖链末端葡萄糖的 C_4 上

22. 不能经糖异生合成葡萄糖的物质是 (　　)

A. α-磷酸甘油　B. 丙酮酸　C. 乳酸
D. 乙酰 CoA　E. 生糖氨基酸

23. 能使血糖降低的激素是（　）
A. 胰岛素　B. 甲状旁腺分泌的激素　C. 肾上腺素
D. 去甲肾上腺素　E. 胰高血糖素

24. 脂肪酸β-氧化时，不发生的反应是（　）
A. 水化　B. 脱水　C. 脱氢
D. 羟基氧化　E. 硫解

25. 软脂酰 CoA 经过β-氧化，其产物通过三羧酸循环和氧化磷酸化生成 ATP 的摩尔数为（　）
A. 129　B. 131　C. 104　D. 102　E. 5

26. 脂肪动员时脂肪酸在血中运输的主要形式是（　）
A. 与球蛋白结合　B. 与清蛋白结合　C. 与 VLDL 结合
D. 与 CM 结合　E. 与 HDL 结合

27. 由 3-磷酸甘油和脂酰 CoA 合成三酰甘油的第一个中间产物是（　）
A. 甘油一酯　B. 1,2-甘油二酯　C. 溶血磷脂酸
D. 磷脂酸　E. 脂酰肉碱

28. 体内合成长链脂肪酸的主要原料是（　）
A. 乙酰辅酶 A　B. 乙酰乙酰辅酶 A　C. 丙酰辅酶 A
D. 草酰乙酸　E. 葡萄糖

29. 乙酰 CoA 羧化酶催化的反应其产物是（　）
A. 乙酰辅酶 A　B. 乙酰乙酰辅酶 A　C. 丙二酸单酰辅酶 A
D. 草酰乙酸　E. 葡萄糖

30. 胆固醇不能转化为下列哪种物质（　）
A. 性激素　B. 糖皮质激素　C. 甲状腺素
D. 胆汁酸　E. 7-脱氢胆固醇

31. 脂蛋白脂肪酶(LPL)催化（　）
A. CM 和 VLDL 中甘油三酯的水解　B. 脂肪组织中脂肪的水解
C. 高密度脂蛋白中甘油三酯的水解　D. 中密度脂蛋白中甘油三酯的水解
E. 小肠中甘油二酯合成甘油三酯

32. 逆向转运胆固醇的主要脂蛋白是（　）
A. 乳糜微粒　B. 极低密度脂蛋白　C. 低密度脂蛋白
D. 高密度脂蛋白　E. 清蛋白

33. β-脂蛋白相当于血浆脂蛋白密度分类法中的（　）
A. CM　B. VLDL　C. LDL
D. IDL　E. HDL

34. P/O 值的含义是（　）
A. 每消耗 1mol 氧原子所消耗的无机磷摩尔数
B. 每消耗 1mol 氧分子所消耗的无机磷摩尔数

C. 每消耗 1mol 氧分子所合成 ADP 的摩尔数
D. 每消耗 1mol 氧原子所消耗 ATP 的摩尔数
E. 每消耗 1mol 氧分子所合成 ATP 的摩尔数

35. 肌肉中能量的主要贮存形式是 ( )
A. ATP B. GTP C. 磷酸肌醇
D. CTP E. UTP

36. 骨骼肌和心肌中丙氨酸脱氨基的主要方式是 ( )
A. 经联合脱氨基作用脱氨 B. 经嘌呤核苷酸循环途径脱氨
C. 经丙氨酸酶催化直接脱氨 D. 经丙氨酸氧化酶催化直接脱氨
E. 经丙氨酸水解酶催化脱氨

37. 尿素循环中一个氨由氨基甲酰磷酸提供,而另一个氨来源于 ( )
A. 游离氨 B. 谷氨酰胺 C. 氨基甲酰磷酸
D. 天冬酰胺 E. 天冬氨酸

38. 下列哪条代谢途径和核酸合成密切相关 ( )
A. 糖酵解 B. 糖异生 C. 糖原合成
D. 磷酸戊糖途径 E. 三羧酸循环

39. 在 DNA 复制起始过程中,下列酶和蛋白质的作用次序是 ( )
① DDDP Ⅲ;② SSB;③ 引物酶;④ 解螺旋酶
A. ①,②,③,④ B. ④,②,③,① C. ③,①,②,④
D. ①,④,③,② E. ②,③,④,①

40. 冈崎片段产生的原因是 ( )
A. DNA 复制速度太快 B. 双向复制
C. 有 RNA 引物就有冈崎片段 D. 复制与解链方向不同
E. 复制中 DNA 有缠绕打结现象

二、多项选择题(每题 1 分,共 10 分)

1. 蛋白质变性在下述哪些方面得到应用 ( )
A. 酒精消毒 B. 高压蒸气消毒 C. 紫外线照射
D. 硫酸铵分步盐析 E. 低温保存疫苗

2. 肝脏对血糖的调节是通过 ( )
A. 糖异生 B. 糖无氧酵解 C. 糖有氧氧化
D. 糖原分解 E. 以上都是

3. 下列属于高能化合物的是 ( )
A. 3-磷酸甘油醛 B. 1,3-二磷酸甘油酸 C. 磷酸肌醇
D. 磷酸烯醇式丙酮酸 E. ADP

4. 乙酰辅酶 A 的去路是 ( )
A. 合成酮体 B. 合成脂肪酸 C. 合成胆固醇
D. 合成葡萄糖 E. 氧化供能

5. α-酮酸的代谢去路有 ( )

A. 可转变为糖　B. 可转变为脂肪　C. 生成非必需氨基酸
D. 氧化生成水和二氧化碳　E. 生成必需氨基酸

6. DNA 复制的特点是（　）
A. 半保留复制　B. 需合成 RNA 引物　C. 形成复制叉
D. 有半不连续性　E. 双向复制

7. 蛋白质合成的延长阶段包括下列哪些步骤（　）
A. 起始　B. 进位　C. 成肽
D. 转位　E. 终止

8. 胆素原族化合物包括（　）
A. 粪胆素　B. 尿胆素　C. 中胆素原
D. 粪胆素原　E. 尿胆素原

9. 人体必需脂肪酸有（　）
A. 亚油酸　B. γ-亚麻酸　C. α-亚麻酸
D. 二十碳五烯酸　E. 二十二碳六烯酸

10. 维持 DNA 双螺旋结构稳定的作用力包括（　）
A. 碱基对之间的氢键　B. 磷酸二酯键　C. 碱基堆积力
D. 磷酸残基的离子键　E. 二硫键

三、名词解释(每题 4 分,共 20 分)

1. 蛋白质的等电点(pI)　2. 糖异生作用　3. 酮体
4. 氧化磷酸化　5. 半保留复制

四、简答题(共 30 分)

1. 何谓三羧酸循环？有何生理意义？
2. 简述遗传密码的特点。
3. 试述生物转化作用、类型及生理意义。

（叶　辉）

参考答案

第一章　蛋白质的结构与功能

一、单项选择题

1. B　2. A　3. D　4. D　5. D　6. D　7. A　8. B　9. D　10. A
11. B　12. E　13. B　14. E　15. C　16. C　17. D　18. B　19. D　20. C
21. C　22. B　23. A　24. D　25. D　26. A　27. A　28. B　29. C　30. D
31. D　32. C　33. D　34. A　35. B　36. C　37. A　38. D　39. A　40. B
41. A　42. B　43. A

二、多项选择题

1. ABCDE　2. BCE　3. AD　4. BCE　5. AD　6. CE
7. ABDE　8. ABCD　9. ADE　10. ABDE　11. ABCE　12. ABC
13. ABCE　14. ABCD　15. BCDE　16. BCE　17. BCDE　18. ABC
19. BCDE　20. BCDE　21. AB　22. ABCDE　23. ABCDE　24. BD
25. ABDE　26. ABCE

三、名词解释

1. 肽键：蛋白质分子中连接相邻两个氨基酸残基间的酰胺键。

2. 蛋白质的一级结构：蛋白质分子中，从N-端到C-端的氨基酸的排列顺序，主要化学键是肽键，有些蛋白质还包含二硫键。

3. 肽单元：参与组成肽键相关的6个原子（—C_α—CO—NH—C_α—）位于同一平面，又称酰胺平面或肽键平面。肽单元是蛋白质构象的基本结构单位。

4. 蛋白质二级结构：蛋白质分子中某一段肽链主链骨架原子的相对空间位置。二级结构主要有α-螺旋、β-折叠、β-转角和无规卷曲。维系蛋白质二级结构的稳定主要靠氢键。

5. 模体：在许多蛋白质分子中，由两个以上具有二级结构的肽段在空间上相互接近，形成一个特殊的空间构象并发挥一定的作用。模体是具有特殊功能的超二级结构。

6. 蛋白质的三级结构：是指整条肽链中全部氨基酸残基的相对空间位置，也就是整条肽链所有原子在三维空间的排布位置。

7. 结构域：相对分子质量大的蛋白质三级结构常可分割成1个或数个球状或纤维状的区域，折叠较为紧密，各行使其功能。

8. 蛋白质的四级结构：蛋白质分子各个亚基的空间排布及亚基接触部位的布局和相互作用。

9. 协同效应：蛋白质的一个亚基与其配体结合后，能影响此寡聚体中另一个亚基与配体的结合能力。如果是促进作用，称为正协同效应；反之，则为负协同效应。

10. 分子病：由于遗传物质（DNA）的突变，导致其编码蛋白质分子的氨基酸序列异常，从而引起其生物学功能改变的遗传性疾病。

11. 等电点：蛋白质是两性电解质，它的解离与环境 pH 有关。当其处于某一 pH 值的环境中时，所带正、负电荷相等，净电荷为零，呈兼性离子，此时溶液的 pH 值为该蛋白质的等电荷。

12. 蛋白质的变性作用：蛋白质受某些理化因素的影响后，其分子内部次级键破坏，构象改变，随之其理化性质改变和生物学活性丧失。

四、简答题

1. 答：(1) α-螺旋：多肽链的主链围绕着中心轴呈现有规律的螺旋式上升；螺旋的走向为顺时针方向（即右手螺旋），氨基酸侧链伸向螺旋外侧；每个肽键的亚氨基 H 和第四个肽键的羰基 O 形成氢键，依此类推，肽链中的全部肽键都形成了氢键，以稳固 α-螺旋结构；每 3.6 个氨基酸残基螺旋上升一圈，螺距为 0.54nm，故每个氨基酸残基上升的高度为 0.15nm。(2) β-折叠：多肽链充分伸展，每个肽单元以 C_α 为旋转点，依次折叠成锯齿状结构；氨基酸侧链交替地位于锯齿状结构的上、下方；2 条以上肽链或 1 条肽链内的若干肽段平行排列，通过链间羰基 O 和亚氨基 H 形成氢键，从而稳固 β-折叠结构；肽链有顺式平行和反式平行两种。

2. 答：蛋白质在细胞浆中合成时，未折叠的肽段有许多疏水基团暴露在外，具有分子内或分子间聚集的倾向，从而影响蛋白质的正确折叠。而细胞内存在一类称为分子伴侣的蛋白质，可以帮助新生多肽链正确的折叠。分子伴侣是一类帮助新生多肽链正确折叠的蛋白质。其作用如下：① 可逆地与未折叠肽段的疏水部分结合，随后松开，如此重复进行可防止错误的聚集发生，使肽链正确折叠。② 与错误折叠的肽段结合，使之解聚后，再诱导其正确折叠。③ 对蛋白质分子中的二硫键的正确形成起重要作用。所以分子伴侣通过提供一个保护环境从而加速蛋白质折叠成天然构象。

3. 答：(1) 蛋白质一级结构是空间结构的基础，特定的空间构象主要是由蛋白质分子中肽链和侧链 R 基团形成的次级键来维持。在生物体内，蛋白质的多肽链一旦被合成后，即可根据一级结构的特点自然折叠和盘曲，形成一定的空间构象，获得一定功能。以核糖核酸酶为例说明。加入尿素（破坏氢键）和 β-巯基乙醇（破坏二硫键），导致此酶的二、三级结构遭到破坏，酶活性丧失，但肽键不受影响，所以一级结构不变。采用透析去除尿素和 β-巯基乙醇后，仍能恢复正常的构象和功能。证明空间构象遭到破坏的核糖核酸酶，只要其一级结构未被破坏，松散的多肽链可循其特定的氨基酸顺序，卷曲折叠成天然的空间构象，酶活性又逐渐恢复至原来水平。(2) 一级结构相似的蛋白质，其基本构象及功能也相似，例如，不同种属的生物体分出来的同一功能的蛋白质，其一级结构只有极少的差别，而且在系统发生上进化位置距离愈近的差异愈小。(3) 在蛋白质的一级结构中，参与功能活性部位的残基或处于特定构象关键部位的残基，如果发生突变，那么该蛋白质的功能也会受到明显的影响。如镰刀状红细胞贫血发生的原因是血红蛋白的一级结构发生了差错，血红蛋白 β-亚基的第 6 位氨基酸应该是谷氨酸，突变为缬氨酸，导致红细胞变形成镰刀状而极易破裂，造成贫血。

4. 答：肌红蛋白只有一条多肽链组成，其结合氧不具有协同效应，所以它的氧解离曲线呈直角双曲线，其主要功能是贮存氧；而血红蛋白由四个亚基组成，多亚基的血红蛋白结合氧具有协同效应，而协同效应的发生又是因为血红蛋白分子具有变构效应，也即血红蛋白的第一个亚基与 O_2 结合后，使 Hb 分子结构发生变化，由紧张态变为松弛态，亚基间结合松弛，促进第二个亚基与 O_2 结合，依此可影响第三、第四个亚基与 O_2 的结合，故其每个亚基与

O_2 结合的平衡常数不相同，反映在氧解离曲线上即为"S"形曲线。其生理意义为：在氧分压较低时，血红蛋白可释放出更多的 O_2 以供组织利用。因此血红蛋白的主要功能是运输氧。

5. 答：蛋白质分子中除了其两端的氨基和羧基可解离外，氨基酸残基侧链中某些基团，如谷氨酸、天冬氨酸残基中的 γ 和 β-羧基，赖氨酸残基中的 ε-氨基，精氨酸残基的胍基和组氨酸残基的咪唑基，在一定的溶液 pH 条件下都可解离成带负电荷或正电荷的基团。因此，蛋白质分子是一种两性电解质，具有两性解离的特性。当蛋白质溶液处于某一 pH 时，蛋白质解离成正、负离子的趋势相等，即成为兼性离子，净电荷为零。此时溶液的 pH 称为蛋白质的等电点。蛋白质溶液的 pH 大于其等电点时，该蛋白质颗粒带负电荷；反之则带正电荷。

6. 答：(1) 变性是蛋白质在理化因素的作用下，分子空间结构被破坏、溶解度降低、生物活性丧失的过程。蛋白质变性时虽然分子的一级结构未改变，理论上可以复性，但一般变性的蛋白质均难以复性，尤其是加热变性时蛋白质多肽链更进一步缠绕在一起引起蛋白质变性凝固。(2) 变构是蛋白质在生理小分子物质如各代谢中间物 O_2、ATP 与 ADP 等作用下引起分子空间结构改变、生物活性发生上升或下降的调节过程，是具有四级结构蛋白质的重要特性之一。(3) 变性和变构时蛋白质一级结构都没有发生改变，空间结构改变程度不同。虽然有一些共同点如活性改变，但改变明显不同，是两个完全不同的基本概念。

7. 答：维持蛋白质溶液稳定的因素有两个：① 水化膜：蛋白质颗粒表面大多为亲水基团，可吸引水分子，使颗粒表面形成一层水化膜，从而阻断蛋白质颗粒的相互聚集，防止溶液中蛋白质的沉淀析出。② 同种电荷：在 $pH \neq pI$ 的溶液中，蛋白质带有同种电荷。$pH > pI$，蛋白质带负电荷；$pH < pI$，蛋白质带正电荷。同种电荷相互排斥，阻止蛋白质颗粒相互聚集而发生沉淀。

沉淀蛋白质的方法常用的有：① 盐析法：在蛋白质溶液中加入大量的硫酸铵、硫酸钠或氯化钠等中性盐，破坏蛋白质的水化膜和同种电荷，使蛋白质颗粒相互聚集，发生沉淀。② 丙酮沉淀法：使用丙酮沉淀时，必须在 0～4℃低温下进行，丙酮用量一般 10 倍于蛋白质溶液的体积，蛋白质被丙酮沉淀时，应立即分离，否则蛋白质会变性。除了丙酮以外，也可以用乙醇沉淀。

第二章　核酸的结构与功能

一、单项选择题

1. B	**2.** D	**3.** B	**4.** B	**5.** C	**6.** A	**7.** A	**8.** D	**9.** B	**10.** D
11. B	**12.** D	**13.** B	**14.** C	**15.** B	**16.** D	**17.** B	**18.** E	**19.** B	**20.** D
21. A	**22.** E	**23.** A	**24.** C	**25.** C	**26.** B	**27.** D	**28.** E	**29.** B	**30.** C
31. D	**32.** C	**33.** D	**34.** C	**35.** C	**36.** D	**37.** B	**38.** C	**39.** D	**40.** B

二、多项选择题

1. ABC	**2.** AD	**3.** ABD	**4.** BCDE	**5.** ABD	**6.** ABCDE
7. CDE	**8.** ACDE	**9.** ABCE	**10.** ACDE	**11.** DE	**12.** BDE
13. AE	**14.** ABC	**15.** ABCE	**16.** CDE	**17.** ABCDE	**18.** AD
19. BCD	**20.** ACD				

三、名词解释

1. 核酸的一级结构：是指构成核酸的核苷酸或脱氧核苷酸从5′-末端到3′-末端的排列顺序，也就是核苷酸序列。

2. 不均一核RNA：在细胞核内合成的mRNA初级产物比成熟的mRNA大得多，而且这种初级产物分子大小不一，故被称为不均一核RNA(hnRNA)。

3. DNA的变性：某些理化因素(温度、pH、离子强度等)会导致DNA双链互补碱基对之间的氢键发生断裂，使双链DNA解离为单链。

4. DNA的增色效应：在DNA解链过程中，由于有更多的共轭双键得以暴露，因此DNA在260nm处的吸光度随之增加。

5. 融解温度：在DNA解链过程中，紫外吸光度的变化A_{260}达到最大值一半时所对应的温度，或称为DNA的解链温度(T_m)。

6. DNA的复性：当变性条件缓慢地除去后，两条解离的互补链可重新配对，恢复原来的双螺旋结构。

7. 杂交：在DNA复性过程中，如果将不同来源的DNA单链或RNA放在同一溶液中，只要两种单链分子之间存在着一定程度的碱基配对关系，它们就有可能形成杂化双链。

四、简答题

1. 答：

	DNA	RNA
碱基	A、T、G、C	A、U、G、C
戊糖	β-D-脱氧核糖	β-D-核糖
碱基含量	A=T、G=C	A与U和G与C含量不一定相等
碱基互补配对	A与T、G与C	A与U、G与C
分子大小	因物种不同而异，但较RNA大得多	不等，从数十到数千个核苷酸
结构	双链，形成双螺旋结构	单链，但局部配对可形成双链结构
功能	多样，涉及基因表达的各个阶段	携带遗传信息

2. 答：(1) DNA是反向平行、右手螺旋的双链结构：两条多聚脱氧核苷酸链在空间的走向呈反向平行，一条链是5′→3′走向，另一条是3′→5′走向。两条链围绕同一个螺旋轴形成右手螺旋的结构。由脱氧核糖和磷酸基团组成的亲水性骨架位于双螺旋的外侧，疏水的碱基位于内侧。DNA双螺旋表面形成大沟和小沟。

(2) DNA双链之间形成互补碱基对：DNA双链的碱基以A与T、G与C的方式形成配对，碱基对平面与双螺旋结构的螺旋轴垂直。每一个螺旋有10.5个碱基对，每两个碱基对平面之间垂直距离为0.34nm。

(3) 疏水作用力和氢键共同维持DNA双螺旋结构的稳定：相邻的两个碱基对平面产生具有疏水性的碱基堆积力，与互补链之间碱基对的氢键共同维系着DNA双螺旋结构的稳定，而且前者对于双螺旋结构的稳定更为重要。

3. 答：在DNA解链过程中，紫外吸光度的变化A_{260}达到最大值一半时所对应的温度称为DNA的解链温度(或称融解温度，T_m)。DNA的T_m值与其DNA分子大小以及碱基中的 GC 含量有关。GC 含量越高，T_m 值越高；离子强度越高，T_m 值也越高。

第三章　酶

一、单项选择题

1. B	**2.** E	**3.** E	**4.** D	**5.** A	**6.** C	**7.** A	**8.** D	**9.** B	**10.** B
11. E	**12.** E	**13.** A	**14.** C	**15.** C	**16.** C	**17.** A	**18.** E	**19.** D	**20.** C
21. B	**22.** A	**23.** A	**24.** C	**25.** B	**26.** E	**27.** B	**28.** A	**29.** C	**30.** E
31. D	**32.** D	**33.** C	**34.** B	**35.** E	**36.** C	**37.** A	**38.** C	**39.** D	**40.** D
41. D	**42.** C	**43.** B	**44.** C	**45.** B	**46.** E	**47.** B	**48.** C	**49.** B	**50.** D

二、多项选择题

1. BCDE	**2.** ABCD	**3.** ABCDE	**4.** BCD	**5.** ABC	**6.** ABCDE
7. CE	**8.** AB	**9.** ADE	**10.** AB	**11.** ABE	**12.** ABCD
13. BD	**14.** ABCD	**15.** ABC	**16.** ACD	**17.** ABD	**18.** ABCD
19. ABC	**20.** ABD				

三、名词解释

1. 酶的活性中心：酶的必需基团在一级结构上可能相距很远，但在空间结构上彼此靠近，组成具有特定空间结构的区域，能和底物特异地结合并将底物转化为产物，这一区域称为酶的活性中心。

2. 同工酶：是指催化相同化学反应，但酶蛋白的分子组成、理化性质乃至免疫学性质不同的一组酶。

3. 酶的相对特异性：一些酶作用于一类化合物或一种化学键，这种不太严格的选择性称为酶的相对特异性。

4. 最适温度：酶促反应的速度最快时反应体系的温度。

5. 竞争性抑制：有些抑制剂和酶的底物结构相似，可与底物竞争酶的活性中心，从而阻碍酶和底物结合成中间产物。

6. 非竞争性抑制：有些抑制剂和酶活性中心以外的必需基团结合，不影响酶与底物的结合，与底物没有竞争关系。

7. 反竞争性抑制：有些抑制剂仅和酶和底物形成的中间产物结合，使中间产物的量下降。

8. 变构调节：某些代谢物与关键酶分子活性中心外的某个部位可逆地结合，使酶发生变构而改变其催化活性。

9. 化学修饰：酶蛋白肽链上一些基团或与某种化学基团发生可逆的共价结合，从而改变酶的活性，也称为酶的共价修饰。

10. 酶原：有些酶在细胞内合成或初分泌，或在其发挥催化功能前只是酶的无活性前体。

四、简答题

1. 答：(1) 可逆性抑制：抑制剂与酶以非共价键可逆结合，可用透析、过滤等物理方法除去抑制剂而恢复酶的活力。

(2) 根据抑制剂与酶的关系，可逆抑制作用通常分为三类：

① 竞争性抑制：有些抑制剂和酶的底物结构相似，可与底物竞争酶的活性中心，从而阻碍酶和底物结合成中间产物。竞争性抑制中，V_{max}不变、K_m 值增大。

② 非竞争性抑制：有些抑制剂和酶活性中心以外的必需基团结合，不影响酶与底物的结合，与底物没有竞争关系。非竞争性抑制中，V_{max}降低、K_m 值不变。

③ 反竞争性抑制：有些抑制剂仅和酶和底物形成的中间产物结合，使中间产物的量下降。反竞争性抑制中，V_{max}降低、K_m 值减小。

2. 答：(1) 概念：有些抑制剂和酶的底物结构相似，可与底物竞争酶的活性中心，从而阻碍酶和底物结合成中间产物，这种抑制作用称为竞争性抑制。

(2) 特点：竞争性抑制剂可与底物竞争性结合酶的活性中心而生成酶—抑制剂复合物(EI)，从而使可以与底物结合成中间复合物(ES)的酶相对减少，酶活性因此降低，在作图时表现为 K_m 值增大；另一方面，抑制剂并没有破坏酶分子的特定构象，也没有破坏酶的活性中心，且竞争性抑制剂与酶的结合是可逆的，因此可用加入大量底物消除竞争性抑制剂对酶活性的抑制作用，在作图时表现为 V_{max}不变。

(3) 举例：磺胺类药物治疗细菌性传染病、属于抗代谢物的抗癌药物等。

3. 答：(1) 酶的必需基团是指酶分子中氨基酸侧链的化学基团中与酶的活性密切相关的化学基团。

(2) 酶的必需基团包括：① 酶活性中心内的必需基团——其组成特定的空间结构，能够和底物结合并催化底物转化为产物，构成酶的活性中心，包括结合基团和催化基团；② 酶活性中心外的必需基团，其不参与酶活性中心的组成，但为维持酶活性中心应有的空间构象和(或)作为调节剂的结合部位所必需。

第四章　糖代谢

一、单项选择题

1. C　**2.** B　**3.** B　**4.** D　**5.** E　**6.** E　**7.** D　**8.** D　**9.** C　**10.** C
11. C　**12.** B　**13.** B　**14.** B　**15.** E　**16.** E　**17.** C　**18.** D　**19.** A　**20.** D
21. E　**22.** A　**23.** C　**24.** B　**25.** A　**26.** C　**27.** B　**28.** E　**29.** B　**30.** A
31. B　**32.** B　**33.** E　**34.** B　**35.** E　**36.** B　**37.** A　**38.** E　**39.** B　**40.** B
41. B　**42.** D　**43.** D　**44.** D　**45.** E　**46.** C　**47.** E　**48.** D　**49.** B　**50.** E

二、多项选择题

1. AD　**2.** ACD　**3.** AD　**4.** BCD　**5.** ABD　**6.** BE
7. AB　**8.** CE　**9.** ABDE　**10.** ACD　**11.** BCE　**12.** ABCE
13. ACE　**14.** AD　**15.** ACE　**16.** ACD　**17.** ABD　**18.** ABE
19. ACD　**20.** ABE

三、名词解释

1. 糖酵解：机体缺氧时，在胞液中由葡萄糖转变为丙酮酸再还原为乳酸的过程。

2. 糖的有氧氧化：在机体氧气供应充足时，由葡萄糖彻底氧化为二氧化碳和水并产生能量的过程。

3. 糖异生：由乳酸、丙酮酸、甘油、生糖氨基酸等非糖物质转变为葡萄糖或糖原的过程。

4. 糖原分解：习惯上指肝糖原分解为葡萄糖释放入血的过程，是空腹状态补充血糖的主要来源。

5. 三羧酸循环：由乙酰 CoA 与草酰乙酸缩合，经一系列脱氢、脱羧，最后又转变为草酰乙酸，生成的草酰乙酸又可与另一分子乙酰 CoA 缩合重复这个过程。由于此过程为一循环过程，且该循环过程中第一步反应产物为含三个羧基的柠檬酸，因此叫三羧酸循环，或柠檬酸循环，或 Krebs 循环。

6. 糖原合成：在肝脏或肌肉组织中，由葡萄糖合成糖原以贮存葡萄糖的过程。

7. 乳酸循环：肌肉组织的葡萄糖经酵解产生乳酸，进入血液，经血液转运到肝脏作为糖异生的原料转变为葡萄糖进入血液，重新进入肌肉组织所构成的循环途径。

8. 高血糖：指空腹时血液中葡萄糖浓度高于 6.9mmol/L。

四、简答题

1. 答：在肝脏中，葡萄糖-6-磷酸可进入酵解途径、有氧氧化、磷酸戊糖途径进行分解代谢，也可参与糖原合成以贮存葡萄糖，还可经葡萄糖-6-磷酸酶催化水解为游离葡萄糖释放进入血液以补充血糖。

2. (1) 答：肌糖原作为肌肉组织能量的一种贮存形式，主要为肌肉收缩提供能量；而肝糖原作为能量的贮存形式，主要水解为葡萄糖用以补充血糖。

(2) 答：肝脏具有而肌肉缺乏的酶是葡萄糖-6-磷酸酶，该酶催化糖原分解过程中最后一步反应——葡萄糖-6-磷酸水解为游离葡萄糖，因而肝糖原能分解为游离葡萄糖以补充血糖，但肌肉缺乏此酶，肌糖原分解的产物葡萄糖-6-磷酸只能在肌肉进行代谢。

3. 答：硫胺素参与构成 TPP，后者为丙酮酸脱氢酶复合体的辅助因子之一，参与丙酮酸氧化脱羧转变为乙酰 CoA。缺乏硫胺素导致 TPP 含量减少，丙酮酸氧化脱羧受阻致使丙酮酸堆积从而转变为乳酸，最终导致乳酸性酸中毒。

4. 答：血糖的来源包括：① 正常情况来自食物糖的消化吸收；② 空腹状态来自肝糖原分解；③ 饥饿状态来自非糖物质的糖异生。血糖的去路包括：① 在全身组织细胞氧化供能；② 在肝脏或肌肉组织合成糖原；③ 转变为其他糖，如核糖；④ 转变为非糖物质，如脂肪。

5. 答：磷酸戊糖途径的主要生理意义是生成 5-磷酸核糖及 NADPH。

5-磷酸核糖为核苷酸及进一步核酸的合成提供核糖。

NADPH 作为供氢体参与体内多种代谢：① 作为供氢体参与多种生物合成反应，如脂肪酸、胆固醇等生物合成；② 作为供氢体参与羟化反应，与某些生物合成及生物转化有关；③ 作为供氢体参与氧化型谷胱甘肽的还原，还原型谷胱甘肽作为抗氧化剂保护一些蛋白质或酶分子中的—SH 免遭氧化，可以维持 RBC 膜的完整性。

6. 答：维生素 B_1 通过形成 TPP 参与糖代谢中 α-酮酸氧化脱羧。维生素 B_2、维生素 PP 通过形成 FAD 及 NAD 在糖代谢中传递氢。泛酸通过形成 CoA 在糖代谢中参与酰基的转移。生物素作为羧化酶的辅酶参与羧化反应。

第五章 脂类代谢

一、单项选择题

1. C	**2.** B	**3.** E	**4.** A	**5.** B	**6.** B	**7.** E	**8.** C	**9.** B	**10.** E
11. C	**12.** C	**13.** E	**14.** B	**15.** D	**16.** B	**17.** C	**18.** E	**19.** D	**20.** C
21. A	**22.** A	**23.** D	**24.** A	**25.** A	**26.** A	**27.** D	**28.** A	**29.** A	**30.** A

31. C **32.** B **33.** B **34.** A **35.** D **36.** D **37.** A **38.** E **39.** B **40.** E
41. A **42.** A **43.** B **44.** C **45.** D **46.** E **47.** C **48.** C **49.** C **50.** A
51. E **52.** B **53.** B **54.** B **55.** C **56.** D **57.** E **58.** C **59.** E **60.** A

二、不定项选择题

1. CD **2.** BCD **3.** AD **4.** ACD **5.** ABD **6.** ABCD
7. BD **8.** BCD **9.** ABCD **10.** ACD **11.** ABD **12.** AC
13. ACD **14.** ACD **15.** ACD **16.** ACD **17.** AC **18.** BD
19. CD **20.** BC **21.** BC **22.** C **23.** AB **24.** AC
25. CD **26.** ABC **27.** A

三、名词解释

1. 必需脂肪酸：人体自身不能合成，必须从食物中获得的脂肪酸。人体必需脂肪酸是一些多不饱和脂肪酸，包括亚油酸、亚麻酸和花生四烯酸。

2. 酰基载体蛋白(ACP)：在脂肪酸合成的过程中，酰基载体蛋白(ACP)的功能是负责携带不同长度的脂肪酸中间体进行逐步延长。ACP 的相对分子质量约为 10kD，不同来源的 ACP 其氨基酸组成有所不同，但都有一个磷酸泛酰巯基乙胺的活性基团，巯基与脂肪酸形成硫脂键。当延长至 16 个碳原子时，在硫脂酶的作用下，水解释放出软脂酸。

3. 脂肪酸 β-氧化：脂肪酸体内氧化时在羧基端的 β-碳原子上进行氧化，碳链逐次断裂，每次断下一个二碳单位，即乙酰 CoA。

4. 酮体：在肝脏中，脂肪酸氧化分解的中间产物乙酰乙酸、β-羟丁酸及丙酮，三者统称为酮体。肝脏具有较强的合成酮体的酶系，但却缺乏利用酮体的酶系。

5. HMG-CoA 还原酶：在胆固醇生物合成过程中，催化 HMG-CoA 还原成甲羟戊酸，是细胞胆固醇合成的关键酶。

6. 脂肪动员：在病理或饥饿条件下，储存在脂肪细胞中的脂肪，被脂肪酶逐步水解为游离脂肪酸(FFA)及甘油，并释放入血以供其他组织氧化利用。在脂肪动员中，脂肪细胞内激素敏感性甘油三酯脂肪酶(HSL)起决定作用，它是脂肪分解的限速酶。

7. VLDL：极低密度脂蛋白，由肝细胞合成并分泌入血，功能是运输内源性甘油三酯和胆固醇。

四、简答题

1. 答：脂肪酸合成和氧化的不同点是：

(1) 脂肪酸合成在胞质中，脂肪酸氧化在线粒体中。

(2) 脂肪酸合成的酰基载体是 ACP，脂肪酸氧化的辅酶是 NAD^+、FAD。

(3) 脂肪酸合成的辅酶是 $NADP^+$、FAD。

(4) 转运系统不同，脂肪酸合成的起始原料乙酰 CoA 是通过柠檬酸穿梭系统进行转运的，脂肪酸分解起始物脂酰 CoA 是通过肉毒碱进行转运的。

(5) 两条途径完全不同，另外脂肪酸合成消耗能量，脂肪酸分解产生能量。

相同点：都是从羧基端开始，以 2 个碳原子为单位水解或延长。都需载体的携带，而且都是通过硫脂键与载体结合。

2. 答：当脂肪分解旺盛时就会产生大量的乙酰 CoA。这时如果乙酰 CoA 不能全都进入三羧酸循环，就会两两缩合，产生乙酰乙酰 CoA，进一步转变成酮体。酮体在肝中产生可被肝外组织所利用，如脑、心肌、肾上腺皮质等。在糖供应不足时，可以利用酮体作为代谢原料。

3. 答：(1) 人体胆固醇的来源有：① 从食物中摄取；② 机体细胞自身合成。

(2) 人体胆固醇的去路有：① 用于构成细胞膜；② 在肝脏可转化成胆汁酸；③ 在性腺、肾上腺皮质可转化成性激素、肾上腺皮质激素；④ 在皮肤可转化成维生素 D_3；⑤ 还可酯化成胆固醇酯，储存在胞液中。

4. 答：在机体脂质代谢中，乙酰辅酶 A 主要来自脂肪酸的 β-氧化，也可来自甘油的氧化分解。在肝脏，乙酰辅酶 A 可被转化成酮体向肝外输送。在脂肪酸生物合成中，乙酰辅酶 A 是基本原料之一。乙酰辅酶 A 也是细胞胆固醇合成的基本原料之一。

5. 答：胆固醇合成的关键是 HMG-CoA 还原酶，该酶受到以下三个方面的调节：

(1) 当外源性胆固醇摄入量或自身胆固醇合成增加时，可反馈抑制 HMG-CoA 还原酶的活性，同时抑制其 mRNA 的合成，使肝细胞中胆固醇合成停止。

(2) 细胞内高水平的胆固醇可导致 HMG-CoA 还原酶的降解。

(3) HMG-CoA 还原酶受 AMP 活化的蛋白激酶的磷酸化调节，当体内 ATP 水平降低 AMP 水平升高时，激活该酶活性，使 HMG-CoA 还原酶被磷酸化而失活，胆固醇合成停止。减少能量的消耗。

6. 答：在长期饥饿或糖尿病时，脂解作用就会加强，这样脂肪分解会产生大量的乙酰 CoA。然而由于长期饥饿和糖尿病，糖的异生作用就会增强而草酰乙酸浓度就会降低，使得乙酰 CoA 不能全部进入三羧酸循环氧化供能，而是两两缩合形成乙酰乙酰 CoA，乙酰乙酰 CoA 进一步转变成酮体。因此长期饥饿和糖尿病时，血液中酮体的浓度会升高。

7. 答：有一定道理。因为奇数脂肪酸代谢产物除产生乙酰 CoA 外，还产生丙酰 CoA；后者可羧化为琥珀酸(琥珀酰 CoA)，直接进入三羧酸循环，相当于补充了三羧酸循环的中间产物，更有利于循环的进行，间接提高了糖代谢的水平。

8. 答：血浆脂蛋白是脂质与载脂蛋白结合形成的球形复合体，是血浆脂质的运输和代谢形式，主要包括 CM、VLDL、LDL 和 HDL 4 大类。CM 由小肠黏膜细胞合成，功能是运输外源性甘油三酯和胆固醇。VLDL 由肝细胞合成和分泌，功能是运输内源性甘油三酯和胆固醇。LDL 由 VLDL 在血浆中转化而来，功能是转运内源性胆固醇。HDL 主要由肝细胞合成和分泌，功能是逆向转运胆固醇。

第六章 生物氧化

一、单项选择题

1. E	**2.** E	**3.** A	**4.** B	**5.** E	**6.** B	**7.** D	**8.** C	**9.** B	**10.** D
11. A	**12.** D	**13.** B	**14.** D	**15.** C	**16.** E	**17.** A	**18.** C	**19.** A	**20.** B
21. D	**22.** A	**23.** D	**24.** E	**25.** B	**26.** E	**27.** A	**28.** A	**29.** D	**30.** E
31. C	**32.** C	**33.** B	**34.** E	**35.** E	**36.** C	**37.** A	**38.** C	**39.** B	**40.** A

二、不定项选择题

1. ABCD	**2.** ACD	**3.** ABCD	**4.** ACD	**5.** BCD	**6.** ABC
7. ABC	**8.** D	**9.** CD	**10.** ABD	**11.** D	**12.** BC
13. ABD	**14.** AC	**15.** D	**16.** ABCD	**17.** BCD	**18.** ABC

19. ABC　　**20.** D

三、名词解释

1. 生物氧化：物质在生物体内进行的氧化分解作用。这里主要指营养物质在氧化分解时逐步释放能量，最终生成 CO_2 和 H_2O 的过程。

2. 氧化磷酸化：代谢物脱下的 2H 在呼吸链传递过程中偶联 ADP 磷酸化并生成 ATP 的过程。氧化磷酸化是体内产生 ATP 的主要方式。

3. 呼吸链：在生物氧化过程中，代谢物脱下的 2H，经过多种酶和辅酶催化的连锁反应逐步传递，最终与氧结合生成水。由于该过程与细胞呼吸联系紧密，故称此传递链为呼吸链。

4. P/O 比值：指物质氧化时，每消耗 1mol 氧原子所消耗无机磷的摩尔数（或 ADP 摩尔数），即生成 ATP 的摩尔数。

5. 解偶联剂：是指能使氧化与磷酸化偶联脱节的物质。其基本作用在于，经呼吸链泵出的 H^+ 不经 F_O 质子通道，而通过其他途径返回线粒体基质，破坏了电化学梯度，ATP 合成被抑制。

6. 化学渗透假说：由 Peter Mitchell 首先提出，用于解释偶联机理的学说。它的基本内容是：电子经呼吸链传递释放的能量，将质子从线粒体内膜的基质侧泵到内膜外侧，在膜两侧形成质子电化学梯度而积蓄能量；当质子顺此梯度经 ATP 合酶 F_O 部分回流时，F_1 催化 ADP 与 Pi 结合，形成 ATP。

四、简答题

1. 答：以糖和脂肪在体内外氧化为例。

相同点：终产物为 CO_2 和 H_2O；总能量变化不变；耗氧量相同。

不同点：体内条件温和，在体温情况下进行，pH 近中性，有水参加，逐步释放能量；体外则是在高温下进行，甚至出现火焰。体内有部分能量形成 ATP 储存，体外全以光和热的形式释放。体内以有机酸脱羧方式生成 CO_2，体外则以碳与氧直接化合生成 CO_2。

2. 答：① NADH 氧化呼吸链：NADH→FMN(Fe-S)→CoQ→Cyt b→Cyt c_1→Cyt c→Cyt a→Cyt a_3→O_2。

② 琥珀酸氧化呼吸链：琥珀酸→FAD(Fe-S)→CoQ→Cyt b→Cyt c_1→Cyt c→Cyt a→Cyt a_3→O_2。

③ 偶联部位：NADH→CoQ，CoQ→Cyt c，Cyt a_3→O_2。

3. 答：胞液中生成的 NADH 不能自由透过线粒体内膜，需通过 α-磷酸甘油穿梭或苹果酸-天冬氨酸穿梭作用，进入线粒体后才能经呼吸链氧化。

（1）α-磷酸甘油穿梭：胞液中的 NADH 在胞液中磷酸甘油脱氢酶催化下，使磷酸二羟丙酮还原为 α-磷酸甘油，后者通过线粒体内膜，再经线粒体磷酸甘油脱氢酶催化，生成磷酸二羟丙酮和 $FADH_2$。磷酸二羟丙酮可穿出线粒体内膜至胞液，继续进行穿梭，而 $FADH_2$ 则进入琥珀酸氧化呼吸链。

（2）苹果酸-天冬氨酸穿梭作用：胞液中的 NADH 在苹果酸脱氢酶的作用下，使草酰乙酸还原成苹果酸，后者通过线粒体内膜进入线粒体后又在线粒体内苹果酸脱氢酶作用下，重新生成草酰乙酸和 NADH。NADH 进入 NADH 氧化呼吸链，草酰乙酸经谷-草转氨酶的作用生成天冬氨酸，后者经酸性氨基酸载体转运出线粒体，再转变成草酰乙酸，继续进行穿梭。

4. 答：生物氧化中 CO_2 的生成来自有机酸的脱羧，根据有机酸脱去羧基所在的位置及在脱羧的同时是否伴有脱氢而将脱羧分为四种类型：

① α-脱羧：即与α-碳原子相连的羧基脱去的反应，根据脱羧时是否伴有脱氢而分为α-单纯脱羧和α-氧化脱羧。前者为脱羧时不伴有脱氢，而后者为脱羧时伴有脱氢。

② β-脱羧：即与β-碳原子相连的羧基脱去的反应，同样根据脱羧时是否伴有脱氢而分为β-单纯脱羧及β-氧化脱羧。

5. 答：呼吸链抑制剂能特异阻断呼吸链中某些部位的电子传递，使呼吸链中断，电子不能传递给氧，从而使氧化磷酸化终止。

第七章　氨基酸代谢

一、单项选择题

1. E	**2.** D	**3.** D	**4.** C	**5.** A	**6.** C	**7.** D	**8.** A	**9.** B	**10.** D
11. C	**12.** B	**13.** B	**14.** C	**15.** B	**16.** A	**17.** D	**18.** A	**19.** C	**20.** E
21. A	**22.** B	**23.** C	**24.** B	**25.** D	**26.** D	**27.** B	**28.** D	**29.** C	**30.** A
31. D	**32.** B	**33.** A	**34.** E	**35.** C	**36.** D	**37.** B	**38.** D	**39.** D	**40.** D
41. D	**42.** C	**43.** D	**44.** C	**45.** A	**46.** A	**47.** B	**48.** B	**49.** C	**50.** B
51. E	**52.** D	**53.** C	**54.** E	**55.** B	**56.** A	**57.** D	**58.** E	**59.** B	**60.** D
61. B	**62.** D	**63.** B	**64.** D	**65.** B	**66.** D				

二、不定项选择题

1. BD	**2.** BE	**3.** BD	**4.** ABC	**5.** ABCD	**6.** ABC
7. D	**8.** ABCD	**9.** ABC	**10.** ABCD	**11.** ABE	**12.** BC
13. ABC	**14.** BD	**15.** AC	**16.** ABC	**17.** BD	**18.** AC
19. ABCD	**20.** AB	**21.** BD	**22.** AB	**23.** ABE	**24.** ABCD
25. AC	**26.** BD	**27.** AC	**28.** ABCDE	**29.** ABCD	**30.** ABC
31. ACDE	**32.** AC	**33.** ABCD			

三、名词解释

1. 氮平衡：是通过测定摄入食物中的含氮量(即摄入氮)和粪、尿含氮量(即排出氮)来研究体内蛋白质代谢状况的一种实验。

2. 必需氨基酸：是指机体需要又不能自身合成，必须由食物摄入的氨基酸，共有8种：苏氨酸、亮氨酸、异亮氨酸、赖氨酸、色氨酸、缬氨酸、苯丙氨酸、甲硫氨酸。

3. 食物蛋白质互补作用：几种营养价值较低的蛋白质合理调配混合食用，因所含必需氨基酸可相互补充故可提高其营养价值。

4. 氧化脱氨基作用：是指L-谷氨酸在L-谷氨酸脱氢酶作用下脱氢脱氨基生成氨和α-酮戊二酸的过程。

5. 转氨基作用：在转氨酶催化下，一种氨基酸的α-氨基转移到另一种α-酮酸上，生成另一种氨基酸和相应的α-酮酸。

6. 联合脱氨基作用：转氨酶与L-谷氨酸脱氢酶或腺苷酸脱氨酶联合作用脱去氨基酸的氨基。

7. 一碳单位：指某些氨基酸在代谢过程中产生含有一个碳原子的有机基团，如甲基、亚甲基、次甲基、甲酰基、亚氨甲基等。

8. 蛋氨酸循环：又叫甲硫氨酸循环，指甲硫氨酸经 S-腺苷蛋氨酸、S-腺苷同型半胱氨酸、同型半胱氨酸，重新生成甲硫氨酸的过程。

9. 苯酮酸尿症：指体内苯丙氨酸羟化酶缺陷，苯丙氨酸不能正常转变成酪氨酸，因此苯丙氨酸经转氨基作用生成苯丙酮酸、苯乙酸等，并从尿中排出的一种遗传性疾病。

四、简答题

1. 答：未被消化的食物蛋白质与未被吸收的蛋白消化产物在肠道细菌的作用下发生分解，称蛋白质腐败作用。腐败作用的方式有脱氨基、脱羧基、氧化、还原等方式，产物有氨、二氧化碳、胺类、酚类、吲哚、甲基吲哚、硫化氢、少量脂肪和维生素，除后两者可被利用外，其余腐败产物均为废物或有害物质，大部分随粪便排出，少部分吸收后在肝脏处理、解毒。

2. 答：主要有转氨基作用、氧化脱氨基作用和联合脱氨基作用，其中最主要的方式是联合脱氨基作用。氧化脱氨基作用：是指 L-谷氨酸在 L-谷氨酸脱氢酶作用下脱氢脱氨基生成氨和 α-酮戊二酸的过程。转氨基作用：在转氨酶催化下，一种氨基酸的 α-氨基转移到另一种α-酮酸上，生成另一种氨基酸和相应的 α-酮酸。联合脱氨基作用：转氨酶与 L-谷氨酸脱氢酶或腺苷酸脱氨酶联合作用脱去氨基酸氨基。

3. 答：氨的来源：氨基酸脱氨基作用；肠道吸收的氨；肾小管上皮细胞分解谷氨酰胺产氨。氨的运输形式：丙氨酸-葡萄糖循环；谷氨酰胺转运。氨的去路：合成尿素，是最主要的去路；合成谷氨酰胺；参与合成非必需氨基酸。

4. 答：尿素主要在肝脏经鸟氨酸循环生成，肾脏和脑组织虽可合成，其量甚微。鸟氨酸循环前两步在线粒体，后三步在胞液进行。尿素分子中的碳来自二氧化碳，一个氨基来自氨，另一个氨基来自天冬氨酸，天冬氨酸可由草酰乙酸接受外来氨基补充。每合成 1 分子尿素消耗 3 分子 ATP 共计 4 个高能磷酸键。鸟氨酸循环的重要酶有氨基甲酰磷酸合成酶Ⅰ和精氨酸代琥珀酸合成酶。

5. 答：α-酮酸的代谢去路有：经氨基化生成非必需氨基酸；转变为糖和脂类（据此氨基酸分为生糖氨基酸、生酮氨基酸、生糖兼生酮氨基酸）；氧化供能。

6. 答：蛋氨酸循环：又叫甲硫氨酸循环，指甲硫氨酸经 S-腺苷蛋氨酸、S-腺苷同型半胱氨酸、同型半胱氨酸，重新生成甲硫氨酸的过程。甲硫氨酸循环是甲硫氨酸代谢的主要途径，其中生成的 S-腺苷甲硫氨酸(SAM)是体内最主要的甲基供体。甲基化作用具有广泛的生理意义。SAM 还参与肌酸的合成。

7. 答：一碳单位是指某些氨基酸在代谢过程中产生的含有一个碳原子的有机基团。一碳单位的辅酶或载体是四氢叶酸，有四种氨基酸参与一碳单位的生成和代谢，它们分别是丝氨酸、甘氨酸、组氨酸、色氨酸（蛋氨酸可直接提供甲基）。5 种一碳单位可相互转变，唯甲基四氢叶酸不能转变为其他类型的一碳单位。一碳单位的生理功能是作为嘌呤碱基和嘧啶碱基的合成原料，由蛋氨酸的活化形式 SAM 提供的甲基可参与体内广泛的甲基化反应，一碳单位代谢是联系氨基酸与核酸代谢的枢纽。

第八章　核苷酸代谢

一、单项选择题

1. A　**2.** D　**3.** E　**4.** A　**5.** A　**6.** C　**7.** B　**8.** D　**9.** A　**10.** C
11. D　**12.** D　**13.** C　**14.** B　**15.** B　**16.** D　**17.** A　**18.** A　**19.** A　**20.** A

二、多项选择题

1. BC **2.** BCD **3.** ABCD **4.** AC **5.** ABCE **6.** ABCD
7. AC **8.** ABCE **9.** BCE **10.** AC

三、名词解释

1. 核苷酸从头合成途径：利用磷酸核糖、氨基酸、一碳单位、二氧化碳等简单物质为原料，经过一系列酶促反应合成核苷酸的代谢途径。

2. 核苷酸补救合成途径：利用体内游离的碱基或核苷，经过简单的反应过程合成核苷酸的代谢途径。

3. 痛风症：由于嘌呤代谢相关酶的缺陷或肾功能障碍引起患者以血尿酸含量增高为特征，导致尿酸盐沉积于关节、软组织、软骨及肾等处所引起的疾病。

四、简答题

1. 答：A. ^{15}N-天冬氨酸→AMP 嘌呤环 N_1 B. ^{14}C 甘氨酸→AMP 嘌呤环 C_5 C. ^{15}N-谷氨酰胺→GMP 嘌呤环 N_3 N_9 D. ^{14}C-天冬氨酸→UMP 嘧啶环 C_6 E. $H^{14}CO_3^-$→UMP 嘧啶环 C_2

2. 答：PRPP 是酰胺转移酶的底物，反馈激活该酶；AMP，ADP，ATP，GMP，GDP，GTP 是产物，反馈抑制该酶。

3. 从以下方面比较嘌呤、嘧啶核苷酸从头合成的不同。

	合成原料	碱基合成特点	产物
嘌呤核苷酸	甘氨酸，谷氨酰胺，CO_2，一碳单位	在 PRPP 基础上逐步形成嘌呤环	IMP
嘧啶核苷酸	氨基甲酰磷酸	先合成嘧啶环，再与 PRPP 相连	UMP

第九章 物质代谢的联系与调节

一、单项选择题

1. A **2.** C **3.** B **4.** D **5.** E **6.** D **7.** C **8.** C **9.** B **10.** C
11. E **12.** C **13.** C **14.** A **15.** D **16.** B **17.** D **18.** B **19.** D **20.** A

二、多项选择题

1. CE **2.** BCE **3.** ABCD **4.** BCDE **5.** BCE **6.** ACE
7. ACE **8.** ABCDE **9.** ACD **10.** DE

三、名词解释

1. 变构酶：有些代谢物能与酶活性中心外某些基团结合，使酶的空间构象发生改变，从而导致酶的活性发生改变，这种调节称为变构调节，而受变构调节的酶称为变构酶。

2. 限速酶：在一代谢途径的一系列酶系中，活性最低，催化的反应速度最慢的酶叫限速酶，该酶活性的改变将影响整条代谢途径的反应速度。

3. 酶的化学修饰：在另外一些酶的作用下，使酶分子中的某些化学基团与另外一些化学基团进行可逆的共价结合从而改变酶的活性，这种酶活性的调节方式为酶的化学修饰。

四、简答题

1. 答：(2) ① 葡萄糖：血液中葡萄糖浓度升高且高于正常值(高于 6.9mmol/L)。由于胰岛素具有促进脂肪、肌肉细胞摄取利用葡萄糖，增加葡萄糖氧化，促进糖原合成，抑制糖异生及促进脂肪合成等作用，因而可降低血糖浓度，该患者血中胰岛素含量大大降低因而出现高血糖。② 酮体：病人血中酮体水平增高。该病人由于血中胰岛素水平大大降低，糖分解代谢供能受到影响，转而动员脂肪，由于脂肪动员增加，脂肪酸氧化加速为酮体合成提供了大量原料乙酰 CoA，因此酮体合成增多。如果超过肝外利用能力，血中酮体水平增高可导致酮症酸中毒。③ 自由脂肪酸：由于脂肪动员加速，脂肪水解的产物脂肪酸释放入血导致自由脂肪酸含量增多。

2. 答：乙酰 CoA 的来源包括：① 葡萄糖转变为丙酮酸再氧化脱羧转变为乙酰 CoA；② 脂肪水解为甘油和脂肪酸，甘油转变为磷酸二羟丙酮沿有氧氧化途径转变为乙酰 CoA，脂肪酸经 β-氧化转变为乙酰 CoA；③ 蛋白质水解产物氨基酸可转变为乙酰 CoA。

乙酰 CoA 的去路包括：① 进入三羧酸循环；② 合成酮体；③ 合成脂肪酸；④ 合成胆固醇。

3. 答：(1) 肌肉糖酵解途径减慢。由于胰岛素/胰高血糖素比值降低，通过抑制 6-磷酸果糖激酶 2，激活果糖二磷酸酶 2 而减少 2，6-二磷酸果糖的生成，后者为磷酸果糖激酶 1强有力的激活剂，因磷酸果糖激酶 1 活性降低而导致糖酵解速度减慢。

(2) 肝脏脂肪酸合成减慢。由于胰岛素/胰高血糖素比值降低，糖利用发生障碍而脂肪动员的关键酶——激素敏感脂肪酶活性增高，脂肪动员加速，生成较高脂酰 CoA，变构抑制脂肪酸合成的关键酶——乙酰 CoA 羧化酶而导致脂肪酸合成减慢。

(3) 酮体合成增加。由于脂肪动员加速，生成乙酰 CoA 增多，后者为合成酮体的原料，因而导致酮体合成增加。

4. 答：(1) 禁食时，血糖浓度降低，胰岛素/胰高血糖素比值降低，促进磷酸烯醇式丙酮酸羧激酶的合成，催化草酰乙酸转变为磷酸烯醇式丙酮酸。

(2) 长期饥饿引起酮症酸中毒主要是因为乙酰乙酸、α-羟丁酸含量大大增加，它们是酸性很强的有机酸。

(3) 饥饿时，脂肪动员增加导致肝脏酮体合成增加，而酮体在肝外利用时生成的乙酰 CoA 进入三羧酸循环氧化，由于草酰乙酸含量不足使酮体氧化利用受阻，因而导致血酮体水平增高而引起酮症酸中毒。

第十章 DNA 的生物合成

一、单项选择题

1. C	**2.** D	**3.** B	**4.** B	**5.** E	**6.** B	**7.** B	**8.** D	**9.** D	**10.** A
11. A	**12.** C	**13.** A	**14.** D	**15.** D	**16.** E	**17.** C	**18.** E	**19.** B	**20.** A
21. E	**22.** D	**23.** C	**24.** D	**25.** D	**26.** A	**27.** E	**28.** C	**29.** D	**30.** D
31. A	**32.** D	**33.** D	**34.** C	**35.** C	**36.** D	**37.** E	**38.** D	**39.** A	**40.** C
41. E	**42.** E	**43.** C	**44.** A	**45.** B	**46.** C	**47.** C	**48.** E	**49.** A	**50.** B

二、多项选择题

1. ADE	**2.** ACD	**3.** ABDE	**4.** ABCD	**5.** ABCDE	**6.** AB
7. ABDE	**8.** CD	**9.** ABC	**10.** ABC	**11.** ABCDE	**12.** ABCDE
13. ABCDE	**14.** ABCDE	**15.** ABC	**16.** ABDE	**17.** ACD	**18.** ABC
19. BC	**20.** ABCD				

三、名词解释

1. 半保留复制：子代细胞的DNA，一股单链从亲代完整地接受过来，另一股单链则完全重新合成两个子代细胞的DNA，而且和亲代DNA碱基序列一致，这种复制方式称为半保留复制。

2. 领头链：DNA复制时，顺着复制叉解链方向生成的子链，复制是连续进行的，这股链称为领头链。

3. 随从链：DNA复制时，复制方向与解链方向相反生成的子链，不能顺着解链方向连续延长，这股不连续复制的链称为随从链。

4. 冈崎片段：是指DNA复制时，随从链中不连续合成的DNA片段。

5. 半不连续复制：是指DNA复制过程中，领头链连续复制而随从链不连续复制的现象。

6. Klenow片段：用特异的蛋白酶，可以把DNA pol Ⅰ水解为大小两个片段，其中的大片段即称为Klenow片段，它具有DNA聚合酶活性和3′→5′核酸外切酶活性，是实验室合成DNA和进行分子生物学研究中常用的工具酶。

7. 引发体：是指DNA复制起始阶段，由解螺旋酶、DnaC蛋白、引物酶和DNA在起始复制区形成的复合结构。

8. DNA突变：指个别dNMP残基以致片段DNA在构成、复制或表达功能的异常变化，也称为DNA损伤。

四、简答题

1. 答：① 底物——即dATP、dCTP、dGTP、dTTP，总称dNTP；② 酶——DNA聚合酶、引物酶、拓扑异构酶、解旋(链)酶、连接酶等；③ 模板——解开形成单链的亲代DNA；④ 引物——提供3′-OH末端，使dNTP可以依次聚合；⑤ 蛋白质因子——如单链DNA结合蛋白(SSB)；⑥ 能量——主要由ATP提供。

2. 答：① 直接修复系统利用酶简单地逆转DNA损伤，如光修复系统；② 核苷酸切除修复系统识别DNA双螺旋变形，是细胞内最重要和最有效的修复方式；③ 重组修复系统能够修复双链断裂损伤，但精确修复的前提之一是损伤通常发生于DNA双螺旋中的一条链，而另一条链仍然贮存着正确的遗传信息；④ SOS修复是DNA损伤广泛而诱发的复杂反应。

第十一章　RNA的生物合成

一、单项选择题

1. D	**2.** C	**3.** C	**4.** B	**5.** D	**6.** C	**7.** C	**8.** C	**9.** E	**10.** D
11. C	**12.** D	**13.** A	**14.** B	**15.** A	**16.** B	**17.** A	**18.** C	**19.** B	**20.** A
21. C	**22.** A	**23.** C	**24.** E	**25.** B	**26.** E	**27.** A	**28.** C	**29.** C	**30.** C
31. A	**32.** C	**33.** B	**34.** E	**35.** D	**36.** C	**37.** D	**38.** E	**39.** B	**40.** D

二、多项选择题

1. CDE	**2.** ABCD	**3.** ABCDE	**4.** ABCDE	**5.** ABC	**6.** ADE
7. AD	**8.** ABC	**9.** BCE	**10.** ACD	**11.** BCD	**12.** ABC
13. ABCDE	**14.** ABCE	**15.** AC	**16.** ACDE	**17.** ABDE	**18.** AE

19. ABE　　**20.** ABCDE

三、名词解释

1. 不对称转录：在 DNA 分子双链中，一股链作为模板指引转录，另一股不转录，同时，模板链并非总是在同一单链上。

2. 模板链：DNA 双链中按碱基配对规律指引转录生成 RNA 的一条链。

3. 编码链：DNA 双链中其碱基序列与转录初级产物 RNA 一致的一条链（除 U 代替T 外）。

4. 羧基末端结构域：是指真核细胞 RNA 聚合酶最大亚基的羧基末端的一段共有序列，其在转录起始过程中具有重要作用，简称 CTD。

5. 顺式作用元件：不同物种、不同细胞或不同基因，转录起始点上游参与转录调控的一些 DNA 序列，如启动子、增强子、TATA 盒等。

6. 反式作用因子：能直接、间接辨认和结合转录上游区段 DNA 的蛋白质。

7. 杂化核 RNA(hnRNA)：核内出现的转录初级产物，相对分子质量往往是在胞质内出现的成熟 mRNA 的几倍，甚至十几倍，核内的初级 mRNA 称为杂化核 RNA(hnRNA)。

8. 外显子：在断裂基因及其初级转录产物上出现，并表达为成熟 RNA 的核苷酸序列。

9. 内含子：隔断基因的线性表达而在剪接过程中被除去的核苷酸序列。

10. 剪接：去除初级转录产物上的内含子，把外显子连接为成熟 RNA 的过程。

四、简答题

1. 答：

	复　制	转　录
模板	两股链均复制	模板链转录
原料	dNTP	NTP
引物	需要	不需要
酶	DNA 聚合酶	RNA 聚合酶
产物	子代双链 DNA	mRNA、tRNA、rRNA 等
配对	A-T、G-C	A-U、G-C、T-A

2. 答：根据真核生物 RNA 聚合酶对 α-鹅膏蕈碱的敏感性不同，可将其分为三类：① RNA聚合酶Ⅰ对 α-鹅膏蕈碱耐受，转录产物为 45S-rRNA；② RNA 聚合酶Ⅱ对 α-鹅膏蕈碱极其敏感，转录产物为 hnRNA；③ RNA 聚合酶Ⅲ对 α-鹅膏蕈碱中度敏感，转录产物为 5S-rRNA、tRNA、snRNA 等小相对分子质量 RNA。

3. 答：① 前体 mRNA 在 5′-末端加入 7-甲基鸟嘌呤帽子结构，避免其 5′-末端被核酸酶降解，同时能帽结合蛋白复合体，参与 mRNA 和核糖体的结合，启动蛋白质的生物合成。② 前体 mRNA 在 3′-端特异位点断裂并加上多聚腺苷酸尾结构，pol A 的有无与长短，是维持 mRNA 作为翻译模板的活性及增加 mRNA 本身稳定性的因素。③ 前体 mRNA 的剪接：在由小分子核糖核蛋白组成的剪接体内，通过二次转酯反应去除初级转录产物上的内含子，把外显子连接起来。④ mRNA 编辑：是对基因的编码序列进行的转录后加工，基因的编码序列经转录后加工出现多用途分化，因此也称为分化加工。

第十二章　蛋白质的生物合成

一、单项选择题

1. C　2. C　3. C　4. B　5. A　6. E　7. C　8. A　9. C　10. D
11. E　12. D　13. A　14. B　15. B　16. E　17. E　18. C　19. E　20. A
21. B　22. B　23. C　24. E　25. B　26. C　27. A　28. C　29. B　30. D
31. D　32. A　33. C　34. D　35. E　36. D　37. E　38. D　39. B　40. C
41. B　42. A

二、多项选择题

1. ABC　2. BCE　3. AD　4. ACD　5. AC　6. ABDE
7. BCDE　8. BD　9. ABCD　10. ACD　11. ABC　12. BCDE
13. BC　14. ABCD　15. CD

三、名词解释

1. 密码子：mRNA 开放阅读框架内，每三个相邻核苷酸组成一个三联体，用于编码相应氨基酸，此三联体称为密码子。

2. 多顺反子：原核生物中，一个 mRNA 往往编码几种功能相关的蛋白质。

3. 密码子简并性：多个密码子编码同一种氨基酸的现象。

4. 密码子摆动性：tRNA 的反密码子第 1 位与 mRNA 上的密码子第 3 位，不严格遵守常见的碱基配对规律，称为摆动配对。

5. SD 序列：原核生物的 mRNA 翻译起始密码子的上游大约 8～13 个核苷酸处，存在一个以 AGGA 为核心的富含嘌呤的序列。

6. 多聚核蛋白体：一条 mRNA 链上结合着多个核糖体，同时合成多条相同的多肽链。

7. 信号肽：是指 N-末端特异氨基酸序列，其中部为疏水性氨基酸，可引导蛋白质靶向输送。

8. 靶向输送：蛋白质合成后定向输送到其最终发挥生物功能的细胞靶部位的过程。

四、简答题

1. 答：① 原料：20 种氨基酸。② 三种 RNA：mRNA——翻译模板；tRNA——转运氨基酸；rRNA——组成核蛋白体（翻译场所）。③ 酶和蛋白质因子：氨酰-tRNA 合成酶——让氨基酸与相应 tRNA 反应，活化氨基酸；转肽酶——催化肽键生成；转位酶——促进肽酰-tRNA和氨酰-tRNA 移位；多种起始因子 IF 参与翻译的起始；延长因子 EF-T 参与进位、EF-G 参与转位；释放因子 RF 识别终止密码并诱导转肽酶水解释放肽链。④ ATP、GTP、Mg^{2+} 等。

2. 答：mRNA 开放阅读框架内，$5'\to3'$方向，从起始密码子 AUG 开始，每三个核苷酸为一组，决定肽链上某一个氨基酸或蛋白质合成的起始、终止信号，称为三联体密码。密码子一共有 64 种，其中起始密码子 AUG 同时编码甲硫氨酸，而三个终止密码子——UAA、UAG、UGA 不编码任何氨基酸，因此编码氨基酸的密码子只有 61 种。密码子特点：① 简并性：多个密码子编码同一种氨基酸的现象。② 摆动性：tRNA 的反密码子第 1 位与 mRNA 上的密码子第 3 位，不严格遵守常见的碱基配对规律，称为摆动配对。③ 通用性：整个生物界共用同一套密码子。④ 连续性：密码子的阅读既不重叠也不跳跃。⑤ 方向性：只能 5′→3′方向阅读。

3. 答：① IF-3 使核蛋白体大小亚基分离，IF-1 占据小亚基 A 位；② 依靠 SD 序列被小亚基 16S-rRNA 识别，使 mRNA 在小亚基定位结合；③ IF_2-GTP-fMet-tRNA 进入小亚基 P 位；④ 核蛋白体大亚基结合。

4. 答：① eIF-3 使核蛋白体大小亚基分离；② eIF_2-GTP-fMet-tRNA 进入小亚基 P 位；③ 依靠冒尾结构被识别，mRNA 在核蛋白体小亚基就位；④ 核蛋白体大亚基结合。

第十三章 基因表达调控

一、单项选择题

1. B 2. C 3. B 4. C 5. C 6. A 7. C 8. A 9. A 10. E
11. B 12. C 13. D 14. E 15. C 16. D 17. D 18. D 19. A 20. C
21. A

二、多项选择题

1. ABC 2. BCD 3. AB 4. BCE 5. ACDE 6. ABCDE
7. BCE 8. AD 9. ABE

三、名词解释

1. 管家基因：某些基因表达产物是细胞或生物体整个生命过程中都持续需要而必不可少的，这类基因可称为管家基因，这些基因中不少是在生物个体其他组织细胞，甚至在同一物种的细胞中都是持续表达的，可以看成是细胞基本的基因表达。

2. 启动子：是 RNA 聚合酶结合位点周围的一组转录控制组件，包括至少一个转录起始点和一个以上的功能组件。

3. 基因表达：是指储存遗传信息的基因经过一系列步骤表现出其生物功能的整个过程，典型的基因表达是基因经过转录、翻译，产生有生物活性的蛋白质的过程。

4. 多顺反子：DNA 序列中功能上相关的蛋白质基因往往丛集在基因组的一个或几个特定部位，形成一个功能单位或转录单元，它们可被一起转录成含有多个 mRNA 的分子，然后加工成各种蛋白质的 mRNA 模板。

5. 锌指结构：反式作用因子 DNA 结合域的一种特殊结构。最早发现于结合 GC 盒的 SP1 转录因子。锌是某些酶的辅助因子，很多蛋白质含锌。锌螯合在氨基酸链中，以 4 个配价键和 4 个半胱氨酸残基或 2 个半胱氨酸、2 个组氨酸残基相结合，形成手指般的结构，称为锌指。每个锌指含有 12～13 个其他氨基酸。

6. RNA 干扰：是指由双链 RNA 所引起的序列特异性基因沉默。双链 dsRNA 被核酸酶 Dicer 降解成 20～30 个核苷酸的小 RNA 干扰分子片段，siRNA 解链后，通过碱基互补配对识别具有同源序列的 mRNA，并介导其降解。

7. 操纵子：是指原核生物几个功能相关的结构基因和上游的调控成分。上游的调控成分包括一个启动子和一个操纵基因。功能相关的一组基因则成簇地串联排列在染色体上，共同组成一个转录单位，转录出一段 mRNA，然后分别翻译出几种蛋白质。一个操纵子只含有一个启动子。常见的操纵子有：乳糖操纵子、色氨酸操纵子、阿拉伯糖操纵子、苯丙氨酸操纵子、组氨酸操纵子等。

8. 顺式作用元件：为真核生物结构基因上游调控区特有的一些相似或一致的序列，包括启动子、增强子和沉默子。启动子是 RNA 聚合酶结合，决定转录起始位点的一段 DNA 序列。增强子是增强启动的一段调节序列，可以远离启动子，它控制基因表达的时空特异性。沉默子阻遏基因转录。RNA 聚合酶Ⅱ作用的启动子含有 TATA 盒和反式作用因子结合的多种位点，包括远离 TATA 盒的增强子序列。

9. 反式作用因子：和顺式作用元件相结合或间接影响其作用的蛋白质因子。大多数转录调节因子以反式作用调节基因转录。转录因子包括基本转录因子和特异转录因子。RNA 聚合酶Ⅰ、Ⅱ、Ⅲ相应的转录因子分别称为 TFⅠ、TFⅡ、TFⅢ，属于基本转录因子。特异转录因子是个别基因转录所必需的因子。反式作用因子至少包括三个功能域：DNA 结合域、转录激活域和结合其他蛋白的结合域。

四、简答题

1. 答：大肠杆菌的乳糖操纵子，按上游到下游顺序排列，含有一个调节基因、一个启动子、一个操纵基因和一组结构基因：Z、Y、A。

调节基因编码阻遏蛋白。后者和操纵基因结合，使操纵子受到阻遏而处于关闭状态。启动子结合 RNA 聚合酶，具有－35 区 TTGACA 共有序列和－10 区 TATTAT Pribnow 盒序列。结构基因分别编码 β-半乳糖苷酶、通透酶和乙酰转移酶。在启动子上游还有一个代谢物基因激活蛋白(CAP)结合位点。

没有乳糖存在时，操纵基因和阻遏蛋白结合，RNA 聚合酶蛋白虽可和启动子基因序列结合，但通不过操纵基因区，操纵子处于阻遏状态，转录无法启动。

当有乳糖存在时，乳糖经过通透酶转运入细胞，被原先存在于细胞中少量的 β-半乳糖苷酶催化分解为半乳糖，而半乳糖作为诱导物和阻遏蛋白结合并使阻遏蛋白构象发生变化，失去了结合操纵基因的能力。这时 RNA 聚合酶顺利通过操纵基因，转录启动。β-半乳糖苷酶分子将被增强一千倍。

从上可知，乳糖操纵子的转录调控由阻遏蛋白起着抑制作用，这种调控方式称为负调控。除此之外，CAP 结合位点可以进行正调控。cAMP 和 CAP 蛋白结合形成复合物，CAP 蛋白和 CAP 结合位点结合，推动 RNA 聚合酶前移，启动转录。

2. 答：许多原核 mRNA 是多顺反子，如乳糖 mRNA 是三个多肽链的模板，而真核基因转录产物为单顺反子，一个编码基因转录生成一个 mRNA 分子，翻译后生成一条多肽链。真核基因具有不连续性，编码基因内部有内含子和外显子之分，外显子最终真正编码基因，内含子在转录后被剪接切除。信使 RNA 由巨大的核 RNA 前体(hnRNA)选择性地产生。不同的剪接方式可以形成不同的 mRNA，得到不同的蛋白质，转录后剪接是真核基因表达调控的一种重要方式。

正是这些结构上的不同点，使真核基因转录调节和原核基因有着一些差别：

(1) 原核细胞中所有的 RNA 都是由单独一种 RNA 聚合酶所合成，由 σ 亚基(σ 因子)识别启动。真核 RNA 聚合酶则有三种，即 RNA 聚合酶Ⅰ、Ⅱ、Ⅲ，相应的转录因子分别为 TFⅠ、TFⅡ、TFⅢ。

(2) 激活的染色体结构发生变化。DNA 可能被甲基化修饰；组蛋白可能被乙酰化、磷酸化、甲基化、泛素化；基因被激活后，对核酸酶非常敏感；基因被激活后，同时 DNA 拓扑结构发生改变，天然状态下，几乎所有的双链 DNA 均以负性超螺旋构象存在。当基因被活化后，RNA 聚合酶前方的转录区 DNA 拓扑结构为正性超螺旋构象，而其后方的则为负性超螺旋构象。正性超螺旋构象有利于核小体的解构，组蛋白 $H_2A \cdot H_2B$ 二聚体的释放，使 RNA 聚合酶向前移动，促进转录进行。

(3) 原核基因以负调控为主，正调控为辅。阻遏蛋白发挥了很大作用。操纵子学说是原核基因的主要调节方式。真核基因组则广泛存在正性调节机制。真核转录的基本要素为顺式作用元件和反式作用因子。真核基因结构庞大，调节复杂，远远超出了单单使用阻遏蛋白所能调节的范围。

第十四章　基因重组与基因工程

一、单项选择题

1. A　**2.** B　**3.** A　**4.** E　**5.** E　**6.** D　**7.** B　**8.** C　**9.** B　**10.** D
11. B　**12.** C　**13.** D　**14.** B　**15.** D　**16.** C　**17.** E　**18.** C　**19.** C　**20.** D
21. C　**22.** E　**23.** B　**24.** A

二、多项选择题

1. ABCDE　**2.** AB　**3.** ABC　**4.** BC　**5.** ABCD　**6.** ABCDE
7. ABCDE　**8.** ABCD　**9.** ABCE　**10.** ABC　**11.** ABCD　**12.** ABCDE

三、名词解释

1. 基因工程：是指用分离纯化或人工合成的 DNA 在体外与载体 DNA 结合，成为重组的 DNA，以此去转化宿主（细菌或其他细胞）；筛选出能表达重组 DNA 的活细胞，加以纯化、扩增为克隆。因此，基因工程也称基因克隆或重组 DNA 技术。

2. 质粒：是一种载体，即可以克隆、扩增或表达目的基因的一些 DNA 分子。质粒是环形双链 DNA 分子，小的 2～3 个 kb，大的可达数百 kb，存在于细菌染色体外的胞质中。能在宿主细胞中独立自主复制，产生大量的拷贝，传给子代细胞。含有一个或多个抗药性基因，便于转化细菌后的筛选。含有多个限制性内切酶位点，便于插入目的基因。理想的质粒对同一个限制性内切酶只有一个切口。

3. 载体：即可以克隆、扩增或表达目的基因的一些 DNA 分子。载体分克隆载体和表达载体。理想的载体应该具备这些特征：① 能够自我复制，产生大量拷贝，装载目的基因后使后者能得到大量扩增；② 载体 DNA 在提纯分离中容易和宿主细胞的染色体 DNA 分开；③ 本身相对分子质量较小，容易操作，但可以装载较大相对分子质量的目的基因；④ 具有多个单一限制性内切酶酶切位点，便于目的基因的插入；⑤ 含有一个或多个筛选标记，目的基因插入、转化细菌后可以通过抗生素抗性、营养缺陷或显色表型反应等进行筛选；⑥ 稳定地在子代细胞中复制或表达。

4. 限制性内切酶：是指能够识别和切割双链 DNA 分子内部特异核苷酸序列的一类核酸酶。

5. 聚合酶链式反应：PCR 是一种体外模拟自然 DNA 复制过程的核酸扩增技术，即无需细胞参与的分子克隆技术。其需要 DNA 模板、一对人工合成的寡核苷酸引物、DNA 聚合酶（如 Taq 酶）、dNTP 及 Mg^{2+} 等辅助因子。经过 94 度左右变性、55 度左右退火和 72 度左右延伸，DNA 反复地循环反应而得到扩增。在约 30 个循环后、两个小时内，目的 DNA 量可扩增数百万倍。

6. cDNA 文库：从组织或细胞中提取总 mRNA。以之为模板，利用反转录酶合成与之互补的单链 cDNA。将所有的 cDNA 和适当的同一载体连接，形成数以万计的重组 DNA，转化入宿主细菌扩增后，即可得到 cDNA 文库(cDNA library)。

四、简答题

1. 答：基因工程就是将体外分离纯化的或人工合成的 DNA 与载体 DNA 连接，形成重组 DNA，然后转化细菌或转染真核细胞宿主，并通过筛选，得到能表达重组 DNA 的活细胞，纯化后，稳定地扩增、传代和表达。基因工程即基因克隆，也称重组 DNA 技术。通过基因工程，可以将某个目的基因克隆扩增，也可以利用这个基因生产大量的蛋白质。

从操作流程上看，基因工程通常依次包括：① 目的基因的制备及载体的构建和选择；② 限制性内切酶酶切载体和目的基因形成相匹配的接口；③ DNA 连接酶连接载体和目的基因；④ 重组 DNA 转化入细胞；⑤ 扩增；⑥ 筛选和鉴定重组子；⑦ 表达、纯化蛋白；等等。

2. 答：获取目的基因可以通过如下多种途径：

(1) 化学人工合成

根据已知目的基因一级结构的核苷酸序列，通过 DNA 合成仪化学合成。

(2) 基因文库

制备基因文库，通过探针或其他技术将所需的目的基因从基因文库中“钓”出来。

(3) cDNA 文库

制备 cDNA 文库，经过对 cDNA 文库的筛选、鉴定，找到所感兴趣的目的基因。

(4) 反转录反应和聚合酶链式反应(PCR)

利用已知基因的 DNA 序列设计一对引物，从 mRNA 中直接获得特定目的基因。

3. 答：PCR 是一种体外模拟自然 DNA 复制过程的核酸扩增技术，即无需细胞参与的分子克隆技术。PCR 基本原理是根据双链 DNA 在体外随温度升高发生变形与随温度下降复性的特点而设计的。该技术要求具备待扩增的目的基因 DNA 模板和已知目的基因片段的两端序列。根据已知序列设计并人工合成两条与模板 DNA 3′-端序列互补的寡核苷酸引物，以待扩增的微量的两条 DNA 链为模板，在热稳定的 DNA 聚合酶(如 Taq 酶)、原料 dNTP 及 Mg^{2+} 等辅助因子的体系里，发生酶促反应。DNA 在 94 度左右时变形解链，55 度左右单链 DNA 与引物退火杂交，再于 72 度左右，在 DNA 聚合酶催化引物延伸成子链。如此经过变性、退火和延伸，反复地循环反应扩增，在约 30 个循环后、两个小时内，目的 DNA 量以几何级数增长，将扩增数百万倍。PCR 可扩增 ng 甚至 pg 水平的 DNA。

PCR 技术简单、快速、特异、灵敏，自 1985 年问世以来以惊人的速度广泛应用于生物科学的各个领域，譬如基因突变、DNA 测序、基因诊断、基因治疗等。2001 年人类基因组全序列测定完成后，任何一对引物的设计都成为可能。PCR 技术所需 DNA 模板量少，单个细胞的 DNA 也可经过 PCR 得到扩增。

第十五章　细胞信号转导

一、单项选择题

1. D	**2.** A	**3.** B	**4.** A	**5.** D	**6.** C	**7.** A	**8.** D	**9.** A	**10.** E
11. C	**12.** C	**13.** E	**14.** D	**15.** B	**16.** E	**17.** D	**18.** B	**19.** C	**20.** B
21. B									

二、多项选择题

1. ACDE　2. BE　3. ACE　4. ABCDE　5. ABCE　6. BCD
7. ABCD　8. ABC　9. ABCDE　10. ABE　11. ABDE　12. ABCDE
13. CD　14. ABC　15. ACD　16. ABD

三、名词解释

1. G蛋白：100kD，异三聚体，由α、β、γ三个亚基组成。α亚基差别大，为G蛋白分类依据，具有GTP结合位点和GTP酶活性，有些部位可被细胞毒素修饰。β、γ亚基通常结合紧密，共同发挥作用。G蛋白可在有活性的α-GTP和无活性的α-GDP之间转换。G蛋白按功能分为激活型Gs和抑制型Gi；按结构分为Gs系列，Gi，Go，Gt，Gg系列，Gq系列，G12系列等。G蛋白与G蛋白偶联受体结合后，介导跨膜信息传递。

2. 蛋白激酶：蛋白激酶通过催化作用将磷酸基团加到蛋白质上。按底物磷酸化的氨基酸残基可分为：丝氨酸(Ser)/苏氨酸(Thr)型，酪氨酸(Tyr)型，双重底物特异型。一些重要的蛋白激酶有：cAMP依赖性蛋白激酶(PKA)、Ca^{2+}-钙调蛋白依赖的蛋白激酶、蛋白激酶(PKC)、蛋白酪氨酸激酶、有丝分裂原激活的蛋白激酶(MAPK)。

3. 第二信使：将激素或神经递质作用于细胞膜的信号传递到细胞内，并引起相应生理效应的细胞内的某种化学物质。大多数含氮激素及某些神经递质在与细胞膜受体结合时，首先触发细胞内某种化学物质的生成，进而通过该物质对细胞内多种代谢过程的影响而发挥生理作用。在此过程中，激素起第一信使的作用。

四、简答题

1. 答：肾上腺素等配体首先结合细胞膜上的G蛋白偶联型受体(七次跨膜，α-螺旋受体)，该受体可与G蛋白偶联(G蛋白由3个亚基α、β、γ构成，有2种构象，非活化型构象是αβγ三聚体并与GDP结合的构象，不能激活腺苷酸环化酶；活化型构象是结合GTP的α亚基与β、γ亚基的解聚构象)，G蛋白被活化形成具有催化能力的Gsα，Gsα移动到腺苷酸环化酶并激活它，激活的腺苷酸环化酶催化ATP生成cAMP，cAMP对细胞的调节作用是通过激活cAMP依赖性蛋白激酶(cAMP-蛋白激酶，简称PKA)系统来实现的。PKA是一种四聚体(C_2R_2)组成的别构酶。其中C为催化亚基，R为调节亚基。每个调节亚基上有2个cAMP结合位点，催化亚基具有催化底物蛋白质某些特定丝/苏氨酸残基磷酸化的功能。调节亚基与催化亚基相结合时，PKA呈无活性状态。当4分子cAMP与2个调节亚基结合后，调节亚基脱落，游离的催化亚基具有蛋白激酶活性PKA被cAMP激活后，能在ATP存在的情况下使许多蛋白质特定的丝氨酸残基和苏氨酸残基磷酸化，从而调节细胞的物质代谢和基因表达。

① 对代谢的调节作用：肾上腺素与质膜上的受体结合后，通过激活型G蛋白使AC激活，AC催化ATP生成cAMP，后者能进一步激活PKA。PKA一方面使无活性的磷酸化酶激酶b磷酸化而转变成有活性的磷酸化酶激酶b，后者能催化磷酸化酶b修饰带上磷酸根，成为有活性的磷酸化酶a。磷酸化酶a催化糖原磷酸化，释放1-磷酸葡萄糖。② 对基因表达的调节作用：在基因的转录调控区中有一类cAMP应答元件(CRE)，cAMP可与cAMP应答元件结合蛋白(CREB)相互作用，从而调节此基因的转录。当PKA的催化亚基进入细胞核后，可催化CREB中特定的丝氨酸和苏氨酸残基磷酸化。磷酸化的CREB形成同源二聚体，与DNA上的CRE结合，从而激活受CRE调控的基因转录。

2. 答：主要的第二信使有 Ca^{2+}、cAMP、cGMP、1,4,5-三磷酸肌醇(IP_3)、甘油二酯(DG)和一氧化氮等。

Ca^{2+} 和钙调蛋白结合，调节多种蛋白，包括蛋白激酶、蛋白磷酸酶和腺苷酸环化酶。

cAMP 激活蛋白激酶 A，后者磷酸化各种蛋白的丝氨酸、苏氨酸残基。

cGMP 激活 cGMP 依赖性的蛋白激酶（PKG），后者磷酸化蛋白。

1,4,5-三磷酸肌醇(IP_3)开启内质网上的 Ca^{2+} 通道-IP_3 受体，导致细胞内 Ca^{2+} 水平升高。

Ca^{2+} 和甘油二酯(DG)协同激活蛋白激酶 C，后者磷酸化靶蛋白的丝氨酸、苏氨酸残基。

一氧化氮为气体递质，可协调一个区域中多种细胞的活动。也常被视为一种神经递质，与多种神经系统疾病相关。

第十六章　血液的生物化学

一、单项选择题

1. A　**2.** B　**3.** A　**4.** B　**5.** B　**6.** E　**7.** B　**8.** A　**9.** C　**10.** E
11. A　**12.** E　**13.** A　**14.** D　**15.** A　**16.** E　**17.** C　**18.** E　**19.** B　**20.** A
21. D

二、不定项选择题

1. ABCD　**2.** ABE　**3.** ABCDE　**4.** ABC　**5.** ABC　**6.** D
7. AC　**8.** ABCD　**9.** BD　**10.** ABC　**11.** D

三、名词解释

1. 2,3-BPG 支路：从糖酵解途径的 1,3-二磷酸甘油酸开始，在二磷酸甘油酸变位酶催化下生成 2,3-二磷酸甘油酸(2,3-BPG)，再经 2,3-BPG 磷酸酶催化，水解生成 3-磷酸甘油酸。生成的中间产物 2,3-BPG 的主要功能是调节 Hb 的运氧能力。

2. NPN：非蛋白含氮化合物主要有尿素、尿酸、肌酸、肌酐、铵离子和胆红素等，这些化合物中所含的氮总称为非蛋白氮(NPN)。

3. A/G 比值：指血浆中清蛋白与球蛋白浓度的比值，正常比值为 1.5～2.5。

4. ALA 合酶：ALA 合酶催化琥珀酰辅酶 A 与甘氨酸在线粒体内缩合生成 δ-氨基-γ-酮戊酸(ALA)，其辅酶是磷酸吡哆醛。ALA 合酶是血红素合成的限速酶，受血红素的反馈调节。

5. 卟啉症：血红素合成途径中的某种酶遗传性缺陷或铅中毒或某些药物中毒所引起的卟啉或其中间代谢物在体内积聚和排出增多，称为卟啉症。

四、简答题

1. 答：用醋酸纤维素薄膜电泳可将血清蛋白质分成：清蛋白、α_1-球蛋白、α_2-球蛋白、β-球蛋白和 γ-球蛋白。

血浆蛋白的功能是：① 维持血浆胶体渗透压；② 维持血浆正常的 pH；③ 运输作用；④ 免疫作用；⑤ 营养作用；⑥ 凝血、抗凝血和纤溶作用；⑦ 血浆中酶的催化作用。

2. 答：血红素的生物合成是以甘氨酸、琥珀酰 CoA 和 Fe^{2+} 为原料。合成的起始和终末阶段均在线粒体内，中间阶段在胞浆内进行。主要过程可分为四个步骤：① ALA 合酶催化下合成 δ-氨基-γ-酮戊酸(ALA)；② ALA 脱水酶催化胆色素原；③ 继续在胞液中经过多种酶催化生成粪卟啉原Ⅲ；④ 粪卟啉原Ⅲ进入线粒体氧化生成原卟啉Ⅸ，然后在亚铁螯合酶催化 Fe^{2+} 与原卟啉Ⅸ结合生成血红素。

3. 答：血红素的合成受多种因素的调节，但对 ALA 的生成的调节是最主要的环节。

① 对 ALA 合酶的调节：ALA 合酶是血红素合成途径的限速酶，其调节包括酶活性和酶含量的调节。游离血红素是该酶的变构抑制剂。高铁血红素对 ALA 合酶活性也具有强烈抑制作用。睾丸酮的 5-β-还原物、致癌剂、药物（磺胺、苯妥英钠等）和杀虫剂等都能诱导 ALA 合酶的合成，从而促进血红素的生成。② 对 ALA 脱水酶、亚铁螯合酶的调节：铅和重金属抑制 ALA 脱水酶、亚铁螯合酶。当铅和重金属中毒时，这些酶的活性明显减低，血红素合成下降。另外，亚铁螯合酶的活性需要有还原剂（如 GSH）的存在，缺乏还原剂也会抑制血红素的合成。③ 促红细胞生成素（EPO）：主要在肾合成，缺氧时即释放入血。EPO 与原始红细胞膜受体结合，促使原始红细胞血红素和血红蛋白合成，进而促进红细胞增殖、分化和成熟。

第十七章　肝的生物化学

一、单项选择题

1. E	**2.** C	**3.** B	**4.** B	**5.** B	**6.** C	**7.** C	**8.** D	**9.** E	**10.** C
11. A	**12.** A	**13.** B	**14.** B	**15.** A	**16.** B	**17.** C	**18.** C	**19.** B	**20.** B
21. D	**22.** A	**23.** B	**24.** B	**25.** D	**26.** C	**27.** A	**28.** A	**29.** C	**30.** A
31. B	**32.** B	**33.** E	**34.** E	**35.** A	**36.** C	**37.** D	**38.** A	**39.** E	**40.** D

二、多项选择题

1. ABCDE	**2.** AC	**3.** AC	**4.** ABCDE	**5.** ABDE	**6.** BDE
7. ABCDE	**8.** ABCE	**9.** AC	**10.** ABCDE	**11.** ABC	**12.** AC
13. BD	**14.** ABCDE	**15.** ACE	**16.** ABC	**17.** ABCE	**18.** ACDE
19. BD	**20.** AC	**21.** ABC	**22.** AC	**23.** ACE	**24.** ABCDE

三、名词解释

1. 生物转化：来自体内外的非营养物质（药物、毒物、染料、添加剂，以及从肠管内吸收的细菌的腐败产物）在肝进行氧化、还原、水解和结合反应。

2. 初级胆汁酸：是指胆固醇在肝细胞内分解生成具有二十四碳的胆汁酸，包括胆酸、鹅脱氧胆酸及其与甘氨酸、牛磺酸的结合产物。

3. 次级胆汁酸：由初级胆汁酸在肠道中经细菌作用氧化生成的胆汁酸，包括脱氧胆酸、石胆酸及其与甘氨酸、牛磺酸的结合产物。

4. 结合胆红素：胆红素在肝微粒体内与葡萄糖醛酸结合生成的葡萄糖醛酸胆红素，它水溶性大，易从尿中排出。

5. 胆色素：胆色素是体内铁卟啉化合物的分解代谢产物，主要是衰老的红细胞在网状内皮系统中分解产生血红蛋白，血红蛋白进一步分解而来。胆色素包括胆红素、胆绿素、胆素原和胆素。

6. 胆素原的肠肝循环：生理情况下，肠道中产生的胆素原约有 10%～20%重吸收，经门静脉入肝，其中大部分又以原形随胆汁再次排入肠道。

7. 胆汁酸的肠肝循环：在肝细胞合成的初级胆汁酸，随胆汁进入肠道，转变为次级胆汁酸。肠道中约95%胆汁酸经门静脉被重吸收入肝，并同新合成的胆汁酸一起再次被排入肠道。

8. 黄疸：胆红素为金黄色物质，大量的胆红素扩散进入组织，可造成组织黄染，这一体征称为黄疸。根据胆红素生成的原因可将黄疸分为三种类型，即溶血性黄疸、肝细胞性黄疸和阻塞性黄疸。

四、简答题

1. 答：(1) 肝脏在糖代谢中的作用：通过肝糖原的合成与分解，及糖异生作用对血糖进行调节并维持血糖浓度稳定。

(2) 肝脏在脂类的消化、吸收、分解、合成和运输中均起重要作用。

(3) 肝脏可合成多种血浆蛋白，同时又是氨基酸分解和转变的场所。

(4) 肝脏在维生素吸收、贮存和转化等方面发挥作用。

(5) 肝脏参与激素的灭活，及毒物药物的生物转化，以利于排泄。

2. 答：来自体内外的非营养物质(药物、毒物、染料、添加剂，以及肠管内吸收的细菌的腐败产物)在肝进行氧化、还原、水解和结合反应，这一过程称为肝的生物转化作用。

(1) 第一相反应：氧化、还原、水解反应。

(2) 第二相反应：结合反应。

3. 答：(1) 肠道中95%的胆汁酸经门静脉被重吸收入肝，并同新合成的胆汁酸一起再次被排入肠道，此循环过程称胆汁酸的肠肝循环。

(2) 意义：胆汁酸的循环使用，可以补充肝合成胆汁酸能力的不足和人体对胆汁酸的生理需要。

4. 答：(1) 胆汁酸是由胆固醇在肝细胞内转化生成的。

(2) 胆汁酸的合成受肠道向肝内胆固醇转运量的调节，胆固醇通过抑制 HMG-CoA 还原酶活性，从而降低体内胆固醇合成，增加胆固醇 7α-羟化酶基因的表达，从而使胆汁酸的合成量增多。

(3) 胆固醇的消化吸收排泄均受胆汁酸盐的影响。

5. 答：(1) 肝细胞特异性膜载体从血浆中摄取未结合胆红素。

(2) 胆红素进入肝细胞后与 Y 蛋白、Z 蛋白结合，运到内质网与葡萄糖醛酸结合转化为结合胆红素。

(3) 结合胆红素从肝细胞毛细胆管排泄入胆汁中。

通过肝脏对胆红素的摄取、结合、转化与排泄，使血浆的胆红素能不断经肝细胞处理而被清除。

6. 答：来源：① 80%来源于血红蛋白；② 其他来自铁卟啉酶类。

去路：① 胆红素入血后与清蛋白结合成游离胆红素而被运输；② 被肝细胞摄取的胆红素与 Y 配体蛋白或 Z 配体蛋白结合后被运输到内质网，在葡萄糖醛酸转移酶催化下生成胆红素—葡糖醛酸酯，称为肝胆红素(又称结合胆红素)；③ 肝胆红素随胆汁进入肠道，在肠道细菌作用下生成无色胆素原，大部分胆素原随粪便排出，小部分胆素原经门静脉被重吸收入肝，大部分又被肝细胞再分泌入肠，构成胆素原的肠肝循环；④ 重吸收的胆素原少部分进入体循环，经肾由尿排出。

7. 答：区别：① 未结合胆红素是指血清中的胆红素与清蛋白形成的复合物。它相对分子质量大，不能随尿排出；未与清蛋白结合的胆红素是脂溶性的，易透过生物膜进入脑产生毒害作用，所以血中当其浓度增加时可导致胆红素脑病。② 结合胆红素主要指葡萄醛酸胆红素，它相对分子质量小，水溶性好，可随尿排出。

临床诊断用途：① 血浆未结合胆红素增高主要见于胆红素的来源过多，如溶血性黄疸；其次见于未结合胆红素处理受阻，如肝细胞性黄疸。② 血浆结合胆红素增高主要见于阻塞性黄疸，其次见于肝细胞性黄疸。③ 血浆未结合胆红素和结合胆红素均轻度升高见于肝细胞性黄疸。

第十八章 维生素

一、单项选择题

1. B **2.** E **3.** B **4.** A **5.** C **6.** C **7.** C **8.** A **9.** C **10.** E
11. E **12.** E **13.** B **14.** C **15.** B **16.** E **17.** C **18.** B **19.** B **20.** E
21. B **22.** D **23.** A **24.** D **25.** C **26.** B **27.** C **28.** D **29.** C **30.** C
31. D **32.** B **33.** C

二、不定项选择题

1. BD **2.** ABCDE **3.** BCDE **4.** D **5.** ABCDE **6.** AC
7. BD **8.** BD **9.** ABCDE **10.** BD **11.** BD **12.** ABCE
13. ABE

三、名词解释

1. 维生素：是维持人体正常功能所必需，但体内不能合成，或者所合成的量难以满足机体的需要，必须由食物供给的一组低相对分子质量有机物。

2. 维生素 A 原：有色植物如胡萝卜、红辣椒等富含类胡萝卜素，其中以β-胡萝卜素最为重要。β-胡萝卜素可被小肠黏膜或肝中的加氧酶加氧断裂为 2 分子视黄醇，所以通常将它称作维生素 A 原。

3. 活性维生素 D_3：维生素 D_3 在肝、肾中羟化酶作用下羟化成强活性的化合物，即 $1,25\text{-}(OH)_2\text{-}D_3$，即活性维生素 D_3。

4. 夜盲症：当维生素 A 缺乏时，视觉循环的关键物质 11-顺视黄醛得不到足够的补充，视紫红质的合成减弱，对弱光敏感性降低，严重者可致“夜盲症”。

5. 坏血病：维生素 C 是维持体内羟化酶活性必不可少的辅因子。维生素 C 缺乏时，胶原脯氨酸与赖氨酸羟化不足，影响胶原分子的成熟，致使毛细血管壁脆性增强、易破裂出血、牙龈腐烂、创伤不易愈合等现象。

6. 巨幼红细胞贫血：当体内缺乏叶酸时，一碳基团的转移发生障碍，核苷酸特别是胸腺嘧啶脱氧核苷酸的合成减少，骨髓幼红细胞 DNA 合成受抑制，细胞分裂速度降低，细胞体积增大，但却不具备运氧功能，造成巨幼红细胞性贫血。

四、简答题

1. 答：人体视网膜的杆状细胞是感受暗光与弱光的视觉细胞。其主要感光物质是视紫红质，它是由 11-顺视黄醛与视蛋白结合生成的。维生素 A 缺乏时，视循环的关键物质 11-顺视黄醛得不到足够的补充，杆状细胞内视紫红质的合成减少，对弱光敏感性降低，暗适应时间延长，严重者可致“夜盲症”。

2. 答：焦磷酸硫胺素(TPP)是维生素 B_1 体内的活性形式，其对机体内的物质与能量代谢发挥着重要的作用。① TPP 是 α-酮酸氧化脱羧酶的辅酶，如丙酮酸脱氢酶系、α-酮戊二酸脱氢酶系等。当维生素 B_1 缺乏时，由于 TPP 合成不足，影响 α-酮酸的氧化功能，以致影响细胞的正常功能，尤其是神经组织。② TPP 是磷酸戊糖途径中转酮醇酶的辅酶。磷酸戊糖途径是合成核糖的唯一来源，因此维生素 B_1 缺乏时，体内核苷酸合成及神经细胞中鞘磷脂的合成受阻，可导致末梢神经炎和其他神经病变。

在正常情况下，神经组织的能量来源主要靠糖的氧化分解供给，当维生素 B_1 缺乏时，首先影响神经组织的能量供应，并伴有丙酮酸及乳酸等在神经组织中的堆积，还可影响神经细胞中鞘磷脂的合成，易出现手足麻木、四肢无力等多发性周围神经炎的症状，严重者引起心跳加快、心脏扩大和心力衰竭，且患者足踝部大多浮肿，即为脚气病。

3. 答：

维生素名称	辅酶形式	在代谢中的作用
维生素 B_1	焦磷酸硫胺素(TPP)	α-酮酸氧化脱羧酶的辅酶 转酮醇酶的辅酶
维生素 B_2	黄素单核苷酸(FMN) 黄素腺嘌呤二核苷酸(FAD)	氧化还原酶(黄素酶)的辅酶
维生素 PP	尼克酰胺腺嘌呤二核苷酸(NAD^+) 尼克酰胺腺嘌呤二核苷酸磷酸($NADP^+$)	多种不需氧脱氢酶的辅酶
维生素 B_6	磷酸吡哆醛 磷酸吡哆胺	氨基酸转氨酶的辅酶 氨基酸脱羧酶的辅酶
泛酸	辅酶 A(CoA) 酰基载体蛋白(ACP)	各种酰基转移酶的辅酶
叶酸	四氢叶酸(FH_4 或 THFA)	一碳基团转移酶的辅酶

4. 答：(1) 维生素 C 的生化作用：① 参与体内的羟化反应：维生素 C 在体内的羟化反应过程中起着重要的辅助因子的作用，如促进胶原蛋白的合成、参与胆固醇的转化、芳香族氨基酸的羟化、有机药物或毒物的羟化等。② 参与体内的氧化还原反应：维生素 C 能够保护巯基和促使巯基再生，促进铁的吸收与利用，将高铁血红蛋白(MHb)还原为血红蛋白(Hb)，作为抗氧化剂。③ 提高机体免疫力的作用：促进抗体的合成，增加淋巴细胞的生成，提高吞噬细胞的吞噬能力等。

(2) 维生素 C 缺乏症：维生素 C 是维持体内羟化酶活性必不可少的辅因子。维生素 C 缺乏时，胶原脯氨酸与赖氨酸羟化不足，影响胶原分子的成熟，可致坏血病。

第十九章　癌基因、抑癌基因与生长因子

一、单项选择题

1. C　**2.** E　**3.** E　**4.** E　**5.** E　**6.** B　**7.** B　**8.** B

二、名词解释

1. 细胞癌基因(原癌基因)：存在于细胞基因组中，正常情况下处于沉默或低水平(限制

性)表达状态,对维持细胞正常功能具有重要作用,当受到致癌因素作用被活化而导致细胞癌变的基因。

2. 病毒癌基因：是致癌病毒中能在体内诱发肿瘤并在体外引起细胞转化的基因。

第二十章　常用分子生物学技术的原理及其应用

一、单项选择题

1. D　**2.** B　**3.** B　**4.** D　**5.** E　**6.** E　**7.** A　**8.** E　**9.** A　**10.** B
11. C　**12.** E　**13.** C　**14.** B　**15.** C　**16.** C　**17.** A　**18.** A　**19.** A　**20.** A

二、多项选择题

1. ABCD　**2.** ABD　**3.** ABCD　**4.** BCDE　**5.** AB　**6.** ABCDE
7. DE　**8.** ABCDE　**9.** AC　**10.** BCDE

三、名词解释

1. 探针：是指带有特殊可检测标记的核酸片段,具有特定的序列,能够与待测的核酸片段互补结合,可用于检测样品中存在的特定基因。

2. 逆转录 PCR(RT-PCR)：首先以 RNA 为模板,在逆转录酶的作用下合成 cDNA,再以 cDNA 为模板通过 PCR 反应来扩增目的基因。

3. cDNA 文库：是包含某一组织细胞在一定条件下所表达的全部 mRNA 经逆转录而合成的 cDNA 序列的克隆群体,它以 cDNA 片段的形式贮存着该组织细胞的基因表达信息。

4. 基因诊断：是直接检测基因的结构及其表达水平是否正常,从而对疾病作出诊断的方法。

5. 基因治疗：将某种遗传物质转移到患者细胞内,使其在体内发挥作用,以治疗疾病的方法。

四、简答题

答：(1) 反应体系：① 模板 DNA;② 特异引物;③ 耐热性 DNA 聚合酶;④ dNTP;⑤含有 Mg^{2+} 的缓冲液。

(2) 基本反应步骤：① 变性——将反应体系加热至 95℃,使模板 DNA 完全变性为单链,同时引物自身以及引物之间存在的局部双链也得以消除。
② 退火——将温度下降到适宜温度(一般较 T_m 低 5℃),使引物与模板 DNA 结合。
③ 延伸——将温度升至 72℃,DNA 聚合酶以 dNTP 为底物催化 DNA 的合成反应。

上述步骤称为一个循环,新合成的 DNA 分子继续作为下一轮合成的模板,经多次循环(25～30 次)后即可达到扩增 DNA 片段的目的。

模拟测试题

第 一 套

一、单项选择题

1. B　**2.** C　**3.** A　**4.** B　**5.** D　**6.** C　**7.** B　**8.** A　**9.** C　**10.** E
11. D　**12.** D　**13.** C　**14.** C　**15.** C　**16.** D　**17.** C　**18.** D　**19.** D　**20.** D
21. E　**22.** E　**23.** D　**24.** A　**25.** D　**26.** A　**27.** B　**28.** A　**29.** A　**30.** B
31. D　**32.** D　**33.** D　**34.** C　**35.** D　**36.** A　**37.** B　**38.** B　**39.** C　**40.** D

41. E **42.** E **43.** C **44.** B **45.** C **46.** B **47.** B **48.** C **49.** D **50.** A

二、多项选择题

1. ABCDE **2.** ABC **3.** BCDE **4.** AD **5.** AD **6.** ABC
7. ABC **8.** ABCE **9.** ABCD **10.** ABCD

三、名词解释

1. 限制性核酸内切酶：一些能识别双链 DNA 分子中特异核苷酸序列(4～6 个核苷酸组成的回文对称结构)的 DNA 水解酶。

2. 同工酶：是指催化相同的化学反应，而酶蛋白的分子结构理化性质乃至免疫学性质不同的一组酶。

3. 氧化磷酸化：在线粒体内由代谢物脱下的还原当量(NADH 或 $FADH_2$)经呼吸链传递到 O_2 生成 H_2O 时，伴随 ADP 磷酸化为 ATP，两者相偶联的过程称为氧化磷酸化。

4. 冈崎片段：不连续复制的链称为随从链。复制中的不连续片段称为冈崎片段。

5. 转录衰减：是原核生物特有的调控方式，指由 RNA 聚合酶的作用使 DNA 上的转录起始区域(启动基因)已开始了的转录反应，在操纵子内部的一定区域(转录衰减区)几乎停止，其以后的区域转录显著减少，此称转录衰减。

四、简答题

1. 答：(1) 右手螺旋结构，螺距为 3.4nm，直径为 2nm，螺旋每上升一周包含 10 个碱基。

(2) 链的骨架由脱氧核糖基和磷酸基以磷酸二酯键相连，位于双螺旋外侧。

(3) 碱基位于双螺旋的内侧，碱基平面与长轴垂直。两条链互补碱基之间以氢键相连，称为碱基配对 (A＝T，G≡C)，维系横向稳定；纵向稳定靠碱基堆积力维持。

(4) DNA 双螺旋中的两股链是反平行的，一股链是 $5'\rightarrow3'$ 走向，另一股链是 $3'\rightarrow5'$ 走向。两股链之间在空间上形成一条大沟和一条小沟。

2. 答：(1) 定义：抑制剂与底物的结构相似，能与底物竞争酶的活性中心，从而阻碍酶底物复合物的形成，使酶的活性降低，这种抑制作用称为竞争性抑制作用。

(2) 特点：I 与 S 结构类似，竞争酶的活性中心；

抑制程度取决于抑制剂与酶的相对亲和力及底物浓度；

动力学特点：V_{max} 不变，表观 K_m 增大；

解除方法：增大底物浓度可使抑制作用减弱。

例如，磺胺药与对氨基苯甲酸类似，是二氢叶酸合成酶竞争性抑制剂。

对氨基苯甲酸-二氢叶酸合成酶—FH_2(细菌)—FH_4(辅酶)—核酸。

减少菌体内 FH_4 的合成，使核酸合成障碍，导致细菌死亡。

人类可利用食物中的叶酸合成核酸，药物对人影响较小。

3. 答：参与蛋白质生物合成的物质包括：

(1) ① mRNA(messenger RNA，信使 RNA)，是遗传信息的携带者；② rRNA (ribosomal RNA，核蛋白体 RNA)，构成核蛋白体，是多肽链合成的装置；③ tRNA(transfer RNA，转移 RNA)，携带氨基酸及参与氨基酸的活化。

(2) 20 种氨基酸作为原料。

(3) 酶及众多蛋白因子，如 IF、eIF。

(4) ATP、GTP、无机离子。

4. 答：(1) 转录与复制相同点：模板都为DNA，都需依赖DNA的聚合酶，都形成磷酸二酯键，方向都为$5'\rightarrow3'$，都遵循碱基互补配对原则。

(2) 转录和复制的区别(见下表)：

	复 制	转 录
原料	dNTP(ATCG)	NTP(AUCG)
模板	两条链全长复制	模板链转录(不对称转录)
酶	DNA聚合酶	RNA聚合酶
产物	子代双链DNA	mRNA、tRNA、rRNA
引物	RNA引物	不需引物
碱基配对	A=T;C≡G	A=U;T=A;C≡G

第 二 套

一、单项选择题

1. A **2.** E **3.** D **4.** B **5.** C **6.** C **7.** A **8.** B **9.** E **10.** D
11. A **12.** B **13.** C **14.** C **15.** C **16.** A **17.** C **18.** E **19.** D **20.** E
21. B **22.** D **23.** A **24.** D **25.** A **26.** B **27.** D **28.** A **29.** C **30.** C
31. A **32.** D **33.** B **34.** A **35.** C **36.** B **37.** E **38.** D **39.** B **40.** D

二、多项选择题

1. ABCE **2.** AD **3.** BCDE **4.** ABCE **5.** ABCD **6.** ABCDE
7. BCD **8.** CDE **9.** AC **10.** AC

三、名词解释

1. 蛋白质的等电点(pI)：当溶液处于某一pH值时，蛋白质分子电离成正负离子的趋势相等而称为兼性离子，此时该溶液的pH值称为该蛋白质的等电点。

2. 糖异生作用：非糖物质(如乳酸、甘油、生糖氨基酸)转变成葡萄糖或糖原的过程。

3. 酮体：是脂肪酸在肝内氧化分解时的代谢中间产物，包括乙酰乙酸、β-羟丁酸、丙酮。

4. 氧化磷酸化：在线粒体内，代谢物脱下的氢经呼吸链传递生成水，释放能量，同时紧密地偶联着ADP磷酸化成ATP的过程。

5. 半保留复制：是指在新合成的DNA分子中，一条链来自母链，另一条链则是新合成的复制方式。

四、简答题

1. 答：由乙酰CoA和草酰乙酸缩合，经过一系列的脱氢、脱羧，又生成草酰乙酸，此草酰乙酸可与另一分子乙酰CoA缩合重复上述过程。由于此过程为一循环过程，且此循环过程的第一步反应产物为含三个羧基的柠檬酸，故称三羧酸循环。

意义：(1) 有氧氧化是机体获得能量的主要方式。

(2) 三羧酸循环是体内营养物质彻底氧化分解的共同途径。

(3) 三羧酸循环是体内物质代谢相互联系的枢纽。

2. 答：(1) 连续性：指两个相邻的密码子之间没有任何特殊符号加以间隔，故翻译时必须从某一特定起点开始，连续地一个密码子挨着一个密码子“阅读”下去，直至终止密码子。

(2) 简并性：20 种编码氨基酸中，除色氨酸、蛋氨酸各有一个密码子外，其余每种氨基酸都具有 2～6 个密码子。一种氨基酸具有 2 个或 2 个以上密码子的现象称为遗传密码的简并性。

(3) 方向性：mRNA 中密码子的排列有一定的方向性。起始密码子位于 mRNA 链的 5′-端，终止密码子位于 3′-端，翻译时从起始密码子开始，沿 5′→3′方向进行，直到终止密码子为止。

(4) 通用性：一般来说，从病毒、细菌到人类都共用同一套遗传密码表，即遗传密码的通用性。但存在某些例外。

(5) 摆动性：mRNA 密码子与 tRNA 反密码子在配对辨认时，有时不完全遵守碱基互补原则，尤其是密码子的第 3 位碱基与反密码子的第 1 位碱基，不严格互补也能相互辨认，称为密码子的摆动性。

3. 答：非营养物质在体内经过一系列化学反应，使其极性增加或活性改变而易于排出体外的过程。生物转化的化学反应包括第一相反应和第二相反应，或氧化、还原、水解及结合反应。

意义：(1) 促进非营养物质的溶解度增加，易于随胆汁或尿液排出体外。

(2) 使一些有毒物质的毒性降低或消失，对机体具有保护作用。

(3) 指导临床用药。

图书在版编目(CIP)数据

生物化学教学目标考评手册/金丽琴,王建光主编. —杭州：浙江大学出版社，2010.3(2017.2 重印)
ISBN 978-7-308-07389-9

Ⅰ.①生… Ⅱ.①金…②王… Ⅲ.①生物化学—高等学校—教学参考资料 Ⅳ.①Q5

中国版本图书馆 CIP 数据核字（2010）第 023764 号

生物化学教学目标考评手册
金丽琴 王建光 主编

丛书策划 阮海潮(ruanhc@zju.edu.cn)
责任编辑 阮海潮
文字编辑 陈 瑶
封面设计 刘依群
出版发行 浙江大学出版社
(杭州市天目山路 148 号 邮政编码 310007)
(网址：http://www.zjupress.com)
排 版 杭州大漠照排印刷有限公司
印 刷 杭州杭新印务有限公司
开 本 787mm×1092mm 1/16
印 张 12.75
字 数 320 千
版 印 次 2010 年 3 月第 1 版 2017 年 2 月第 3 次印刷
书 号 ISBN 978-7-308-07389-9
定 价 23.00 元